建筑师起点
——从岗位实习到职业规划

张广平 于 奇 著

U0285525

中国建筑工业出版社

图书在版编目（CIP）数据

建筑师起点——从岗位实习到职业规划／张广平，于奇著—北京: 中国建筑工业出版社，2014.4
ISBN 978-7-112-16278-9

Ⅰ. ① 建… Ⅱ. ① 张… ② 于… Ⅲ. ① 建筑学 Ⅳ. ① TU

中国版本图书馆CIP数据核字（2014）第002703号

　　本书将建筑学专业岗位实习和建筑师职业规划定义为"建筑师起点"，从专业实践经验出发，总结教学成果与实际案例，一方面对建筑学专业实习阶段进行了全过程的分析和研究，另一方面结合建筑学专业就业多元化发展的态势，剖析了建筑学专业毕业生可能面临的职业发展路径，试图引导高年级建筑学专业学生和入职不久的年轻学子踏上建筑界的通途。

　　这本书告诉你如何以岗位实习和职业规划为起点，从一名建筑学专业的学生成功地转换为一名适应时代发展需要的建筑师，书中针对不同的你提供了最佳的可能，为你的设计院实习提供了全方位的指导，为你的就业方向与目标的选择展示了多彩的可能。阅读这本书可以帮助你平稳地完成从学生到职业生涯的过渡，帮助你将从学校获得的知识成功运用到工作实践，帮助你更好地明确职业目标、积累工作经验并提高实践能力，从而实现自己的职业理想。

责任编辑：陈　桦　杨　琪
书籍设计：锋尚制版
责任校对：陈晶晶　姜小莲

建筑师起点
　　——从岗位实习到职业规划
张广平　于　奇　著

＊

中国建筑工业出版社出版、发行（北京西郊百万庄）
各地新华书店、建筑书店经销
北京锋尚制版有限公司制版
北京中科印刷有限公司印刷

＊

开本：889×1194毫米　1/20　印张：14⅕　字数：302千字
2016年11月第一版　2016年11月第一次印刷
定价：40.00元
ISBN 978 – 7 – 112 – 16278 – 9
　　　　　（25034）

前 言

本人在设计院从事多年建筑设计工作，期间有在某大型地产公司从业又跳槽的经历，曾主持或参与设计项目近百万平方米。伴随对自身和专业的逐步理解，就业近5年后试图转入高校工作，但由于种种原因搁浅。接下来在勤勉设计的同时，确立了高校教师的未来职业目标，并用了9年的时间持续准备和学习。2008年条件和机遇具足，顺利转向教师岗位，实现了属于自己的职业理想。

二十多年的从业经历，让我从不同角度对建筑学专业的职业发展形成了丰富的体验。从事教学工作以来一直密切关注学生的个体差异和个性优势，注重激发不同特质学生的学习潜能，并对建筑学专业人才的发展定位进行着不断的思考和探索。

本书在省教育科学规划课题的基础上深化，将源于教学过程的积累感悟与职业规划和行业发展相结合进行研究。书中内容从年轻学子的客观要求出发，结合建筑学专业多元化发展的态势，围绕岗位实习和建筑师职业规划两部分核心议题，对建筑学专业实习阶段的相关问题进行分析和研究，试图梳理出适合当今专业需求和国情发展的执业指南，引导处于实习阶段、即将毕业和入职不久的年轻人领跑起点，迈向建筑师的坦途。

建筑学是一门应用性学科，岗位实习是非常重要的学习阶段，可定义为建筑师未来执业生涯的起点。一方面，通过实习可以了解建筑师的日常工作模式和工作内容，使课堂理论联系业务实际，增进对职业内涵的理解，培养对所学专业理论知识的应用能力，建立与相关专业工种配合协作的意识，为今后成功走向社会奠定基础。另一方面，通过观察和体验建筑设计的流程，思考自己更喜爱、更适合的专业方向，提高对于自身设计水平和综合能力的认知，激发后续学业的学习动力，进而调整未来职业发展定位。但是由于实习期设计单位、时间节点、参与项目等条件的局限性，实习期参与体验的工程项目可能仅仅是前期策划到后期服务中的某一个或几个阶段，由于实习人员地点分散、个体情况差异大等问题，学校方面很难针对实习进程中面临的不同情况给予及时的指导，因此，从实习单位选择到实习成果收获均存在一定的盲目性和偶然性，所以书中对实习阶段可能面临的问题进行了详细阐释。

岗位实习部分包括计划制定、单位选择、简历和作品集制作、面试入职、工作实践分析等多项内容，结合了创作团队同学的真实经历和感受，从实习的前期准备到面试求职，从开始入职到返校学习，对专业实习的全过程进行了梳理和总结。逐一解答了建筑学专业实习阶段面临的一些共性问题：如何选择一家适合自己的设计公司？如何制作一份能展示个人魅力简历和作品集？如何正确评价自己的性格特点与专业水平？如何应对单位面试和启动实习计划？如何更好的获得实习阶段的教育价值、实践经验、资金利益，以及专业提高？如何更加有效的利用实习阶段的学习机会？

职业规划部分在分析建筑学专业的社会需求的基础上，结合不同就业方向进行了分析和点评，对毕业生比较关心的问题进行了阐释，展示出年轻建筑师未来发展的多种可能。这部分内容试图建立一个建筑学专业就业发展相关问题的基本框架：建筑学专业本科毕业后的方向；建筑师的具体工作职责与不同岗位的基本要求；学校学习内容与就业后的关联性如何；不同性格特点和特长与专业发展方向的契合点；继续深造和出国留学的方式方法；注册建筑师考试应对和继续教育学习规划等。

本书还包含了一些资深建筑师不断超越、丰富多彩的职业经历；记录了年轻建筑师锐意进取、快速成长的历程；讲述了建筑学毕业生的发展方向与目标的选择；介绍了建筑师应具备的基本技能、执业理念和从业技巧。2015年房地产行业进入转折的时代，一方面与设计行业紧密挂钩的土地新开工面积大幅减少，总量需求的结构变化促使建筑设计市场的洗牌和市场资源的再分配，导致了一批建筑设计公司将被淘汰。另一方面，市场对设计产品要求的质量大幅提高，建筑领域步入更加注重设计产品创新力和品质感的时代。建筑设计行业低迷的市场行情，势必影响企业用工结构和人均效能。因此，面对激烈的市场竞争，建筑学专业年轻人的入职训练和职业规划尤其重要，提高自身能力和专业素质更加迫在眉睫。

阅读这本书可以帮助你更好的完成从学生阶段到职业生涯的过渡，可以帮助你答疑解惑、明确目标，尽快提高实践能力。书中的很多内容是在整理和细化建筑实践阶段教育普遍观点的基础上形成的，试图为不同的你提供最佳的可能，为年轻学子的职业理想尽绵薄之力。由于本人学识有限，部分内容可能经不起严密的推敲和探讨，希望阅读时不要拘泥于文字本身探究，更多的理解创作的主旨。

致 谢

看到一届届学生不断地从稚嫩到成熟，从迷茫到开朗，专业上长足的进步，事业上捷报频传，找到适合他们发展的方向和岗位，我的内心获得了前所未有的充实和满足。本书的创作团队主要是我的研究生和06级至10级教过的本科学生，他们的作品集、实习报告和个人经历为本书提供了丰富的资料，在此表达诚挚的谢意，并此送上美好的祝福：祝你们都能实现"关于建筑师的梦想"！团队特别感谢：李翰朝、彭爽、兰玉婷、杨乐、郭苏林、邹迪、李金遥、王技峰、潘龙飞、张梦窈、关博华、刘子源、王博然、陶英南、李晓萌、叶留香、李晨光、向卫、张家榕、张翰元、周临军、王国强、孟锦、庄弘毅、高震华、李忠敏、常竞文、宋怀远、李光日、贲禹强、张博、刘秋兵等同学。

本书初稿完成于两年前，由于种种原因没能出版，在近期修改过程中，李超、徐茹和毕钰三位研究生同学根据编辑的校审意见对文字部分进行了整体完善，书中除个别索引插图外，均由储欣和金家莹绘制，特此致谢。

在本书编写的过程中得到了吉林建筑大学领导和老师们很多的帮助和支持，在此我要特别感谢建筑大学张成龙副校长、建筑与规划学院王亮院长、柳红明副院长和吕静副院长，以及在教学方面给予我多年指导和引领的李佳艺老师和李之吉老师；创作团队提供的实习案例来自同学们实习和工作的多家设计院，在此对这些设计单位一并表达感激之情；这本书从酝酿构思到截稿完成历时近两年的时间，家人给了我很多精神上的支持，特别是舍去了很多陪伴女儿的时间，在此我要感谢她的理解和鼓励！还要感谢为本书提供寄语和提供个人经历的各位老师和业内精英；感谢从事建筑行业多年来陪伴我成长、给予我帮助的同事、同行和朋友，字里行间都有你们的功劳！

资深建筑师寄语

王 亮 吉林建筑大学建筑与规划学院 教授

　　建筑学本科阶段的设计院实习是五年制建筑学教育的一个重要环节，通过设计院实习可以让学生了解设计院的工作流程——方案的形成、各专业间的协调以及施工图的制作等，对设计院的工作性质有一个切实的认识；可以检验自己在校内所学知识的扎实性和完整性，建立起理论学习与工程实践之间的密切联系；可以让学生有机会与不同学习背景的同学和员工进行交流，发现所学知识的长处和不足。总之，设计院实习过程是培养执业建筑师的必要过程，欧美现行建筑学专业的培养同样是在完成三年左右的专业学习后，再进行1—2年的事务所实习，完成实习发展计划，才有资格申请参加相应的注册建筑师考试。

　　绝大多数同学能够认真完成实习任务并取得成效！部分同学由于实习前准备不充分，导致频繁更换实习单位，让实习过程不够完整，也有个别同学缺乏自律，离开学校的管理后放任自流，让实习变成走马观花。因此，希望通过这本书能够给大家带来启迪，为早日成为一名优秀建筑师打下坚实的基础！

柳红明 吉林建筑大学建筑与规划学院 教授

从步入大学殿堂开始建筑学专业的学习，到成为一名真正的资深建筑师需要走过漫长而艰辛的道路。那么，怎样才能成为一名真正的建筑师呢？得到的回答各种各样，比如说天赋，比如说后天的努力，比如说幸运之神的垂怜等等，不一而足。听到这些回答，可能你依然还会迷茫，依然还会困惑，甚至后悔自己当初的选择。

如果把成长为资深建筑师比喻为一段征程，那么前进的道路就会有起点，有过程，也有终点。踏上起点，经过无限的可能，才能到达征程的终点——成为一名优秀的资深建筑师。真正意义上建筑师的起点应该可以理解为从大学阶段的专业课程学习阶段开始，特别是为期一个学期的设计院实习过程。通过设计学院实习，一方面可以了解施工图的绘制和编制方法，掌握建筑设计从前期策划、方案设计到施工图设计及工程实施全过程，提高相关知识在设计中的运用能力以及各专业之间协调能力。另一方面通过接受设计院建筑师的言传身教，掌握建筑师执业技能，提高解决实际问题能力，为成为一名真正的建筑师奠定基础。书中内容为年轻学子指明了通向执业建筑师道路的前进方向，破解了迷茫与困惑。

路漫漫其修远兮，我真诚地希望这本书的出版能为行走在建筑道路上苦苦求索的学子以指引，珍惜设计院实习的机会，规划好自己的职业生涯，早日实现"建筑师之梦"！

徐洪澎　哈尔滨工业大学建筑学院　副教授

　　国内建筑行业迅猛发展的同时，一些不良风气也被带进了校园，对还未走向社会的建筑学专业学生的建筑观、就业观产生了一定的影响。作为建筑教育工作者，我们希望学生不要盲目跟风，还应脚踏实地为自己的学习和未来事业的发展做好充分的前期准备和规划；专业实习和就业规划会影响学生毕业后至少3～5年的工作选择和走向，因此这个阶段的把握对于毕业生而言非常重要。

　　本书从建筑学专业实践经验出发，结合建筑学专业当下就业多元化发展的趋势，对建筑学专业岗位实习和建筑师职业规划两部分的各项内容进行了详细的阐述。内容贴合实际，涵盖广泛，对毕业生比较关心的诸多问题进行了阐释。

　　张老师作为一位有着多年实践经验的建筑设计师，又是高等院校建筑学专业严谨的教学工作者，本书凝结了她多年的经历和经验。双重的从业经历，双师的身份让她更了解社会对建筑学专业毕业生的需求和要求。在这里，她会告诉建筑学专业的学生如何成功地转换成为一名适应时代需要的建筑师。

　　书中内容的引导性可作为建筑学专业学生的执业指南，对于那些怀着建筑梦想的莘莘学子来说也是非常必要的，相信它会给对实习和就业选择迷茫的你带来实质性的帮助。

高德宏　大连理工大学建筑艺术学院　副教授

　　对于即将走上职业道路的建筑系学生来说，在学习阶段已经开始基本的职业生涯，职业规划不是按设定好的蓝图施工，而是一边做一边改，如同一个方案的设计过程一样。一个建筑师，如何能够在需要不断面临挑战、质疑与自我能力更新的行业内，坚持向前，而不是在画了几年图，完成工作经验累积时按照社会认识另谋高就；如何能在不断修正、解释、在精心准备的工作成果与漠视之间的反差中进行调整以备再战，如何面对可能长达数十年的相似性工作，如何实现阶段性工作层面的跃进。

　　本人认为掌握建筑师对建筑设计工作中的几个需求或者建筑学专业对建筑师的几个要求，有助于从业人员看清楚自己所处工作状态：

　　一、完成阶段，即建筑功能性完成设计任务所要求的合理工作，包括设计的实施性与适应性，相关技术工作的衔接与建筑作用功能的达成，在工作团体里的运行无障碍。这些要求的落实，可使建筑师成为一个合格的工作者。

　　二、优秀阶段，在工作中除能完成工作岗位及工作环节中所需的合理条件外，能够娴熟的带动工作的运行，创造性地优化设计任务，高效地运转设计工作组成为参照样板，此阶段建筑师成为技术工作的领导者。

　　三、自我阶段，在满足工作所需的合格适用，优秀示范之上，对建筑师本人设计观念的不断探索与试验，对本人的城市生活模型持续专注与物化为建筑方向，对未来需求进行一种先导式追寻，可使建筑师成为优秀的社会从业者后进一步促进自己的努力。在此阶段，建筑师通过所做的工作达到一种自我指涉性和自主性。

　　所述需求，即是建筑学专业对从业者的需求，也是建筑师能从行业里获得的心理需求。

齐卓彦　内蒙古工业大学建筑学院　讲师

　　从懵懂中进入建筑专业学习的时刻，就深深地喜欢上了这个专业，多年的教学和设计从业经验让我深深体会了建筑专业学习和工作的辛苦（建筑学家林徽因在美国宾夕法尼亚大学求学建筑学的时候，曾因为建筑学院不招收女生而被迫进入该校美术学院，主要选修建筑系的课程）。辛苦不能阻挡我对建筑学的热爱，这份热爱是每一个决心从事建筑设计工作的年轻人最应该坚持的东西。

　　从事教师的工作也在往十个年头上数，碰到的学生林林总总，回忆曾经自己学习时的伙伴，可以看出寻找一个适合自身性格特点和兴趣方向的实习途径，以及未来择业的方向都尤为必要。我们知道，在学习建筑的学生中，并不是所有人都适合在建筑设计上发展，每个人在建筑设计上的领悟力不同，当你保有热情的时候，通过你的坚持多半能大器晚成，但也有一些学生对建筑设计的兴趣没有建立起来，那么如何去选择你的实习单位以及就业取向就更应该尽早去取舍。

　　了解从最初接触社会的实习阶段，到走入工作岗位后如何进行职业规划，目的只有一个：在竞争如此激烈的今天，如何不去过多地走弯路，迅速地让自己在社会中定位，尽快适应社会并在适合自身特点的专业领域取得成绩。这些问题是大家应该及早去思考的，否则在临近毕业时可能仍然是非常茫然的状态，会使你浪费一定的时间。希望大家不要虚度好光阴！

目 录

001

第一章 实习计划制定 / 1

（一）设计单位相关 / 2

（二）单位的选择 / 6

002

第二章 实习工作启动 / 19

（一）实习申请 / 19

（二）面试技巧 / 24

（三）入职相关 / 32

003

第三章 实习过程展开 / 39

（一）融入团队 / 39

（二）正确的状态 / 47

（三）工作与积累 / 59

004

第四章 实习成果总结 / 70

（一）实习日记 / 70

（二）实习作品集集锦 / 92

（三）实习报告 / 125

005

第五章 求职简历和作品集 / 134

（一）简历的制作 / 135

（二）求职作品集 / 140

006

第六章 建筑学专业职业规划 / 162

（一）学以致用——建筑设计 / 162

（二）缓冲就业——选择读研 / 183

（三）远方的梦想——出国 / 198

（四）多元化就业与职业规划 / 218

附录1 常见问题解答 / 254

附录2 设计单位岗位职责 / 260

参考文献 / 272

第一章　实习计划制定

从进入高校学习到加入社会实践，直至成为一名具有执业资格的注册建筑师，**这是一条充满艰辛、充满幻想与激情的道路**。校园里面主要学习的是专业知识，从浅到深；走出校园更多学到的是设计实现与团队合作，挑战重重。实习过程中，设计单位和实习生都应当既有付出又有收获：实习期的经验可以培养你从事专业设计的动力，激发你热爱专业的激情，促进你更好地发现自我并提高专业能力；优质的设计公司以自身的宽容和真诚帮助初出茅庐的年轻人搭建学校教育与工作实践的桥梁，将实习生转变为高效率的设计团队成员，有效利用实习生的力量创造经济效益和社会效益。

在建筑学专业学习的进程中，对于专业你是如饥似渴的热爱，还是不温不火的努力，抑或仍处于彷徨迷茫或困惑排斥之中？无论怎样，经过几年的学习，你对于专业的基本知识和行业特点都应当已经建立起了一定的认识；不论出处，临近岗位实习，学习建筑学专业的你，此时应当站在一个职业生涯的起点思考未来的发展：**一切皆有可能**。

成功的职业生涯往往从制定一系列的计划和目标开始，其中就包括制订充分的实习计划：明确专业实习的目标城市与单位、了解个人的兴趣与擅长、听取老师的建议并尊重家长的想法、分析当前与就业形势与专业发展前景……好的计划对于工作的发展方向具有不可限量的价值，可以为你争取更多的机会，以更快的节奏达到自身对于专业发展期待的目标。

（一）设计单位相关

俗话说"知己知彼，百战不殆"，此时的你面临的首要问题是了解设计单位的资质等级、所有制形式和承揽项目特点等体现单位特质的要素，在有限的用人单位里挑选最接近你实践目标的设计公司。

◆ 关于设计单位分类资质

根据设计单位承担任务的范围，建筑工程设计资质分级如下（表1-1）。

按建筑设单位资质划分　　　　　　　　　　　　　表1-1

	分级	承担任务范围
按建筑设计单位资质划分	甲级设计单位	承担建筑工程设计项目的范围不受限制
	乙级设计单位	1. 民用建筑：承担工程等级为二级及以下的民用建筑设计项目。 2. 工业建筑：跨度不超过30米、吊车吨位不超过30吨的单层厂房和仓库，跨度不超过12米、6层及以下的多层厂房和仓库。 3. 构筑物：高度低于45米的烟囱，容量小于100立方米的水塔，容量小于2000立方米的水池，直径小于12米或边长小于9米的料仓
	丙级设计单位	1. 民用建筑：承担工程等级为三级的民用建筑设计项目。 2. 工业建筑：跨度不超过24米、吊车吨位不超过10吨的单层厂房和仓库，跨度不超过6米、楼盖无动荷载的3层及以下的多层厂房和仓库。 3. 构筑物：高度低于30米的烟囱，容量小于80立方米的水塔，容量小于500立方米的水池，直径小于9米或边长小于6米的料仓

◎ 建筑设计单位资质

甲级

• 从事建筑设计业务6年以上，独立承担过不少于5项工程等级为一级或特级的工程项目设计并已建成，无设计质量事故。

- 单位有较好的社会信誉并有相适应的经济实力，工商注册资本不少于100万元。

- 单位专职技术骨干中建筑、结构和其他专业人员各不少于8人、8人、10人；其中一级注册建筑师和一级注册结构工程师均不少于3人。

- 获得过近四届省级建设行政主管部门评优及以上级别评优的优秀建筑设计三等奖及以上奖项不少于3项，参加过国家或地方建筑工程设计标准、规范及标准设计图集的编制工作或行业的业务建设工作。

- 推行全面质量管理，有完善的质量保证体系，技术、经营、人事、财务、档案等管理制度健全。

- 达到国家建设行政主管部门规定的技术装备及应用水平考核标准。

- 有固定的工作场所，建筑面积不少于专职技术骨干每人15平方米。

乙级

- 从事建筑设计业务4年以上，独立承担过不少于3项工程等级为二级及以上的工程项目设计并已建成，无设计质量事故。

- 单位有社会信誉以及相适应的经济实力，工商注册资本不少于50万元。

- 单位专职技术骨干中建筑、结构和其他专业人员各不少于6人、6人、8人；其中一级注册建筑师和一级注册结构工程师均不少于1人。

- 曾获得过市级建设行政主管部门及以上级别评优的优秀建筑设计三等奖及以上奖项不少于2项。

- 有健全的技术、质量、经营、人事、财务、档案等管理制度。

- 达到国家建设行政主管部门规定的技术装备及应用水平考核标准。

- 有固定的工作场所，建筑面积不少于专职技术骨干每人15平方米。

丙级

- 从事建筑设计业务3年以上，独立承担过不少于3项工程等级为三级以上的工程项目设计并已建成，无设计质量事故。

- 单位有社会信誉以及必要的经营资本，工商注册资本不少于20万元。

- 单位专职技术骨干人数不少于10人；其中二级注册建筑师不少于3人（或一级注册结构工程师不少于1人），二级注册结构工程师不少于3人（或一级注册结构工程师不少于1人）。

- 有必要的技术、质量、经营、人事、财务、档案等管理制度。

- 计算机数量达到专职技术骨干人均0.8台，计算机施工图出图率不低于75%。

- 有固定的工作场所，建筑面积不少于专职技术骨干每人15平方米。

不同资质的设计院的技术水平和所承担的工程项目都有很大的差异，了解设计单位的分类与资质，可以对目标实习单位形成一个初步的评价。按照所有制形式的不同，设计单位还可以划分为国有企业（事业单位，一般包括规划局的下属企业）、股份公司（多为合资企业）、私有企业（民营企业）和建筑事务所等。

◎ 设计单位组织模式

随着我国建筑市场经济体制的逐步建立和完善，社会经济环境发生了重大变化，传统的计划经济管理模式已经不能满足设计院企业的发展需要。面对迅速发展的市场经济和日益扩大的业务规模，很多设计院企业都在组织结构模式的转变上进行着不断地尝试和革新。

伴随国家对设计单位明确提出的改制要求，设计院逐步建立起现代企业的产权制度、组织制度和管理制度。**成为产权清晰、责权明确、政企分开、管理科学和自主经营、自负盈亏、自我约束、自我发展的法人实体和市场竞争主体**。在这种形势下，传统的计划经济管理模式已经逐渐退出历史，当代设计院的管理模式、管理水平，在不断变化的社会经济环境中发生着日新月异的变化，很多设计院都在探讨并实践提升竞争力和活力的组织模式。

目前我国各类设计院中广泛采用的组织结构模式主要有两种：专业室模式和综合室模式。

专业室模式 是指将所有的生产资源按不同的专业进行划分，成立不同的专业室，管理本专业范围内的所有生产资源，在专业室之外成立院级职能部门，负责专业室之间的协调和管理资源的分配，各专业室在本专业范围内完成相应的生产任务。

在专业室模式下，专业室的管理人员除了能够组织好本室员工完成设计任务外，还有更多的精力关注本专业的技术能力建设，打造优势专业。但是由于传统的专业室的组织模式在项目人员

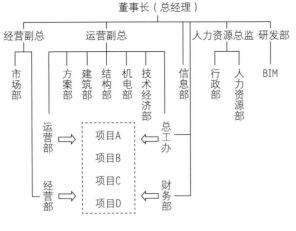

图1-1 专业室模式组织机构框图

的分配、协调和管理方面，需要花费大量的时间和精力用于不同专业室之间的协调，这就使得专业室模式的管理成本加大，不利于项目管理能力的建设；此外，由于各专业室独立运作，专业室人员往往考虑本部门利益多于设计院整体利益，这就会造成各专业室之间相对独立，存在项目中各专业接口衔接不畅等问题；在对专业人员的培养上，由于这种专业室的设置，使得本专业人员较难深入了解其他专业的工作，不利于培养复合型的高端专业人才（图1-1）。

综合室模式　则是将所有的专业合并到一个综合部门进行管理（技术质量部），由综合室作为院的二级单位，统筹分配和自筹项目相结合，组织各专业人员完成设计任务，生产资源和管理资源发挥协同配合的作用。在综合室模式下，各专业集中在一个部门，人员配备较为全面，能够相对独立地运作完成各类生产项目，综合室模式对于设计院生产资源的统筹协调、项目管理能力的提升起到了较好的作用，并且能够极大地提高生产效率。从客户和市场的角度来看，目前很多设计院都希望能够与客户建立长期的合作关系，综合室模式相对专业室模式来说更有利于为客户提供长期稳定的服务。但是，在这种模式之下，综合室往往更关注管理能力与业绩的成长，各专业疲于应付诸多的生产项目，对于专业能力、技术进步等方面的关注则不如专业室模式，有的综合室模式甚至会严重破坏设计院的专业能力建设（图1-2）。

从两种模式的适用范围来看，专业室模式比较适合产品种类单一，专业间协调难度较小的设计院，而综合室模式则更适合产品涉及的专业繁多，专业间协调工作量较大的设计院。以传统模式为基础，提升设计人员专业水平，提高设计质量为目标的不同管理模式改革正在进行。

从组织结构设计来看，设计院主要有以下两种项目管理模式：

职能式组织结构：这种组织结构是相对比较传统的项目管理模式，设计院通过职能部门对项目组加以管理，项目组必须按照职能部门的规定运作项目，项目间的沟通协调也需要通过职能部门实现，自主性和创造性体现相对不足。

项目式组织结构： 在项目式组织结构中，每个项目就如同一个微型公司那样运作，完成每个项目目标所需的所有资源全部分配给这个项目，专职的项目经理对项目组拥有完全的项目权力和行政权力，项目式组织结构的设置能够迅速有效地对项目目标和客户的需要作出反应，但缺点是各项目之间沟通协调成本较高，资源共享性较差，一般适用于多个相似项目的设计院以及长期的、大型的、重要的和复杂的项目。

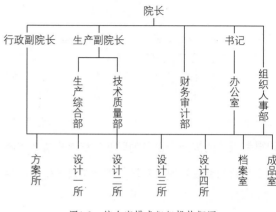

图1-2　综合室模式组织机构框图

从一般的职能式结构，到项目式组织结构，项目经理从无到有，跨部门协调效率从低到高，项目管理力度从小到大。因此，当项目涉及部门越多，涉及内容越新，涉及各部门利益越深，所需协调能力越强，那么就越需要采用更能有效支持项目管理的组织结构。

◎ 设计单位岗位职责

设计单位的每个成员在工作岗位上都有自己的职责，不同设计院的岗位职责存在一定的差异，但基本内容相似。在实习之前了解这些情况，能够使我们在设计单位更好的定位，同时也可以思考一下自己未来可能的发展空间（设计单位岗位职责划分详见附录1）。

（二）单位的选择

对实习来讲，单位的名气大小不是问题的核心，更多进步、更大收获才是选择的关键。对单位的认识是否充分，对单位的优劣是否了解，都会影响你实习单位的选择。除了单位自身的条件，我们还可以从以下方面进行了解加强判断：比如公司规模、主要承担项目的类型、工作环境、公司对实习生的培养计划、实习生待遇问题、住所与单位距离等状况。将这些问题和制定的实习计划、发展目标对应分析，进而确定一到几个实习单位。

在这短短的几个月里，实习单位的选择会直接影响你最终实习的结果：**正确**的选择让你如鱼得水，很快适应工作的节奏，每天过得充实忙碌，在实习过程中得到充分的锻炼，对专业认识得到很大的提升，自己的职业目标逐步清晰明确；**适中**的选择是指设计单位工程量不饱满，所以学到的专业知识很有限，或者实习单位的工作不能发挥你的优势，导致实习工作内容与未来真正就业单位关联很少，总体实习收获不大，留下很多缺憾；**错误**的选择可能是大部分时间在单位上上网，偶尔打打下手，完全接触不到项目的关键，或者是由于实习前期准备不充分、不适应等原因频繁跳槽，浪费了宝贵的时光，甚至因困惑和迷茫没能坚持一个完整的实习期就打道回府……

正确的实习单位选择基本可以归纳为三种：

第一种是指就业目标单位已经基本确定，此时的你应当选择直接在该单位实习，通过实践的过程让双方进一步了解，保证未来就业单位真正契合你的职业理想。

第二种是指有明确的就业目标城市，你应当结合自身特点初步选取一到两个实习单位，在实习过程中进一步体验在此地工作、生活等各方面的感受，以便确定下一步的就业方向。

第三种情况是大部分同学的状态，对于未来的发展方向不是很明晰或者对将来生活城市等方面都没有明确的想法，那就本着开拓视野、继续思考的原则在理性分析、广泛考察的前提下，选定机会比较多、内心比较渴望的城市发出简历，寻找机会。伴随过程的进行，你的思路将逐步清晰。

◆ 选择之初

也许是入学时就有耳闻，也许是某位老师授课时提起，也许是和一位学长的偶尔交谈。总之，在专业课学习接近尾声，学院正式通知你们专业实习即将开始……此时的你心中可能已有初步的判断，但未知的问题似乎更多："准备的简历是否吸引实习单位的眼球？到底哪个城市和单位能有更多的学习机会？哪种类型的公司更适合未来的发展……"

图1-3 如何选择

建筑学专业实习阶段是不同于在校学习的重要时期，你从校园的温室步入社会的丛林，专业知识从纸上谈兵转化到实际项目应用，通过不同工程项目策划、方案投标、施工图绘制等工作你会对专业有新的认识和理解；通过专业配合和现场服务的过程中你会对专业有进一步的感受和体验。实习阶段是你继续专业学习的过程，对你的未来职业发展起着不可或缺的重要作用（图1-3）。

你首先要明确**实习主旨**：通过参与实际项目，进行设计实践工作，进一步学习专业知识；其次要了解实习的目的：毕业设计之前进行的为期半年的专业实习是对所学专业如何应用建立起进一步的认知；接下来确立**实习方案**：选择一到两个自己真正喜爱的设计单位和感兴趣的工作方式开始实习，进一步深入专业学习并体验专业如何实践。

> 曾有哲人说过："人生就是一连串的抉择，每个人的前途与命运，完全把握在自己手中，只要努力，终会有成。"要想寻求最接近正确的答案，必须主动选择。对于一直处于学习阶段的你们，选择之初会有太多的混沌与懵懂，但主动选择意味着更多的"幸运"，要想做出正确的决定，理性分析和客观判断是正确的方法。

选择之初可以从三个方面入手：整合信息、客观分析、与人交流。

◎ 整合信息

在信息产业高速发展的今天，数据漫天飞舞，这些信息十分庞杂，为了提高效率有的放矢，**你要结合自身情况，按照一定的线索整合**：单位信息建议按照城市分析：一线城市（北京、上海、深圳等），二线大中型城市（省会或沿海等经济发达城市），三线小城市（家乡或有亲缘关系的地区），然后按照单位性质或者工作模式分类，例如：国企类设计单位，高校类设计单位，民营类设计单位等。经过对不同设计院相关信息的提炼整理，尽快明确目标单位。

◎ 客观分析

实习阶段以增加实际工作经验为前提，掌握更多的专业技能为主要目的，是可塑性最强的时期。在客观分析进行选择时要注意以下两点：一方面实习结果可能直接影响以后的求职和工作，另一方面实习单位与就业单位之间虽有关联但也可以有一定的差异。

目前阶段还有很多不确定的因素，你的实习之旅在现实的基础上完全可以增加一定的理想化和专业化元素，但前提是实习单位一定是优质的设计单位。优质的设计公司可以为你建立起职业生涯的坚固基础，为你提供未来发展的良好开端甚至提供属于你的第一份工作；优质的设计公司可以激发你的专业潜能，建立你的职业人脉，使你明确今后专业学习的目标和前行的方向。

由于实习单位的确定是双向选择的结果，成功的实习是你与设计单位达到互利互惠。因此，优质的实习单位必须是结合自己的专业能力和就业方向的选择：你的自身能力和水平能否胜任单位的工作？单位的特点能否激发你的专业兴趣和发挥你的个人优势？

◎ 与人交流

学长的工作历程，可以指导即将实习的你少走很多弯路，他们所给的指导意见可能轻松地点醒你。所以在展开实习计划之前，不妨多问问学长的意见，每人所走的道路虽然不尽相同，当提前了解的问题越多，下次遇到此类问题，就可以从容应对。

建筑专业老师不仅有丰富的专业知识和教学经验，还有着大量实际工作中积累的执业体会和从业技巧。因此，老师所提出的意见或者建议将会对职业生涯产生很大影响。老师的话可能会带给你新的思维、新的信息，老师传授的实际工作经验将是你在建筑学专业领域内成长的最大财富之一。他们用自己亲身的经历和感悟来指导你如何更快捷更有效地去解决所遇到的问题。当然，按照老师教育的思路去处理一些事情时，一定要及时把解决问题时所产生的体会或感悟到的信息反馈给老师，形成双方更有效的反馈和沟通。

格罗皮乌斯曾说："贝伦斯第一个引导我系统地合乎逻辑地综合处理建筑问题。在我积极参加贝伦斯的重要工作任务中，在同他以及德意志制造联盟的主要成员的讨论中，我变得坚信这样一种看法：在建筑表现中不能抹杀现代建筑技术，建筑表现要应用前所未有的形象。"通过和老师交流，现代主义奠基人之一的建筑大师格罗皮乌斯找到了自己在建筑方面的理念和方向。

◆ 自我评价

在生活学习以及工作中，自我了解和认定，是进行未来实习或职业规划的前提和基础。了解自己越深刻，就会发现自己更多的潜能。进入职业生涯之前，你要了解自己想要做什么，适合做什么。

虽然大学期间的专业相同，但每个人的成长环境，家庭背景和性格特点存在差异。经过几年的专业学习，个人的专业水平、兴趣爱好和综合素质会显示出很大的不同，因此，实习前期的你应当通过自我评价对自身能力进行一次全面的剖析。利用你的优势形成独有的竞争力，力争在求职的路上少走弯路。认真地分析并认知自己的能力，结合自我评价展开实习单位的选择，往往水到渠成。

◎ 能力剖析

学校的课程设置基本涵盖了你未来从业可能面对的所有科目，选择合适的实习单位，首先应当回想一下学习这些课程的感受和经历，仔细想想哪个科目的学习让你最得心应手且成绩上乘？对于专业核心的建筑设计课程自己的方案优势在创意创新还是结构构造？畅想一下"建筑师"对于自己是不断超越的梦想，还是仅想单纯以此作为谋生的职业。

优质建筑师应当具备逻辑思维能力、艺术创造能力、人际交往能力、抗压抗挫能力，每个人都有自身的强项和优势，只是擅长的方向不同或优点多少不同而已，在某个方面有超常能力可以成功，兼具多种能力更是势不可挡。通过回答以上问题，总结出自己的特质和优势，（如图1-4）你会发现思路逐步清晰，那么属于你的"选择实习单位原则"就会逐步确立起来。

图1-4　自我定位

对应建筑学专业毕业生应具备的五个基本知识和能力，客观分析一下自己的程度和水平：

• 具有较扎实的自然科学基础、较好的人文社会科学基础和外语语言综合能力；

• 掌握建筑设计的基本原理和方法，具有独立进行建筑设计和用多种方式表达设计意图的能力以及具有初步的计算机文字、图形、数据的处理能力；

• 了解中外建筑历史的发展规律，掌握人的生理、心理、行为与建筑环境的关系，与建筑有关的经济知识、社会文化习俗、法律与法规的基本知识，以及建筑边缘学科与交叉学科的相关知识；

• 掌握建筑结构及建筑设备体系与建筑的安全、经济、适用、美观的关系的基本知识，建筑构造的原理与方法，常用建筑材料及新材料的性能。具有合理选用和一定的综合应用能力，并具有一定的多工种间组织协调能力；

• 具有项目前期策划、建筑设计方案和建筑施工图绘制的能力，具有建筑美学的修养。

◎ 自我询问

勇敢的面对比失意时的寂寥更有价值，找一个安静的处所，用一大段空闲的时间，认真地深刻地思考以下三个问题，想清楚，想透彻，然后写下来，你会对自己有新的认识和发现：

• 通过五年（或者更多时间）的专业学习，你认为从事建筑学专业的自己究竟有什么才干和天赋，与你的同学相比什么东西你能做得最出色，你的高人一筹之处在哪里；回想一下你质疑过的某学期设计成绩的原因，回忆一下你苦恼于某一阶段设计方案突破后的感受；对于应掌握的软件是否比其他同学更熟练，并有独门秘籍等；客观评价一下自己在班级的专业排名。

● 综合素质方面你的优势和劣势是什么？拥有什么技能，能做什么不能被人轻易取代的事情？以你个人的经历，有什么对于专业发展有利的与众不同之处，曾经的经历为你提供了哪些经验、洞察力和专业能力；你是否相信天道酬勤并能赋予行动；你是否越挫越勇并善于与人沟通。

● 未来就业和生活的城市是否已经明确，对于即将开始的实习最大的期待是什么，以你目前的心态毕业后想直接就业还是继续深造，专业的哪个方向是你内心最向往的地方，你的激情在哪里，让你感到值得为它专业努力和付出的具体方向又是什么，你有哪些具体的要求希望通过专业实习得到满足，你期待通过实习获得哪些收益和机会。

正确认识自己在性格意志、知识水平、技术能力、专业擅长等方面的优势与劣势，为制订未来职业目标和选择实习工作单位提供依据；从擅长或者感兴趣的事件入手，剖析个性，客观评价自己的优缺点，对应未来职业规划筛选适合的设计单位。也许此时所有问题的答案并不清晰，但你必须尽可能全面的思考，虽然命运有偶然和机遇，但运气的背后一定隐藏着必然的努力。客观分析不同单位特点，结合个人情况进行正确的选择。在建筑设计不单单只是画图而已，年轻建筑师可以从事工作的类型并不单一，还有建筑研究机构、建筑策划企业、房地产行业、设计院、规划局以及施工单位和室内设计、装饰公司等等。在实习开始前要充分考虑自己的内心感受，问问自己所想要体验的什么样的工作类型，为自己制定适合的工作目标。

◆ 不同的城市

作为即将走向社会的成年人，实习和未来的工作密不可分，选择具体单位之前应当首先思考一下未来三到五年甚至今生想在什么样的城市生活：是到人才济济但机会众多的北上广历练成长，是选择资源相对集中且经济态势较好的省会级城市，还是到那些气候适宜风景优美的二三线城市，或是回到家乡小城过安逸舒适的乐活日子，抑或到大西北等条件艰苦的广阔空间激扬青春、施展才华（图1-5）。

图1-5　选择不同城市

◎ 激情北上广

单从城市选择的角度来分析，机会多、视野广首选北京、上海、广州、深圳等城市。对于目标不是很明确的同学来说可选择空间更大，接触的信息量更多，专业知识更前沿。你未必一定要扎根在此工作，实习目的是尝试一下他们工作的节奏，学习一下他们的工作方法，这些是对你人生宝贵的历练，经过这里的实习，你会对城市大环境与工作选择有更深刻的认识。

选择这样的城市理由：到你崇拜的建筑大师身边工作；体验一下国内顶尖设计院的工作模式；让自己有一段激情绚丽的大城市生活经历……总之，在做好调查和预算的前提下，只要有充足的理由，你就可以预定去往北上广的车票。

> 优点：一线城市充满了机遇，只要有能力，善于表现，就不会被湮没可以供你更好的展示才华。这些地方是人们所认为的竞争相对公平的城市，是"成功是给有准备、有能力的人"的最好诠释。
>
> 缺点：机会多的同时挑战竞争也很激烈，毕竟有才华的只是少数，一线城市高的物价和消费水平对于很多学生来讲是难以适应的，租房难、吃饭贵、手头紧、距离单位远、挤公交、早出晚归，会慢慢磨平大多数人的意志。在这里可能会有许多挫败感、不如意，工作压力大。

◎ 二线城市

在众多的大中城市里一线城市机会多，同时那里的压力也确实很大。如果你十分明确自己未来的目标城市，实习单位可以直接确定为二线城市，尽早验证这里是不是你未来可能长期生活的城市。

首先值得一提的是省会城市，比如北方城市的沈阳、长春、哈尔滨；南方的南京、杭州、成都，还有沿海的一些城市：大连，青岛等。虽然这类城市的生活成本也越来越高，但是相对北京上海的种种困惑，它们的节奏较为舒缓。这里需要提醒的是：二线城市与北上广等地区相比，建筑设计单位数量会少很多，就业选择面较窄，真正能够提供机会又适合自己的公司自然就比较有限。

二线城市往往生活压力比大都市小，人口数量也相对较少，这样的地区往往更适合居住，更适合想要相对平淡生活的人，如果你一心向往这样的城市，可以通过实习阶段进一步判断在此工作是否理想。在这类城市的设计单位实习，首选省市级国有甲级设计院（即使改制技术力量也相对较强），其次选择省内或该城市早期成立，规模和口碑较好的大型股份公司，或者新兴公司但专业带头人能力强、项目多的小公司。

优点：这里的生活压力相对一线城市不是很大，如若在甲级等大型设计单位可以得到充分的锻炼，但可能是在三五年以后才会得到重用。这些单位一般都是属于在本省或者邻省具有较强竞争力的单位，得到锻炼的机会充足，单位的工程量会比较多。

缺点：从低做起，起初可能只会和施工图、效果图打交道，工作上缺乏挑战性，可能会感到枯燥；也可能只会给予模型制作、简单的竖体块、拉形等脑力劳动投入较少的工作，可能会让你感到大材小用。

◎ 故乡小城

在故土生活、工作多半是一种求稳的选择，在成长的地方继续自己的工作和事业，未尝不是一种美好的开始，所以在故乡实习是很多不想远走学生的最终选择。熟悉的生活环境和朋友圈子，实习的单位可能就是你未来想要就业的目标单位，实习等于提前进入工作岗位，在这里实习一般生活上会较为安逸，但为了将来的工作有一个良好的开始，你需要思考的问题应该更多，各方面的表现也应该更出色。

优点：相对来说个人压力较小，单位竞争压力小，容易得到单位领导的重视，生活节奏较慢，生活方面没有后顾之忧。故乡小城的设计单位一般只是本市的设计单位，在当地具有较强的竞争力，工程量由本地建筑规模决定。在故乡工作，因为根基就在这里。

缺点：只能接触一些规模较小的项目，个人展示才华的机会较少，不能得到全面锻炼，一般实习期完全按单位老板或者甲方要求进行设计，思考过程较少。近一两年行业形势低迷，大部分的小城市的房地产行业过于饱和，房子供大于求，建筑类单位招聘名额较少，就业机会较少。

◆ 合适的公司

自从你踏入校门，从事建筑专业的学习以来，或是老师讲解的设计理念，或是自己膜拜的大师构想，从基础的手绘练习到后来的方案设计，从平面构成、建筑导论到城市设计、课程答辩，由浅入深一步步由眼低手低到眼高手高。也许胸有谋略的你早有目标，也许迷茫困顿的你犹豫未决，也许得过且过的你压力山大，不管怎样，**经过前面的分析判断，此刻的你到了选择合适公司的时候了。**

在学校做设计的时候，我们都知道"入口"的设置很重要，它营造了一个重要的交叉地带，就像是一个临界点，是室内和室外之间的桥梁，实习期可以理解为学习和工作的临界点，是从一种社会角色到另一种社会角色转变的中间地带，这是一种实际的、带有暗喻的变化。

◎ 不同的设计单位

不同设计单位在实践性质上的差异通常与规模有关：随着设计任务全球化扩展，少数公司的雇员接近千人；大型事务所一般超过300人的规模；中等规模的设计公司100人左右；新兴的小型事务所往往不足10人，更多强调设计作品具有一定的类型特点或专业方向。所有类型的设计单位都有可能提供很好的实践经验，关键你要了解不同单位的特点。所以在确定实习单位之初，你应该仔细考虑：你是希望加入一个大型的、综合协作的工作环境，还是规模小、专门化的设计公司，你喜欢做范围广泛的项目，还是仅做某一类型的设计。

大型设计院：一般会划分为若干个小规模的设计所，它们的设计领域更加广泛，通常都是规模很大的项目，在这里工作，你有机会参与不同建设地点、各种类型的项目，你会通过设计项目与不同领域的专家协同工作，进而获得更开阔的视野和经验。当然，大院也有缺陷：一方面由于实习期时间所限，在这里的几个月你可能都在从事某类项目的某个专门部分，导致你获得的实习经验较为单一；另一方面由于大型设计院的竞争更加激烈，一般会有独特的企业文化，选择这里实习应当通过在那里工作过的学长了解设计院的内部氛围，判断自己是否喜欢那样的环境和文化。比如华东建筑设计研究院有限公司，中国建筑设计研究院，以及各建筑类高校的附属的大型设计院等单位，承揽大型项目为主，规模庞大，实力雄厚，在工程设计方面经验更加丰富。这里的实习生可能参与一个比较大的项目，但很难接触到工程的核心，更多的实习收获来自侧面的学习和观察：团队合作、项目流程、工作模式等与建筑设计密切相关的工作环节。

小型设计公司：规模10~20人不等，优质的小公司设计品质较高、气氛更加民主，因此，这类公司常常是岗位实习的更好选择。很多事情需要实习生的亲力而为，从立项、与甲方进行沟通、进行方案设计、勘察现场等等，方案前期到后期服务，你可能会参与设计项目的所有阶段，这样的经历能给你更多的锻炼机会，因此你能获得更加丰富的实践经验，得到更高质量的设计体验。有时候要是甲方过来也有可能要担任接待或者向甲方汇报的角色，要是老总觉得你做得不错有可能还要带着你出差，现场调查等等，这些都可以让你提前进去建筑师职业的更多领域，收获会颇多！小公司的缺陷：缺少一个领域广泛的专家团队帮助你解决工作中遇到的实际问题，有时公司会因资金周转紧张或技术人员不足使内部管理陷于危机或高压之下；另外，小公司的企业文化和老板关系密切，在磨炼品格的同时，你的社交能力可能受到一定的阻碍。如果选择正确，小型设计公司同样能够获得丰富的实践经验，而且会为职业实践奠定坚实的基础，尤其对未来创业意义深远。

　　大的设计单位稳定性很好，在市场形势变动时不会有太大风险，工作规律上也较为平稳，但难免可能会有"论资排辈"的感觉。小型设计院通常都是将一个项目进行分工，大家齐心协力去完成一个设计，熟悉工作的期限会比大院短一些，因为小院本来人手就不多，可能没几天就让你进入状态，跟进协助做项目，也不排除为了试试你的能力而单独给你项目，这样锻炼的机会自然更多，通过一个项目就可以让你大致了解了实际项目的工作流程。

　　给自己一个定位，比盲目寻找要好得多！一个清晰的目标是必要的前提，如果你正迷茫于实习单位的选择，适合自己可能是选择合适的单位最好的理由——对方乐于接受你能胜任工作！德谟克里特说，"智慧是因为思虑周到"，好好考虑自己的能力和志向，尽快确定属于你的实习单位。

◎ 以兴趣为指导

如果你正迷茫于实习单位的选择，兴趣可能是选择合适单位的最好理由——对方乐于接受，你能胜任工作。卡耐基说，"除非喜欢自己所做的工作，否则永远无法成功"，盖茨也曾说过，"做自己喜欢和善于做的事，上帝也会助你走向成功"（图1-6）。兴趣是最好的老师，能充分发掘人的潜力，鞭策人不断地前进，能到喜欢的单位做喜欢的工作本身就是幸福的。

图1-6 以兴趣为主

在众多的设计单位中选择中意的设计单位也是一件很艰难的决定。所以，面对多项选择时需要进一步明确自己的兴趣和目的：如果实习前你已经有了一些实践工作的经验：在老师的个人工作室，或者在一家资质高规模大的当地设计院，那么实习单位可选择一个在规模和特点上与相反的设计院，从而完成社会实践中的一次互补；如果你长久以来喜欢国内某位大师的风格，可以利用实习的机会去他的事务所或个人工作室，近距离地学习和体验建筑设计……

实习单位的不同特点会对你的专业认识产生一定的差异，为了更高效的达成这种目的，找到一个与自身兴趣适合的设计单位尤为重要，符合兴趣的目标单位意味着你找对了方向。

图1-7 职业规划

◎ 不同单位实习体验

建筑之路有很多的分支，有的人进入传统意义的国有大院，有些人成了著名的建筑大师的子弟，也有些人到了名不见经传的小公司。规模大的设计院具有更宽广的平台起点，更大的发展平台；小公司人际关系相对和谐，一起与公司成长的过程中提升的机会可能更多等等，进入不同的设计单位要结合自己的职业规划（图1-7），无论哪条路都有人走得无比精彩坦荡，也有人迂回曲折陷入"泥潭"。

◆ 结语：

实习期仅仅是个开始，未来还有很多机会，人和事都在动态的发展，不要患得患失，**不要害怕做决定，选择是否正确必须通过行动验证**。通过思考后的选择意味着更好的机会和更多的可能，选择后就要从容豁达的面对实习。

实习阶段是专业提高的好时期，能为真正进入工作状态奠定坚实的基础。清楚的了解自己的优缺点，才能在好机遇降临时把握住机会、利用优势，进而奋发图强。

计划固然好，但更重要的在于付诸实践；任何目标，只说不做到头来都是一场空。每个人心中都有一座山峰，雕刻着理想、信念、追求和抱负；每个人心中都有一片森林，承载着失意、磨砺、希望和收获。年轻的建筑师，若要获得成功，必须拿出勇气，付出努力、拼搏和奋斗！从岗位实习开始，我们要打拼属于自己的未来！

第二章　实习工作启动

实习期间的心绪和场景，常常是建筑师们追忆的有趣话题，也是年轻建筑师事业前进和学术发展的起点。现在的你，是否已经初步拟定了实习计划？是否确定了实习的目标和方向？选择之初的判断完成以后，步入了实习工作的启动阶段，这时的你可能还不清楚最终的实习单位在哪里，实习期间能做好什么，能给实习单位带来怎样的收益，通过实习能有哪些收获，但是伴随着实习申请的开始，你已经真正踏上了实习之旅……

（一）实习申请

启动实习第一步——向目标单位提出实习申请

◆ 利用网络

在校学生首选的实习申请方式是网投：明确实习的时间和成果要求后，通过网络选择中意的设计单位，根据负责人或是HR的邮箱，按照提示投放简历、作品集，提出实习岗位申请（图2-1）。

网上有巨大的信息量，"建筑英才网"算是现在国内建筑行业招聘求职信息最全的网站了，

图2-1　网投实习申请

各种类型的设计院都可以在上面找到，当你看到有合适的设计单位时，首先应该打开公司网站链接进一步了解，进行实习目标单位的初步筛选。ABBS、筑龙网、E拓建筑网等网站也有关于建筑设计单位分类的内容，会为你提供大量的招聘信息。推荐一个综合搜索的网站http://www.archiname.com/（建筑专业的网址之家），内容是关于建筑行业和高校的网站链接，综合性很强，可以找到你想要的很多资讯。利用课余的时间还可以多看看大型的招聘网站，对建筑学专业实习也有很多岗位提供（北上广深等地相对居多），尽量把可能有帮助的部分摘录下来。

不同的设计院招聘实习生的投档具体要求各不相同，你可以关注相关网站了解更多的信息，投档文件大小要有所控制：一般5兆左右（简历和作品集）！可以在投递结束后给应聘单位打一个电话，提醒对方不要遗漏。

◎　优点分析

第一不受地域限制，你可以在任何地方投递联系；

第二接触面更为广泛，让更多不同设计单位的人读到你的信息；

第三面试之前先送作品集和简历，节省时间、人力和不必要的成本。

◎　缺点不足

第一等待回复时间往往略长，一般7～20天不等；

第二有些公司会因为某种原因漏看你的信息；

第三如果同意录用的信息过多，会干扰和影响你的选择。

尽可能第一时间了解设计单位新的招聘信息并快速提出申请；平时多注意相关网站，总会有意外的收获；慎选网站，有针对性地筛选信息，有条理、有节奏地投递信息；选择真正感兴趣和符合要求的公司，不要随意乱发，以免上当受骗；接到复试通知后，谨慎核对公司的信息，通过询问公司负责人姓名，公司地址等以便求得信息的正确性。

◆ 电话咨询

由于很多信息未知，网投的同时你可以打电话了解更多设计院信息和招聘意向，通过语气和沟通进行判断；通过电话联系成本会略高一些，但是这种方式比网络更直接；网投、面试后都可以通过电话进行必要的联系，以便继续跟进和交流（图2-2）。

◎ 礼仪方面

图2-2　电话咨询交流

第一，注意礼貌，多用"请""劳烦""您好"等礼貌用语；讲话时要不卑不亢，吐词清晰，思维敏捷，争取给对方留下一个聪慧睿智的印象。

第二，控制语音语调，充满自信；打电话时应认真聆听对方的问题和要求，重要内容要边听边记。

第三，打电话的时间要进行适当的选择，上午宜在9:00~11:00之间（刚上班的时间对方可能手头工作很多，或者没有很好地进入工作状态，11点后接近午休也不恰当），下午则宜在1:30~4:00之间，要避开刚上班或快下班两个时间段。

请对着电话微笑，这既是对对方的尊重，也能让他感受到你的诚意；语气不要太过随意，必要的严肃也是一种尊重；不该问的在电话里不要问，敏感的问题更不必在电话里提及；事先想好问题，可以先写在本子上，以免漏掉关键问题；对自己要有客观的评价，包括专业特长、性格爱好等。

◆ 直接拜访

当你找到目标单位或心仪的建筑师并投递了资料，最关心的肯定是对方能否尽快给你答复，由于设计单位的工作性质十分忙碌，有些设计师会因为手头项目多或者是各种会议的原因，没有时间看你的作品集和简历。为了避免盲目的等待，一段时间没有消息可以尝试着发一次创意小作品引起对方关注，或者直接前去单位拜访。

◎ 机会多多

直接拜访往往事半功倍，获得面试和入职的机会也相当高（当然有些时候还需要运气）。当面拜访时可以告诉HR或者面试老师，你欣赏他们设计院的什么设计作品，特别是这些作品对你的专业学习有哪些启发和引导，可以这样陈述"我对贵公司的XX项目印象很深，其中XX的设计手法，对我的专业学习有很大启发……另外，对你们近期做的XX项目也很感兴趣"，如果谈话很轻松愉快，还可谈谈其他方面的想法和感受，不过切记不能过多，不能宏观虚化，否则会显得你骄傲浮躁。

◎ 拜访须知

设计单位不同于政府部门守备森严，经常有甲方出入，往往"客流量"较大，到达一个城市可以根据区域或目标先后去拜访不同设计院，选择充裕的时间和适中的距离，在附近先电话预约，或者直接去公司求见。

> 直接拜访可以让实习单位认为你有足够的诚意，等待回复时间较短或当面能给予回复；缺点是精力、体力、财力有一定的损失，有时会吃闭门羹；面试之后尽量与负责人保持适当的联系，不至于走出大门就记不清你的名字；联系要适度，以免显得你过于急躁；不排除会有其他应聘者的竞争，尽量让沟通更有特色。

◆ 多种可能

以上是常规确定实习单位的方式，具体操作时还有多种可能：与他人多种方式的交流或者平时的积累，也许早在实习开始前人脉关系就为你铺垫好了一切，在你不知如何抉择的时候，机遇已经在向你招手。

◎ 他人推荐

一些大型国企或地方知名设计院前来应聘实习者很多，可能不会在网上挂广告招聘，也不需要通过更多的外媒进行招募，采用直接拜访的方式可能又无人接待，此类情况下由他人推荐就是最佳的途径（如图2-3）。

图2-3　他人直接推荐

首先可以通过学长学姐，如果对他们的工作单位比较心仪，可以请他们直接推荐；还可以通过与设计单位有人事或业务往来的亲属或朋友，牵线搭桥获得实习的机会；另一种可靠的方式来自老师的帮助，通过老师的经验和人脉为你提供有效的帮助和指导。

下面是老师推荐实习设计院的实例："实习之前我用心做了作品集，投了很多简历，也收到了好几家公司的面试邀请，但由于不知道如何判断十分犹豫，是老师帮我推荐去了国内排名很靠前的一个大型设计院，成功的实习经历让我很感激老师，毕竟像这种机会不是做好作品集，然后按部就班的投递简历就可以争取来的！"

◎ 结识建筑师

参加各种建筑作品展会或者专业讲座等，积极发言，多与人交谈，表达观点和看法，试着找到话题，没准会引起共鸣，得到一个实习的好机会。在一些交流学习的会上可以询问知名建筑师的职业生涯如何规划，以便借鉴，少走弯路，当然更重要的是你可以通过这些方式结识更多的建筑师。

利用学校聘请著名建筑师专题讲座等机会，争做一名志愿者，通过茶水服务等机会结识建筑师，或者现场提问给对方留下必要的印象，以备见面之需；通过朋友的介绍，或者是学姐学长等渠道都可以结识建筑师；通过参加校友会等渠道也可以结识许多建筑师，主动把自己推荐给一些知名建筑师后，再找适当的机会进行跟进交流。

◎ 其他方式

阅览建筑产业的设计年刊如《时代楼盘》、《非常建筑》等搜索信息，直接搜寻到你感兴趣的公司；在"空间"、"人人"上面晒晒自己的作品、求职意向或是一些对设计的理解，对行业的见解和创作理念，这样的方式可能会有意想不到的收获；设计师网页是设计师求职交流的好去处，可以创建链接，整理和研究自己的作品，随时更新个人网页，还可能碰上志同道合的朋友和美好的机遇。

除了常规的途径，多种可能意味着机遇的不可确定性，一位同学找工作的经历可谓有趣："在北京实习时，第一个实习单位附近有个游泳馆，我每晚固定在6:00～6:30进行半个多小时的游泳健身，然后回单位加班画图，连续二十多天后一位中年人主动和我聊天，对方竟是一家设计单位的建筑总工，他了解我的基本情况后，认为我的自我管理能力很强，十分赞赏，强烈要求我去他们单位实习一段，权衡利弊后跳槽到该单位并成功工作签约。"

（二）面试技巧

邮寄出简历后大家都十分期待应聘单位的回复，可是当某个设计单位打来电话通知去面试时，你是否又感到茫然无措，不知道如何应对，也不能确信能否把握得住机会。

很多同学应聘失败不是由于自己的专业知识积累不够，而是由于其他一些原因：准备不足、礼仪礼貌欠佳和临场发挥不当等。下面从求职应聘时需要注意的细节和可能遇到的问题两方面谈一下面试技巧（图2-4）。

图2-4 面试技巧

◆ 注重细节

能进入到面试这一环节，就说明你离应聘成功仅有一步之遥，不过能不能笑到最后还需要看你在面试期间的具体表现，此时往往验证一句话："细节决定成败"。

◎ 第一印象

也许是进入面试考场时与面试官对视的三秒钟，也许是进入大楼时和建筑总工同乘电梯的一分钟，你会给实习单位的同事留下第一印象，那么在到达面试地点附近时就要时刻提醒自己：给应聘单位的所有人留下良好的印象。

这里简单地归纳了三个方面的注意事项：

第一，给对方的第一印象往往取决于你的容貌、气质以及穿着打扮，前两者是先天性的，不太容易改变，但是面试前一定要把自己整理得干净齐整，譬如修剪头发，刮刮胡子等。

第二，应聘者穿着要大方得体，显示对面试官的尊重和对面试的注重。衣服、穿戴切忌张扬或者过于体现个性，最好正式一些；服饰颜色搭配不宜太跳跃，一般全身的色彩尽量不要超过三种；要举止有度，注意规范，步伐稳健，谈吐有礼有节。女生可以化淡妆，穿着打扮要体现出有文化，有素质的状态，总体给人以清新明快的感觉。

第三，坐在面试官对面谈话的时候要表现出一种落落大方、谦恭有礼的状态，对方坐了你再坐，一般情况下坐在椅面的四分之三即可，不要靠椅背懒怠地交谈。

◎ 遵守时间

面试时一定要准时守时，路上预留出充分的时间，最好提前到达现场。如果让对方感觉你仓促赶来，会认为你不在意这个职位，没有重视此次面试的机会，这样已经处于被动的境地。

任何一家设计院或者公司，在求职应聘面试的时候，都不喜欢迟到者，不论何种原因：睡过了或者闹钟坏了，路上堵车了、人多挤了、电梯坏了等等，迟到后的解释总是很难让人信服。如果你很在意这个实习机会，提前到达可以更加充分地准备。

◆ 信息准备

面试时对方会问到各种问题，也许是专业知识方面的，也许是生活方面的，如何在最短的时间内胜券在握？这要求你要有备而来。机会永远垂青于那些有准备的人，在收到单位面试通知的兴奋之余，一定不要忘了及时查询以及搜集这个单位的有关资料。 到任何一个设计院去求职应聘，都需要对你所求职的那个部门，以及设计院的规模、背景等作一个初步的调查和了解，对设计院的性质、资历和项目特点也了解一些，知己知彼，百战不殆。

信息准备的时候有两点注意事项：真实的信息和有效的信息。

◎ 真实的信息

所谓耳听为虚，眼见为实，不要道听途说，要保证搜集的信息真实有效。例如某个设计院很多人去求职，你也是其中之一，如果你问排在前面应聘者一些设计院的问题，对方跟你说的信息未必真实，未必全面，也未必有效。

◎ 有效的信息

不要听说某个单位挣钱多，名气大，就盲目地去实习。要了解你真正感兴趣的方面，了解目标设计院的工作特点与你的期望是否相符。如果实习后被安排职务不能胜任或者与期望反差过大，可能就会浪费宝贵的实习时间和错过合适的机会。

可以通过应聘面试公司的往届学长或学校老师了解真实和有效的信息，他们提供的帮助可信度更高，这会为你应聘面试成功增加砝码。还可以电联设计院的接待人员，他们对公司的业务都比较了解，也会细心解答你的疑问。

◎ 个人资料

面试时应当随身携带一份资料（图2-5）：包括个人简历、精选作品集等。接受求职信和面试的可能不是同一个人，如果你口头说你得过某项国际竞赛大奖，你的英语水平如何高，没有证明材料，给对方的感受不够直观可靠。

一般单位会集中几个人同时面试，面试官没空看你的长篇大论，所以准备的材料一定要简明扼要、图文清晰；个人简历一页即可，排版应该有设计感；一些单位在面试时要求填一张信息表，填表时要细心认真，书写规范，字迹清晰工整；面试时要随身带上一两支笔，以便现场需要。

图2-5 个人信息资料

　　填写个人经历时要有所侧重，比如把你的获奖情况，做过的实际项目，或者大学的突出表现都填上去，让面试人员尽快发现你的优势和潜能。排版的时候要注意扬长避短，善于组织信息，尽可能抓住招聘者的眼球。

　　大多数设计院都很注重实习生的软件应用能力，一般实习生进入公司后不会马上被安排到方案设计等工作中，通常是先从方案前期或简单施工图开始，所以需要具有比较熟练的运用一些专业作图软件的能力，比如说AUTOCAD、草图大师，3DMAX，犀牛等软件，如果在学校时经常用这些软件画图，那么准备的个人资料要能说明这方面的能力，要把相关信息传递给对方，让他知道你在设计院实习至少做过哪些具体工作。

◆ 现场表现

　　良好的开端是成功的一半，建筑设计院的面试官多为建筑总工或者资深建筑师，他们面试一个新人，往往最看重的是应聘者的潜力和人品。如果你有艺术方面的才艺，不妨表现一下，适时画一张徒手画，此时面试人员可能已经进行了多轮面试，你的才艺会缓解他的疲惫感，成为面试场上的一个亮点。

◎ 提前模拟

　　在准备好面试资料后，可以进行一下现场模拟，给自己提出几个问题并试着回答，比如：为什么选择这个单位实习？对公司情况有哪些了解？如果你从其他设计院跳槽会问你为什么要跳槽？实习期间期望什么样的薪水待遇？如果被录用会马上过来上班吗？提前感受一下气氛会减缓面试时的紧张感。

每一次演示的时候一定要保持平静的心态，不要着急，不要慌张，更不要胡思乱想，先不去想面试官对你的回答是否满意，你的目的只有一个，就是尽可能地消除紧张的情绪，对于问题的答案可以提前准备，还需要随机应变（图2-6）。

图2-6　准备充分的面试

无论在应聘面试时发生的情况是否按照你的预期进行，不要表现出一副对此工作无所谓态度，一定要把积极认真的态度表现出来，诚恳的求职态度会给你带来好运气。

◎　语言表达

第一，讲好普通话是你的优势，若讲不好也不必太灰心，把话一字一句说清楚。没有听清楚问题时，应礼貌的请对方重复一下，恰当的表达会给面试官留下很好的印象。

第二，要注意说话时的语气。不确定就不要信口发挥，要用谦和的语气表达歉意。知之为知之，不知为不知，面试既要求训练有素，又要诚实为本。

第三，面试时可能被问及一些专业问题，比如建筑史或者建筑规范类知识。如果问题超出你的储备，不必紧张，实在不会就当面请教。

◎　临场应变

关于临场表现是随机的，很多时候是自己意料之外的事情，遇到任何情况都要保持冷静和平常的心，处变不惊。

面试时尽量淡化敏感答案，不给招聘人员留下猜测的余地。例如对待离职原因问题的回答，尽量回答能为人所理解的离职原因。避免敏感问题，并不意味着欺骗，如果招聘人员问及细节问题，应如实回答。否则求职者的诚信度可能会打折扣，成功的可能性反而更小。

◎ 可能的问题

面试的时候对方很可能会问你是否听说过本公司，或者是否熟悉本设计院的主要业务范围等问题，这些问题看起来有一点难，但提前准备也很好回答。如果你能正确回答这些问题，一定会给对方留下一个不错的印象，让他知道你是一个有备而来，渴望此职的年轻人，接下来对你的问题就会宽松很多（图2—7）。

图2-7　面试考核

图片来源：www.bschool.hexun.com/2015-05-05/175519925.html.

> 大型的私人设计院或事务所，聚集大量建筑类人才，此种单位对实习生的设定的门槛较高，需要求职者具有较强的专业水平和沟通能力。小型的私人设计院或工作室比较缺乏人才，面试时对求职者一般会比较宽松，在面试前只要稍加准备，面试通过率一般较高。

◆ 应聘快题

实习单位面试时常常设有应聘快题的环节：在规定的时间里（一般是40分钟到2个小时）手绘完成任务书的设计要求。快速设计的水平在工作中具有重要价值，同时也反映了建筑学专业学生的实践操作能力。

◎ 设计的要求

建筑快题设计是慢周期课程教学模式的补充，目的是训练快速表达的能力。由于应聘快题的时间很短，设计成果只要功能基本合理，方案思路正确，构图和表现有一定章法，能够基本清晰地表达出设计的内容即能满足要求。

应聘单位一般会提供快题设计的纸张，快题表现的各种笔最好自带，平时得心应手，关键时刻可以助你一臂之力。2B以上的铅笔、一次性针管笔或签字笔、马克笔和彩铅，这些宝贝你都要常备，各种工具的性能了然于心，应试之时才能发挥正常，不至慌乱。

◎ 解读任务书和初步构思

虽然某个环境中进行建筑设计有无数的可能，但是从应试的角度考虑一定有某一设计方向和方法最贴近出题人的构想。以2小时快题为例，应花10分钟时间解读任务书，同步确立方案概念主旨，通过快速反复的强化思考与草图比较，形成一个设计方案的初步构思，这个阶段的时间一般控制在30～40分钟之内。

快题主要考查的是设计者在较短的时间内，综合运用建筑知识形成设计方案的技能。因此在设计任务书中通常会直接表明设计中的各种要求，一般不会隐含太多内容，在解读任务书时，避免偏执，别臆想什么高深莫测的暗示，直白解读即可。例如设计的基地处于传统街区，一定要考虑周边的文脉环境，但是也不必过于纠结于文脉，因为毕竟只有2个小时，只要反映出对文脉的考虑并有相应的设计手法就够了、可以通过建筑整体的尺度处理，开窗的方式和大小，墙面的分割线条等与原有建筑形成呼应关系。以4S汽车店为例，任务书中只交代了主要设计内容：大空间接待和展示汽车。那么室外停车场的设置、办公空间和展示空间通过结构和空间处理相协调和组合就属于任务书的隐含内容，但这些都是作为一个建筑师应该掌握的内容。这两个实例要求的内容，都是一名建筑学专业高年级学生应该掌握的建筑设计常识。为了应对从建筑实习开始的应用和考核，在校期间专业知识的积累和专业能力的提高至关重要。

初步构思阶段的工作可以采用1:500的图纸比例，小比例的构思草图有利于提高思考的速度，有利于设计者整体控制好建筑单体、环境因素和基地周边的关系，避免设计内容的遗漏及或与周围环境不符。

◎ 完成建筑设计方案

由于时间非常有限，方案可以采用单元化的形态方式，既有利于图面表达，也比较容易形成丰富，活跃的建筑形式，更重要的是在进一步深入过程中容易修改和补充，具有较大弹性和变更余地。在平面功能进行的同时，要不断思考建筑的形态和造型（快题设计的功能一般都很简单，平面和造型可同时进行），形成整体的设计方案。

◎ 排版布局和建筑表现

在规定的图面上进行良好的布局和构图，表现表达要尽量规范，反映出建筑学专业的专业能力和基本素养。除了建筑平面、立面和剖面外还可以配置适当的配景，整张图面要做到构图饱满、整体、规整、对位、重点突出。设计结构清晰，设计目标明确；符合规范，指标实在；表现黑白灰关系明确，色彩关系明确；版面构图均衡，字迹工整（图2-8）。

面试的快题主要考核大效果和好想法，建筑方案一般不需要有太多的想法，抓住重点，在规定的时间内能够完成规定的任务要求，争取在表达和表现上达到眼前为之一亮即可。

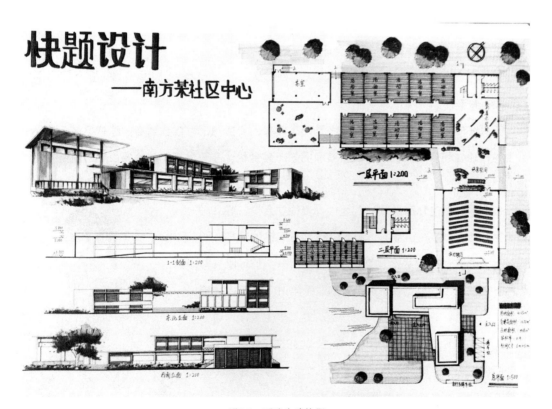

图2-8 面试应聘快题

（三）入职相关

不同高校建筑学专业的实习期一般都是一个学期，利用前后两个假期延长实习时间可获得更多的经验，所以实习前首先要明确时长。

由于多数同学会选择家乡或学校所在地以外的城市实习，针对去外地实习的生活和工作所需，结合实习前期、后期及离开各阶段情况，对于入职相关问题进行一些讲解和提示。

◆ 生活安排

实习阶段是你独立面对社会的起点，良好的应对能力和自理能力不可或缺。这样的磨练能让你更早看清社会生存状况，要学会适应，学会坚强和独立。

◎ 确定住所

实习在外生活会苦一点，但未必是什么坏事。男生租房可以找插间，这样会降低费用，女生建议能住到亲戚朋友家中，或者和同学一起合租，宁可多花些钱也要找相对安全舒适的地方。

各地的房屋中介都很多，但是中介费往往会贵一些（一般为月租金的20%~40%）；网上租房也是不错的选择，58同城、大众点评、搜房网等都有很多租房信息，你可以去网上挂一条信息，注明选择房屋条件和联系电话，还可以直接查找房主信息，选择价格相对合理的房源和房主直接沟通。千万不要看房子价格低的离谱还去尝试，这些往往都是骗局。另外和房主约好了时间看房，最好要几个人一起去，女生更不要去很偏僻的地方独自看房。（如图2-9）。

图2-9　解决生活所需

"租房的时候正值3月初，气候比较凉爽，还没到夏天。因为欠考虑，租了整整5个月，等到6月份左右的时候，天气闷热的厉害，内窗房更是闷得透不过气来，门内和门外都是两个温度，在屋里的时候，睡觉都成问题，更别说做设计，看书什么的了，完全没有心思。经历了这次也得到了教训，切记以后在做决定之前，要慎重考虑，这件事也让我明白了计划的重要性。"

◎ 交通便利

实习期的住处离工作地点越近越好，主要是交通方便，可以省去很多时间和交通费用等。但由于时间仓促或工作地点变更等原因，也可以把住所与单位的距离适当放大，最佳的住所可定义为距离工作地点步行20～40分钟的地方。

尽量住在一个交通便利的地方：北京上海都是地铁很发达的城市，在哪个城市生活一定要熟悉这里的交通路线，条件允许的话可以在地铁站附近租房；了解工作地点到居所的距离和交通方式，多在四处转转了解附近的市场、网吧、银行、医院的大体位置，会对以后的生活有很多帮助；或许有一些不得已的理由只能住在离公司较远的地方，那么每天上下班尽可能找一趟能直达的车，高峰期运气不好会在等车上花费很多的时间以至迟到；挑选合理的交通线路后，熟悉一条可以备用的公交线，了解单位和住处周围的街道名称，以备打车之需。

有些同学只简单考虑有直达公交线路就确定了租房的地点，但是真正上班发现高峰期需要一个多小时的车程，开始实习后频繁的加班熬夜，没时间再考虑住处的问题，整个实习期都相当疲惫，所以住处和单位距离的问题也是影响实习品质的因素之一。

◆ 工资待遇

在一个地方生存的前提条件就是经济来源，在学校时每月父母给你一定的生活费，而今出来实习闯荡，虽然把学习社会经验和专业技能作为第一要务，但是在经济方面你对工资一定会有所期许。

图2-10 合理的待遇

待遇方面你可以进行这样的分析：实习时单位的薪酬待遇，若能满足基本生活最好；若在实习期间未提供薪水待遇，也不要在意，因为待遇是干出来的，不是要出来的。若真有能力，不论是在专业上还是社交上，经过一段时间将会委以重用，任何单位都想吸纳人才，没有老板看着你不可缺少却不给予好的薪水和待遇。

大多数人说到"实习期无工资"都不能接受。其实这可能是一个"招聘圈套"：就看应聘者是不是一个靠自己努力能赢得待遇的人、是不是能够摆脱一般观念的人。有人敢于无工资实习，由于他的用功努力，在实习中进步飞快，结果一周左右就领到了工资，这种例子屡见不鲜。待遇方面的事有时是心照不宣，如果你为设计院创造了很高的效益，收入方面是水到渠成（图2-10）。

◆ 时间管理

在大学里，你的时间观念可能不是很强，但设计院是一个追求效率的地方，负责人将任务交给你的同时会给你时间上的限制，可能在现有能力之内，也可能超出你的能力范围。但无论给你多少时间，至少要先完成个底线的成果，时间长你就要拿出更好的东西。所谓给多少时间，就拿出相应质量的东西，通过两三次尝试，给你一个时间值，你可以保证能做到什么程度的东西；要求你做一定质量的东西，也可以索取必要的时间。如果负责人理由不合理，可以婉转的说"不"，有时候也必须做好加班的准备（图2-11）。

图2-11 时间管理

管理时间的具体方案有三步：抓住重点、重视时效、难点优先，将时间安排与设计任务同等重要的对待，掌握管理时间的主动权。方向正确、认真思考、提高效率。要经常自问：怎样才能更好的利用时间？制定明确可计量的目标，明确下一步的计划和工作，避免消极的打扰，通过备忘录等方式记录和整理文件。

◎ 抓住重点

学会时间管理可以获得更大的自由空间，使用时间的最佳方式，优先实现目标。建筑设计既是一门技术专业也是一种商业行为，因此，建筑与效益的关联很密切，作为一名建筑师必须意识到时间作为一种资源对于个人和集体的价值。很多同学在校学习期间养成拖图、懒散的习惯，这种低效能的状态势必影响你对于时间的管理。

没有人专门教你如何重视时间，没有效率的概念会拖延、欠交设计作业，长期的不重视会把这个习惯带入工作期间，时间迫切的时候会紧张，"今日事今日毕"，珍惜时间，利用安排好时间。只有比别人更早、更勤奋的努力，才能尝到成功的滋味。没有人能随随便便成功，重视时效、自我管理加强意志品质。

◎ 重视实效

如何看待你的工作，这涉及优先安排时间的问题，要将时间安排视为一个设计的问题，如果一件事情过于繁杂，就要分步骤的完成。

如果只注意设计的效率，没有更多的思考方向是否正确，可能完成无效的"成果"。在计划的进程中要和他人进行探讨，确保设计方向的正确，你可以自问："这样做是否在最好的利用时间？"如果回答是否定的，你就应该找到更好的途径。

要想有效的利用时间，就要制定可以计量的目标，并针对目标制定行动的计划，同时要制定完成目标的顺序和可以利用的资源。每天花几分钟时间整理一下完成项目的资料，明确下一步工作的重点，这样会更好的把握设计节奏，减缓工作压力。

"二十多岁的积蓄会大大的左右一个人的人生，我一直到60岁时才终于能捍卫自己，你们应该捍卫属于你们自己的东西，不是用所有的精力去捕捉信息。你们应该保持一定的时间沉静，每天至少要有20分钟的时间一个人待着，这也应该是一个绝妙的想法。每个人都要试图去理解哪些是重要的东西，哪些是不重要的东西。"——伦佐·皮亚诺由于整天盯着电脑屏幕（图2-12），整天和图纸打交道，整天做着做不完的项目，无形中心里的压力在堆积，长期压力是否让你忘记初心，失去激情。所以这里要提醒几个实习期注意的问题：合理高效，制定目标，爱护身体，快乐工作。

◎ 合理高效

效率是关键的，谁都不喜欢加班，但拖图可能是建筑学子的通病。

图2-12 忘我工作

在学校时，每次交图时常常拖一拖，平常感觉无所谓，来到单位后会发现老板和老师是完全不同的两种概念，但是习惯可能已经形成。每次任务不能按时完成便只能加班，压力大的同时是否应该扪心自问，有些压力是不是自己造成的，是不是可能会花很多的时间去做一件本来几个小时就可以完成的事情。

◎ 制订目标

从一开始接到项目，参与方案，进行扩初或者施工图绘制，实习期会被分配不同的任务，工作进行的过程中要根据设定的时限，尽快完成手头的任务，避免方案多次改变或者是项目过多造成的慌乱无措。坚持"二八原则"：专注百分之二十的重点，对于其他百分之八十的琐事，可以慢慢解决。例如当你在做整体规划布局，拿最初方案的时候不要过分犹豫纠结一些细节，有些东西可以慢慢深入，初步方案确定后再细节刻画。

目标要切合实际，有时限、可衡量为宜，根据目标的难易程度分类，也可以根据时间来分类，要有一定的自制能力、有条理和有秩序，一切为达到最终的目标服务。

◎ 爱护身体

下班累了可以坐公交，如果时间或路程允许也可以走回家，20分钟的徒步训练会让紧张的身体有所缓解；电脑桌上摆放些盆栽如仙人掌等防辐射的绿色植物，既对身体有益，又可以缓解视力疲劳。

做过建筑、规划设计的同学都有所体会，有时候为了出图或者投标没有时间休息，一直都对着电脑，长久的缺乏活动，这些对身体会有很大的伤害。建议多做有氧运动，每小时起来走动一下，适时做个伸展

图2-13　加强锻炼

运动，尤其注意保护颈椎和腰椎（图2-13）。打羽毛球和游泳等运动都很有益于建筑师，室内跑步机的运动也是一种很好的锻炼方式！

很多建筑师都有颈椎增生等疾病，所以从实习期开始就要注意锻炼身体，积累一些基本的健康常识。总之为了更好的专业发展要爱护自己的身体，养成良好的习惯，至少坚持一个常年锻炼身体的好方法。

◆　就业形势

回顾我国近二十年的建筑发展历程，在加速推进现代化建设的过程中，国内建筑业创造了令世界惊叹的发展速度和发展规模。2014年上半年以前，关于建筑学专业的评论几乎全是高度的赞扬，专业就业率持续走高。社会普遍认为建筑师前景无限、薪水斐然。

◎　认清当下

随着城市化进程的推进，中国房地产曾经历黄金的10年，作为产业链中间环节的建筑设计行业持续火爆；2014年房地产行业转入低迷，建筑设计行业经受了初步的打击；由于土地从购置到开工的递延效应，行业利润率下降，金融资本介入，2015年设计行业表现更为不佳。

根据近期不同城市地区和设计单位反馈的信息显示，一方面部分建筑设计单位薪水大跳水，经历或面临裁员和淘汰制；另一方面工作强度出现两个极端，部分设计单位无事可做，部分单位以极低的工资做着超额的工作量来维持设计市场占有额。虽然建筑行业高增长的时代已经过去，但是建筑行业步入"冬天"会逼着更多企业谋划转型发展，使设计行业由粗放发展转入精细化设计，也许属于建筑师的下一个"春天"更加美好。

◎ 做好自己

作为一名即将从业的设计人员，在市场大环境不景气的时期，恰是你沉淀自我，脚踏实地的学习和坚持之时！把握每一个机会，有目的地提高自己专业水平和专业素养，通过更多的思考和不断的提升，做最好的自己。

其实时代给了我们很好的机遇，不要被短期的迷茫所困惑，做好自己，就能走得更远，飞的更高。从实习期开始，以认真负责的态度为你即将到来的职业生涯奠定良好的基础。

◆ 结语：

开始进入实习阶段，难免会有所迷茫，通过取舍和选择克服迷茫，通过探析和思考克服迷茫，通过实践和行动克服迷茫。如果在正式实习学期之前，你已经在老师的工作室和学校设计院等有过实习经历，对于实习单位的选择会有更清晰的目的；如果从没经历过实习，建议利用好实习学期前后的两个假期，选择两个不同类型的单位，通过实习加强对专业的理解和感受。

实习开始，是你职业生涯的起点，离开校园，远离父母，独立面对即将开始的就业之旅。确定实习目标、申请单位、应聘面试、租房起居……这就是渴望已久的自由？期盼多年的独立？你要忍受挫折和失败，你要承受孤独和寂寞，你要面对拒绝和冷眼……这个过程有时十分痛苦，这个阶段常常万般迷茫，你不仅要明确实习目的，还要预见实习结果，因此，你要不断地思考和行动，更多地了解自己和建筑学专业，这样才能实现你期待的目标；你要不断开阔心胸，乐观敏锐地去担当和面对可能的一切，很多琐碎的过程成就期待已久的结果，很多曲折的经历导引出峰回路转的前程。

第三章　实习过程展开

年轻的"实习建筑师"通常比较稚嫩和脆弱，但更具理想的憧憬和生活的热望，无知者无畏，实习阶段的经历可贵而又难得。伴随实习过程的展开，经过实际项目的参与，通过专业知识的学习和运用，你将经历由陌生到熟悉的历程，品尝受挫的滋味，体验成功的喜悦，逐步体会建筑师的社会职责，积累宝贵的工作经验。通过实习期的设计实践学习，你会对专业的理解产生进一步的认识。

实习过程中你要面对如何尽快地适应工作环境，如何处理好与设计院同事间的关系，如何在设计院中得到更好地成长与锻炼等等问题。实习期间不同工作的体会和点点滴滴的积累都十分重要，珍惜每一次锻炼的机会：项目前期收集资料、方案建模和团队配合……；理解专业管理和设计师等不同角色的工作状态；学习成熟建筑师如何把控项目方案的设计进程；观察施工图进行中不同专业之间相互配合的技巧和专业交圈的方法……

（一）融入团队

方案设计团队中有许多分工与合作，可以把这个过程大体分为五个阶段：方案前期的调查与讲解；确定设计意向、出不同的方案；根据修改意见重新出方案；确定中标方案、分工合作深化；完成最终方案。一个项目设计团队由设计主创、总图设计、平面功能、立面造型、效果图建模等多个人员组成。在方案设计过程中，有序的形成一个团队，这期间有一直合作的人，也有偶尔合作的人，会形成所谓的小团队与大团队，每个人要做的首先是完成自己的工作，并和团队成员互相协作，确保整体工作的顺利完成。施工图设计由项目负责人、建筑、结构、水暖、电气等

图3-1　建立团队意识

不同专业负责人和设计人共同完成，同时每个项目还包括项目经理和相应的管理人员等，项目的推进过程中不断需要团队成员的合作（图3–1）。

想做一名优秀的实习生要从融入团队开始，尽快适应设计院的生活与节奏，快速成为团队一分子，尽快获得所在部门或者小组成员的认可，逐步学到更多的知识，提高能力。

图3-2　申请加入

◆　申请加入

人们常说大学是一个小型的社会，当你真正踏入社会开始实习，你会发现真实社会比大学里要复杂很多，不同设计院的工作模式和团队氛围各有不同。作为一名"空降实习生"在设计院工作的过程中，要想获得更多的机会，学有所成，就必须积极主动的申请加入（图3–2）。

◎　主动出击

心理学研究表明，多数人都有一个心理舒适区，愿意和熟悉的人交流，或在熟悉的环境中感到更加安全，不愿涉足新的环境，尝试新鲜的事物。如果你性格内向，不愿主动与陌生人沟通，大学期间对你学业的影响可能不会太大，但在设计院实习，可以学习的东西很多，但是这里没有专职的老师；同事不知道你会什么、想学什么，因此主动出击，多与人交流十分必要。

实习期的你已经步入社会，不要把别人不给你工作当作无所事事的借口，一切只能靠自己！主动出击意味着更多的学习机会，这是你进入实习期的第一要点。进入设计院意味着你已经得到实习工作的"通行证"，但开始阶段一般还没有指定的任务，为了尽快学到更多的知识，更好地表现自己，你需要主动问询，看看同事是否需要你的帮助。能够主动找事做，给人的印象起码是一个充满激情的实习生，谁也不会拒绝灿烂的笑脸，负责人会让你看看书或者给你分配些小活，这就意味着你有机会慢慢融入团队。

你首先要获取信息，没事儿就往负责人那里转转，看看有什么项目，然后问问是否需要做电脑模型、手工模型、测量、制作材料样板之类肯定能胜任的工作。也许这些事情此刻不是很必要，但是也是需要做的，可能因为主动就顺理成章的安排给你，结束面对显示器发呆的日子吧，开始工作！

一位同学在实习日记中这样描述他的实习经历：刚到设计院时，没有任务来主动上门找我。大家都很忙，似乎忘记了我的存在，我感觉自己对于这个团队是多余的，一切工作都在照常运行。到单位的第三天早上，一个项目负责人大声抱怨甲方又要修改某个户型，在目光对视的瞬间，我主动说："可以让我试试吗？"接下来的一切顺风顺水。

◎ 推荐自己

当一件事情做完，很长一段时间没有新任务时，就要积极推荐自己。如果你参加过比较有影响力的设计竞赛并获得过名次，可以在适当时机和场合提及，增加同事对你的信任，一个团队不会拒绝一个有创造力成员的加入。

只有通过更多的锻炼，你才能尽快熟悉设计院的项目设计和工作流程。当然推荐的时候要量力而行，要避免出现多个建筑师给你任务后无法保质保量完成的情况。

一个团体对于新加入的成员会有莫名的疏远和不信任感，这是正常的，你进公司的第一天最好简单的自我介绍，让大家知道有你这个实习生的存在。自我介绍可以在负责人带你参观公司时，也可以通过发邮件介绍自己的同时说明愿意为大家尽力，还可以不经意的到同事电脑桌前打个招呼。

◎ 争取机会

部分实习生会被指定导师，如果没有这样的条件就要通过设计项目，在设计团队里主动拜师。实习期间要主动与导师多交流，到某个程度或一定阶段可以适时向导师表达工作意愿，汇报最近的工作情况和收获，以便争取机会。不能等待机会，要学会创造机会，导师了解你的想法后，会给予你更多更有效的帮助。

◆ 摆正心态

实习之初，你是否感觉一切归零，对新的生活充满期待又略有惶恐？在设计院实习要想更好地融入团队首先要摆正心态、相信自己，同时一定要戒骄戒躁，正确处理好和同事的关系。墨菲法则提出："你的潜意识一旦接收到一个观念，它就会立刻开始行动，把这个观念变成现实。"那么就让我们利用法则积极的一面，给头脑注入快乐成功的种子，等待幸运和成功出现吧！

◎ 职业的理解

纯粹的建筑设计工作在设计公司是非常有限的，这个职位通常留给公司顶端的设计人员或者合伙人。大多数设计师从事的与建筑设计相关的绘图、文案、节点绘制、组织协调等等工作。有时你会感到工作的大部分时间在协调各种事宜，有些工作让你感到十分乏味，而且还有大量的工作需要在深夜完成：修改图纸、推敲方案、准备讲稿、无数的修改、不停地变更，很多工作还没有报酬，但你要明白，一名建筑师的工作就是这样驳杂，绝不仅仅只是做设计。

一个实习建筑师可能需要花费数周的时间完成一栋普通建筑的小部分工作，比如门窗的统计、楼梯的详图，这种情况十分常见。是一个实习建筑师成长为资深建筑师的必然轨迹。

◎ 相信自己

当项目负责人或总工给你具体任务时，你是否怀疑自己什么都不懂什么都不会？你是否觉得无从下手，明显的感到信心不足？不要紧，每个人都会经历这样的阶段。作为实习生，刚开始工作不适应是很正常的，因为你面对的是与学校课程设计差别很大的实际项目。实习阶段是踏入职场的第一步，没有人开始工作就什么都会。实习生的优势就是有时间有理由去犯错和成长，所以要相信自己，乐观积极的面对压力。

实习是一个新的起点和新的环境，不要害怕出错，不犯错，你是永远都不知道哪里有问题的，不逃避困难，勇于克服困难才能不断的成长，要积极乐观、胆大心细，相信自己可以做得更好！自信不是盲目自大，而是对自己能力的肯定。只要克服心理障碍，把每一件小事做好，让领导满意，你的自信心就会越来越强。

> "你们必须具有两种重要的品质，一是对生活、对一切正规事物的好奇心和一切的事情好奇。另一种品质是，你必须足够的坚韧不拔。你必须知道如何去做事情，否则人们会告诉你，'这是不可能的！这是不可能的！这是不可能的！''不，我要这样做，不要那样做！'而这些只有你在足够自信时才能做到。"——伦佐·皮亚诺

◎ 戒骄戒躁

社会生活节奏日益加快，人们对金钱、权利以及荣誉的渴望也越发强烈，浮躁成为部分现代人的顽疾。很多实习生在工作中表现出活力有余而坚毅不足，给资深建筑师留下浮躁散漫的印象。作为实习生的你，刚接触到设计院的工作时，切记远离浮躁，切勿眼高手低，要脚踏实地工作和学习。

刚到一个单位，内心急于表现，想尽快得到同事的认同的心情可以理解。但设计院的员工都是专业人士，建筑师们有着丰富的工作经验，他们不会去轻易夸赞实习生的水平和能力，所以实习阶段一定要踏实工作，戒骄戒躁。

◆ 勤学求教

设计院导师一般是指能在职业的某些方面为你提供见解、指导和建议的资深建筑师，或者是年纪虽轻但某方面很有擅长的同辈，在单位实习的过程中，努力工作的同时，为了更好成长和进步，遇到问题一定要虚心向导师求教（图3-3）。导师可以成为你工作的指引者，不仅帮助你获取相应的经验，还可以结合你的情况提出有针对性地发展建议。尽管导师并不一定完美，但他能够给你提供展示技能的机会，可能帮助你获得期望的工作。

图3-3　虚心求教

◎ 充分尊重

优质的设计院导师是决定实习品质至关重要的因素之一：他们了解你工作能力，陪伴你逐步成长，关心你的专业前途，甚至帮助你成就职业理想；好的导师为实习生创造自由发展的机会，充分发掘你的潜能；导师引导你将理论知识应用到工作实践，利用你的专业优势创造效益，引领未来就业的方向，所以一定要充分尊重导师。

当你想让某位长者或者是同辈的优秀者做你的导师时，在充分尊重对方的同时要主动沟通交流，让对方明白你的诚意和上进心。如果你有尊重并感恩的情怀，能用更好的成绩回报导师对你的帮助和指导，会逐渐得到导师的喜爱和认可，也许他们会成为你一生的良师益友。

导师和你的这种关系完全可以是非正式的，但一旦建立你就应当主动的保持这种关系，并建立长期的联系。整个实习过程你都应放低姿态，时刻牢记你在团队里年龄小、资历浅，要通过一点一滴的努力和进步让同事感受你的热诚和上进，慢慢你会发现身边的"导师"越来越多。

◎ 及时请教

设计院的导师不怕你不懂不会，就怕不问不学，所以遇到问题要及时请教，不问就永远不懂。由于你是新人，只要方法得当，主动发问任何人都会愉快地教你。把问到的知识牢记就变成自己的知识，这样你就会一天天进步。当他人工作很忙的时候，分清轻重，有礼有节，确定对方能有时间给你解答时再上前提问，表述问题时，注意礼貌的请教问题，能够得到导师更多的理解和帮助。

作图的时候，看见别人熟练的操作时不要单纯羡慕，而是要想办法尽快把本事学到手以提高工作效率；提问题要有所选择，不要一个问题问几次，否则会让对方怀疑你的能力；结合着描图看规范会更加记忆深刻；在导师和同事面前不要害怕提问，但一定经过思考，不确信的问题要及时请教；如遇到什么规范记不清楚，哪个CAD快捷键记不住的时候要自己查阅，很多问题能独立解决的事情就不要麻烦导师。

有经验的建筑师总有一点别人没有的"箱子底"教给你，或许是快速设计的秘籍，或者是规范总结出来的口诀，经过多位导师的指导和自己的努力，你不但可以学习专业知识而且还能结识良师益友，这样的实习可谓收获多多！

一位学生在实习日记中记录了自己主动工作的情况："因为喜欢专业，开始实习我就发自内心的感受到快乐和充实。在设计院的第一天我便跟在组长后面，只要有活我就干，偶尔还去问问面试的所长那边有没有需要我的，渐渐地和组长熟了，和所长熟了，和身边的同事都熟了，因为身在外地，回家也没事做，索性天天加班，干完就去找组长，在项目紧张的那段日子里确实帮了同事不少忙，自己也得到了很多锻炼。每天的工作紧张充实，实习三个多月的时间我和设计院的大部分同事、领导都建立了很好的关系，实习结束时得到了一个有分量的红包和导师们充分的认可。"

◆ 规划人生

每个人都想追求美好的未来，但是必须面对现实，能进入技术力量强待遇又好的单位并不容易，能追随大师脚步的人更是寥寥无几。如果你的实习单位综合情况并不理想，也不要自怨自艾，长远的目标不会一步到达，任何设计单位都会有学习的价值，向着目标的方向努力，韬光养晦也是一种处事的智慧。

没有现在，哪有将来！每个人的成长都不是一蹴而就的，实习期间对待目标要以长远为主，分段实现，可以先解决好实习期的学习和生存问题，以后再谈论宏图大展；实习期要适当降低期望值，以学习提高为目的，不要盲目自大、急于求成。

实习期是你吸收知识很快的一段时间，也是专业上升最快的一个阶段。当实习结束后你会发现自己学习的兴趣更加浓厚，倍加珍惜最后阶段的在校生活，这就是明显的进步。千万不要白白浪费实习机会，对今后工作真的很有帮助。

◎ 降低期望

很多实习生存在急于求成的想法，期望学到更多的知识，参与更多的项目，解决工作问题。这种想法可以理解，但应适当降低期望。伴随专业人才的增加，设计单位对毕业生的要求在不断更新和提高，人才资源在不断的交换和流动中进行着优化配置，理想和现实的距离有时不可逾越。实习期应当先踏踏实实从眼前的工作完成着手：前期策划、方案文本、设计规范到团队合作等等，能力提高的同时你会发现自己正在逐渐接近目标。

曾有同学因为实习之初期望过高和一个优质设计院失之交臂："回想当年那么快就离开第一个实习单位还是有些遗憾，虽然我当时的项目确实很少，但它毕竟是一个几百号人的大院，工作之后会有很优厚的工资，所做的项目也都是很有质量并且享有很高的设计费，如果我当初没有离开，凭借我的努力，也许会在实习结束之后获得一份工作合同，那将是十分诱人的岗位。"

◎ 高瞻远瞩

随着房地产行业转冷，设计单位也进入优胜劣汰的残酷竞争中，如果此时你可以辅助单位渡过生存的险境，那么未来职业发展肯定是无可限量的。每个人的实习目标不同：其中有些人为了学习专业知识，有些人是为了体验当地社会氛围，也有些人是想到新环境闯荡一番，增长阅历。今天选择的不同造就了明天处境的不同，只有高瞻远瞩才能高屋建瓴。

做事要有长远的眼光，此刻的你还缺少社会经历和实践经验，但是随着实习的深入，你会找到喜欢的就业方向：比如施工图设计或建筑方案设计。在完成基本的实习任务外，可以有针对性的和导师或同事探讨职业规划方面的问题，为未来的就业方向展开一定的思考。

一位同学这样总结自己的实习生活："在大四下学期，我有幸来到中国建筑设计研究院第七工作室实习，在为期两个多月的实习期里，我进一步了解了建筑的深刻内涵，从书面的理论水平攀升到与实际结合的新的高度，同时，对具体设计流程、平面图、立面图、剖面图以及效果图的要求规范都有了更深层的体会，空间概念也逐渐明晰，对未来有了新的定位，相信这段实习经历在我未来的建筑设计生涯中将发挥不可替代的作用。"

（二）正确的状态

任何企业都不想错过优秀的员工，设计院往往会通过实习表现观察一个人的职业素养和工作态度。当一家公司决定录用毕业生时，他们清楚的知道应届毕业生刚接触到专业工作还没有充足的经验，所以他们不仅仅看你的专业能力和职业素养，工作态度将是考核你的重要标准，所以实习期间应该放开眼界，用正确的态度做正确的事情。

◆ 上进好学

做实际项目不同于在学校的模拟演练，牵涉到施工、经济效益、安全等很多实际问题；设计院的工作模式与学校的课程设计过程存在很大的差别，刚开始工作你会面临很多问题和困难：设计配合、查阅规范等等都是你的薄弱环节。

◎ 点滴做起

刚开始到单位工作不要急于一鸣惊人，其实你会发现有很多事可以学、可以做：使用打印机、核对图纸编号、文本文案整理等等。过于急躁会使你处于不利地位，给人留下做事不踏实的印象。设计院一般不会把一个项目独立交给实习生，但是如果简单的模型制作、描图、门窗表统计之类的工作你完成的很好，当工作太忙或者人手不足的时候，你可能承担更重要的工作（图3-4）。

图3-4　走向成功

"不积跬步，无以至千里；不积小流，无以成江海"，对小事不要不屑一顾，消极应对，要认真做好单位交给的每一份工作。放低姿态，面对各种烦琐的杂活时不要觉得这是无意义的，能认真完成琐碎的事情恰恰意味着你的成功实习已经完成了第一步。只要把心放宽做好现在的工作，接下来的工作一定会越来越有挑战性。如果总是以没有经验为由，类似方案前期收集资料、施工图统计门窗表等所谓的简单工作不想做，整天坐在电脑前等待大方案和大项目，那么只能是注定失败的实习经历。实习过程是与未来工作接轨的阶段，也是理论与实践汇聚的开始，新的环境新的起点，可以有很多种不同的结果。建筑学专业的工作强度和工作方式，要求一名设计师具有优秀的职业品质、敬业精神和团队意识，这些能力的积累都是从点滴小事做起。

实习过程是与未来工作接轨的阶段，也是理论与实践汇聚的开始，新的环境新的起点，可以有很多种不同的结果。建筑学专业的工作强度和工作方式，要求一名设计师具有优秀的职业品质、敬业精神和团队意识，这些能力的积累需要从点滴小事做起，慢慢成长，逐步走向成功（如图3-4）。

"建筑是一座冰山，其真正可见的是悬浮在水面上的很少一部分，而水面下的才是建筑的主要部分。其中包含了社会、人类学、历史、地理学、气象学、科学、和社会科学等。缺少这些建筑是不存在的。所以，这是纯粹的学术问题。我花了至少50年的时间才成为一个建筑师，这确实是一个漫长的人生旅程。因为你必须"积累"你的知识。"——伦佐·皮亚诺

◎ 踏实肯干

对于实习生而言，踏踏实实完成手里的每一件事情是你学习最好的方法。因为做每一件事情都能让你从中有所收获，逐渐积累的经验与技巧是每一位建筑师成长的必然，只有这样才能更快的理解设计工作的实质。

瑞姆·库哈斯曾经说过："我对建筑师们的处事能力感到非常骄傲，尤其当他们一个人工作时，他们面对的孤独、枯燥是那么令人难以承受"。没有事干的时间，要学会忍耐，你要以良好的状态面对这些问题，充分的去利用空闲的时间来提高自己的专业能力，从而争取提高效率来减少加班的时间。不要觉得给别人干点杂活受不了，做不了方案就是浪费时间，只要能力和机缘汇聚，方案这个东西早晚你都会上手，怕的是任务来临时你因为某个细节和基础掌握得不好错失机遇！基础的东西最为重要，这也常常是方案成败的关键。

如果你是一个十分热爱专业，对建筑设计有着期待的人，你或许认为建筑设计是一个思想驰骋的战场，每一个人都以专业的素养进行设计灵感的碰撞。真正实际项目的操作可能与你的想象很不一样，建筑师的工作是由一点一滴，亦步亦趋的流程组成，同时包含了有很多妥协甚至无奈，建筑设计大部分时候更像一个工人，需要做的就是在自己的岗位上做好具体的工作，然后再交给下一个流程另一个工序。在整个作业期间，需要的是你的专业精神、谨慎的态度、不懈的激情和努力。

设计师的成长都分为很多个阶段：描图、跟图、设计、成手。即使是天才，这些也是必经之路，建筑大师都是从实习生开始入职的。多米尼克·佩罗在访谈中提到过自己工作之初的情况，"首先是晒蓝图，最初是做的这些打下手的工作。学会描图之后就开始做模型。不过我并不认为做模型就是打下手。做模型就是制作，是实际建设过程中非常重要的一环。模型是根据图纸制作的，我能够一边做模型一边学习平面图、立面图，并学习结构图纸的识图。做模型是一个非常宝贵的经历。"大师尚且如此，我们有什么理由不脚踏实地呢？坚持做好身边的每件小事，这是通往建筑师之路的捷径。

◎ 脱颖而出

不管在实习还是工作中，领导可能随时试探你的办事能力，比如，刚来公司一周，负责人带你去见甲方并参加方案会议，千万不能听不懂就什么也不做，Do something！不然你可能再也没有这样的机会了。再比如，负责人让你和甲方直接联系，甚至让你作为一个小的建筑单体方案的负责人，所有这一切，不管是人手不够还是在考验你，一定要hold住每一次机会，这意味着早一天脱颖而出（图3-5）。

图3-5 脱颖而出

一个成绩中等的同学签约在北京一家著名国有设计院："由于我工作积极，给老总和所长留下了很好的印象。实习的日子越来越少了。我也在考虑是否能留在这个只要研究生和海归的设计院，在侧面了解老总的想法之后心里踏实了，答案是肯定的，这也是证明了其实公司不单单看你的学历学校，更看重你的自身素质。能否找到一个好工作，学校只是小部分原因，其他还有你对专业的悟性，态度的积极性，处事的能力和人品，这些都不是大学教出来的。连续两天接受了两轮公司的面试，成功留在北京！"

◆ 建立关系网

交际能力应该是所有职场上的基本能力。在岗位实习期间建立的"关系网"可以帮助你与曾经工作的同事建立持久的联系，或许在你独立创业时他们会成为很好的合作伙伴和专业顾问。

这里的"关系网"可以理解为以专业学习和工作为核心，由同学、同事和导师组成的助力之网，"关系网"可以提供给你们业务帮助、资源信息、工作经验；可以让大家互相提携、共同进步。关系网越多元化，你能获得的帮助会越多；关系网越坚固，你从中汲取的能量会越高效。关系网的建立对设计人员来说同样重要，它会帮你们更快的获得专业信息，更多的学习新知识。建立关系网首选"类我原则"，即你在结交关系时倾向于选择那些在经历、教育背景、世界观等方面跟自己相似的人，这样你们会有更多可以接触的话题，可以更快更好地拉近关系（图3-6）。

　　每个人在成长的道路上都需要身边人的建议和帮助，也许是面临选择和困惑之际，也许是深陷困境和烦恼之时，身边的"贵人"给你提出一个建设性的意见就可能让你拨云见日；一个信息就能帮你找到工作的机会。

图3-6　建立关系网

图3-7　协同互助

◎ 乐于交往

　　在社会打拼，都希望被人呵护和拥有心灵的港湾。实习期间如果抱着与人为善的态度处事，就会在你的周围形成一个温暖的朋友圈。当同事加班和赶图时，主动问一下是否需要帮助，当同事工作完不成时，请助他一臂之力（图3-7）。

　　如果你对人友善，当你遇到困难的时候，就会得到他人更多的支持和帮助，无论天涯海角，有朋友相伴，面对苦难和挫折就会少些苦恼、多些欣慰！实习期间除了同学和朋友，你还要和更多的业内人士进行交往，或许开始因为陌生而有所担忧，或者由于学校不如别人而感到自卑。不用害怕，只要抱着与人为善的初衷，就会结识更多的朋友，开拓交际的范围。

　　同学是最好的"兄弟"，这里的同学泛指你的校友、同乡、同班同届的同学等，虽然在校期间彼此之间的友谊不一定很深，一旦开始实习和跨入社会，这些资源就是你人脉关系中最重要的组成部分。很多实习生的经历告诉我们：同一个城市的同学之间可以互相提携；学长帮助他找到了满意的单位。

　　只要是一个团队，就会存在分歧和矛盾，关键是如何化解问题，达到共赢。把工作做到位是与人愉快交往的前提，为了学到更多的知识，更好的提高能力，实习期间你要和同事或

◎ 合作共赢

作为一名年轻的实习生，你对知识充满了渴求，你对未来充满了期待。从方案设计的前期策划到文本出图；从施工制图到专业交圈；从专业定案到最终出图，专业团队的合作交流贯穿于设计行业的整个工作流程。当你试图融入一个集体，应该与你周围的同事逐步建立一种密切的伙伴关系，逐步赢得更多的信任和支持。同事的支持会帮助你承担更多的责任，让你更快的融入集体发挥所长，或者把你争取到他们的项目团队。如果得到资深员工的赏识，未来留在公司的概率就会有所增加。

既然是同事，多多少少就会存在利益关系，实习期间不要算计什么报酬，对于新人来说，学习是首要任务。能为单位做贡献是自身价值的体现，好的单位是不会亏待一位为单位做出贡献的员工的，哪怕是实习生。

◎ 导师的指导

职业生涯里，获得导师的指导和帮助会对你未来的发展产生深远的影响，这里的导师指在实习单位给你指导的每一位老师。设计院经验丰富、专业素养高的导师对你的影响是巨大的，出色的导师往往也是行业专家。在与设计单位指导教师学习的过程中应当与导师多交流，适时表达志向，以便为未来发展提供更多的机会。

　　一位优质的设计院导师是决定实习品质至关重要的因素。好的导师为实习生创造自由发展专业特长的机会，并能引导你正确认识学校知识与实际应用的联系，提供事业发展的指导，引领你未来就业的方向。你可能会想：每个人当然都希望有好导师，但实习单位可以选择，导师如何选择呢？其实有很多渠道可以选择导师：事务所或公司、学友之间的交流、在设计团队里发现。实习期间你可以有不止一位导师，也可以和其他伙伴共有一位导师，和优质导师建立良好而长期的关系和你未来的收益是成正比的。

◎ 难忘老师

　　学校学习和实际工作有很大的差别，通过学校的学习和训练获得专业的基本技能，实习的过程可以让你体验所学的技能如何应用到专业实践中去，二者之间存在一定的平衡关系。虽说实习中的工作在平常的学校学习中未有涉猎，但是理论是实践的依据基础，保持和你的任课教师之间密切的专业交流，对你在设计院中实习的成长将是举足轻重的。

　　许多建筑学及相关专业的老师在教学的同时参与实践项目的设计工作，部分老师有自己的工作室，因此正式实习之前寒暑假可以到老师的工作室短期实习，如果你们彼此对实习效果都很满意，学期实习可以继续留在老师的工作室工作。即使不在老师工作室实习，实习启动阶段也应该听听你授课老师的建议，他们可以把你推荐给自己业内的同事或朋友。同时老师了解你学习的状态且深谙建筑学行业的特点，教过你的老师在专业实践和发展方向的引导可以使你的职业轨迹更加顺畅清晰。

　　在学校时，对待你的一切问题都会认真解答，这不是意味着老师有充足的时间，其实老师们都有自己的事情，对你认真的解答是他们对学生们负责的表现。你在设计院实习，也会牵动着老师的心。建筑的圈子可能很小，你的老师可能与你实习的设计院的同事相识，保持和学校老师的联系不仅能得到充足的理论支持和信息回馈，还会促进师生之间的感情和形成良好的口碑。

"从某种程度上来说，和教授保持接触是一种非常典型的学习方式。我就是通过和老师保持亲密联系这样的方法来学习的。"——理卡多·雷可瑞塔

在实习阶段，都会有找到实习单位后，发回执单给学校以及找老师反馈信息的任务。工作顺心时，不妨找老师交流交流，分享你的喜悦，老师会针砭时弊的为你提出更好的发展途径或是进步手段；工作不如意时，不妨把不快向老师倾诉，比如设计院项目不饱满或是没找到实习单位，老师可能会利用他们的资源，为你解决实际困难，找到理想的实习单位。在外实习期间学校对实习的具体要求要及时和老师沟通，使实习成果更加丰硕。

◆ 赢在乐观

实习开始阶段的任务都比较简单枯燥，但是要注意的是：虚心好学，积极主动，乐观自信（图3-8）。在专业实习的过程中，经历很多挫折和打击后，你就会逐步发现乐观的态度多么难能可贵！决定成功的因素不仅是工作能力，身处逆境时能够积极乐观同样十分重要。万事开头难，放平心态，不要觉得自己被忽视或被低估，理智乐观的开始职业生涯，寻找和等待机会，也许柳暗花明就在明天。

图3-8 乐观自信

有些人喜欢墨守成规，享受简单而又平实的生活；有些人喜欢不断探索，尝试新的生活方式和工作方法；无论选择哪种态度生活和工作，积极乐观、真诚待人是不变的法则；良好的心态、扎实的作风是成功必备的条件。每个人的成功，都要经历一连串的磨难和考验的过程，迎接并克服磨难，才能拥有足够的力量和智慧。

◎ 睿智生活

建筑设计院一般都会加班，只是程度不同而已。有时甲方催图，老板催进度，有些设计院

的实习人员也要加班到十二点，根本没有周末。由于加班太多，压力就会逐渐增大，因此从实习阶段就要学习"睿智生活"——学习如何自我调节，缓解压力、转化压力。

在面对压力的同时，想想事情的起因，是不是因为做事没有统一的安排所造成的，是不是平时缺少积累和思考引起的，一天中留一段时间来静静的思考，静思冥想你所做过的和将要去做的事情。效率是最重要的，停下来思考片刻可能会找到完成事情的捷径，把压力变为动力，这样会更好的理解和调整状态。

◎ 愈挫愈勇

实习过程中难免会遇到挫折和失败：方案在讨论的过程中可能遭到一次又一次的否决；呕心沥血完成的图纸可能会遭到同事的取笑；熬夜加班制作的模型可能受到导师严厉的批评，此时的你可能会感到无比的失落和迷茫。面对挫折要有不懈的耐力和坚持的韧性，快乐承压会让你成为设计单位受欢迎的员工。每一次的失败都是一次成长的

图3-9 愈挫愈勇
图片来源：www.lizuwen.com

历练，正视失败，总结经验，愈挫愈勇。反思每一次失败的原因，掌握正确的方法。很多时候，失败常常不是由于能力问题，只是没有找到恰当方法而已（图3-9）。

在开始找工作的时候，你会期望未来单位是什么样的类型，是什么样的工作氛围，但进入单位后却发现一切都和预想的差距很大：工作中有太多太多的问题和疑惑却无从问起；在求职应聘投过无数份简历却换不来一份offer；亲自上门拜访面试被无情的拒绝……这样的挫折可能还会遇到很多，不要因为一两次失败而失去斗志，也不要因为一次成功而自以为是，每个人都有机会成为一名优秀的建筑师，只要继续努力。

实习生在工作方面遇到挫折很常见，因为毕竟初入职场，很多问题确实不懂，有些实习生并不知道导师让这样做的真正用意，所以犯了幼稚的错误。有的实习生遇到挫折就跳槽或消极怠工，真正聪明的实习生就能明白公司的用心良苦，他们会把苛刻的要求，当作是公司

对自己的一种考验，他们知道如果能把这些事情做好，重任就会接二连三的到来。遇到任何困难和挫折都要多从自身找原因，用积极的心态总结问题和自我调节，更多反思自我，迎难而上，乐观的面对接下来的工作。

◎ 积极忘我

项目从小变大，工作由易到难，不断的推敲否定，不停的反复修改。积极乐观的人像太阳，走到哪里都会带来光亮，传播温暖。珍惜实习的每一天，掌握一些别人不具备的技能，为让自己走上更高的平台而努力（如图3-10）。

图3-10　积极忘我

实习过程中你会遇到各种各样的情况，状态是否正确往往决定了实习的成败：不要认为实习生可有可无，用正式员工的标准要求自己，全力参与到工作之中；你要学会调整状态，少抱怨、不计较、多行动；不要和别人比待遇，因为别人的成功是他们付出的回报，简单的比较待遇或者抱怨没有任何意义，只会影响你的心情和斗志；现在是你付出汗水的时刻，真正付出后会得到属于你的一切。

杰克·韦尔奇说过这样一句话："纠正自己的行为，认清自己，从零开始，你将重新走上职场坦途。"实习阶段你可以采纳一种"归零思维"，具体有五大表现：心中无我，眼中无钱，念中无他，朝中无人，学无止境。被人误解的时候能微微一笑，这是一种素养；吃亏的时候能开心一笑，这是一种豁达；受委屈的时候能坦然一笑，这是一种大度；无奈的时候能达观一笑，这是一种境界；危难的时候能泰然一笑，这是一种大气；被轻蔑的时候能平静的一笑，这是一种自信。放下建筑学专业高才生的架子，忘掉在学校课程设计或者各种竞赛中获得的荣誉。勿好高骛远，吐故才能纳新，虚心求教，才能获得更大的进步。

◎ 学会感恩

好好感谢那些曾经看轻你的人，是他们教会你怎样找回尊严，博得望尘莫及的尊荣；感谢那些曾经伤害过你的人，是他们让你有机会尝到当下幸福的滋味；感谢对你漠不关心的同事，他们教会你应该如何处事，带你走了一遍世态炎凉，成就了你的淡定包容。

将命运的锁打破，事在人为！你改变不了环境，但你可以改变自己；你改变不了事实，但你可以改变对待结果态度；你改变不了过去，但你可以改变现在；你不能控制他人，但你可以掌握自己；你不能预知明天，但你可以把握今天；你可能不会事事顺利，但你可以事事尽心；你不能延伸生命的长度，但你可以决定生命的高度。

实习生没有实践经验，对于设计院中相对容易的工作，你做起来可能也会是相当吃力，遇到问题要虚心请教，同事或者导师从事此行多年，在设计或者画图上会有自己的小经验，可能你手中繁琐的施工图节点绘制或者门窗统计，由他们的一句点拨就能轻松完成，学会感恩，你会获得更多地帮助。以感恩的心态与人交往可以提高工作效率还可增进友谊，何乐而不为？

◆ 勇于担当

建筑的社会责任在于满足大众的期待，建筑承载了民众对环境美感的情愫，常常是一个社会一个时期的共同记忆。

既然选择了建筑学专业，就意味着选择了责任和艰辛。对于设计院安排给你的所有工作都要认真负责，而不是充满抱怨、意志消沉。很多实习生自嘲是免费劳动力，经常发牢骚、不负责、偷懒，尤其是没有明确命令就闲着。其实这是没有弄清楚在为谁工作，实习生也是在为自己工作，脑子里总有一个"老板"——你自己！少些抱怨，多些承担！敢于担当，你会发现存在的价值和意义，会发现工作别有一番乐趣。

实践经验将把你带入一个复杂的职业网络中，在职业生涯之初，你就要思考职业道德的问题：不光要考虑职业能给我们带来什么，还要考虑我们能为职业带来什么。作为新一代建筑师，你应该考虑如何利用专业的平台回馈社会，承担更多的社会责任。

有梦想在心，把承担责任当快乐享受，愉悦的心情会让你产生无穷的力量，每当接到新的任务或者一个挑战性的工作时，可以想想爱默生的那句话："一个朝着自己目标永远前进的人，整个世界都会给他让路"。

◎ 边做边学

作为实习生，肯定有很多事情不懂，很少有负责人会手把手的教你，他们更多的是安排一些相对简单而花时间的工作给你做，做中学、学中做，成长的步伐坚实有力！

识图可能是设计院安排给你的第一个工作，第一次面对设计院的总图或者勘测地形总图会让你感到没有头绪：密密麻麻的线条，不同颜色的图例和标识，大量的标注和数字，这里还有个很关键的问题——图里面或许存在错漏之处，就像陷阱一样等着你。完成此项工作最好的办法就是细致耐心，遇到不理解的地方要马上请教，当你面对复杂的施工图就不会感到陌生和胆怯，淡淡的喜悦会油然而生。

"建筑学习并不只限于学校的学习，学校的学习，主要是了解建筑和一些初步的学习，而对建筑的理解和学习应该是在实际工作中进行的。我认为在理论与实践之间应该不停的来回走动，这一点非常重要。"——多米尼克·佩罗

◎ 尽职尽责

工作中表现出对单位的热情和忠诚，自然会被领导赏识，委以重任。不要总认为是在替别人工作，总是反复衡量自己的付出与得到的关系，为自己工作！即使你是一名实习生（图3-11）。

尽职尽责意味着不早退、不迟到，遵守公司的时间制度；意味着平常的学习工作要尽力而为，意味着对待单位交给的任务要

图3-11　为自己工作

义无反顾的完成，时刻牢记作为公司一员要展示出单位的良好形象。积极主动的展示自己的能力、提出一些比较有见解性的建议，为项目的完成锦上添花。

日复一日，实习生也能成为老板心目中的重要人物、甲方心目中的高手和内行。尽职尽责地完成公司安排给你的工作，会得到老板或单位对你能力的认可；每件工作尽量做到尽善尽美，你会逐步得到单位的器重，慢慢提高在设计院的地位；循序渐进、遵守规则，对设计院负责，对工作负责，就是对自己负责。

> 来日方长，人的知识面、学历、出身、修养、刻苦度和机遇等各有不同，设计功力和名声以及物质财富都不是一蹴而就的。年轻人入行前几年，宜静下心来，甘耐寂寞，敏而好学，不断积累与提升自己的专业能力；奠立良好的职业素养，培养集体的责任感与荣誉感，严于律己；知所进退、有所敬畏、脚踏实地，走好工作路上的每一步。

（三）工作与积累

实习的经历拓宽了你的视野和设计思路，学习到很多实践技能，做事的条理、团队的合作，慢慢地你会体验到收获的喜悦，积累更多的经验（图3-12）。

图3-12 积累经验

◆ 细节制胜

设计院接纳你实习之初，并不期望你能创造多少价值，但负责人也在观察你工作的态度、专业的潜力和未来可能的发展。你把最初安排的小事做的很完美或者超出他的预想，慢慢的你就会如鱼得水，逐渐施展更多的才能。从细节做起，通过努力获得信任，才能逐渐担当起大的项目；通过理论与实践的结合，在工作中逐渐积累，不断发现不足并加以改正，专业素养会有更高层次的提升。

◎ 注重细节

小事做起不光是对于设计能力而言，也包括对待工作的投入和态度。细节无处不在，不论是户型填色还是资料收集，小事做好了，也就找到了通往成功的"捷径"。

"差之毫厘，谬以千里"，建筑设计不单是艺术，更是理性和严谨的技术。没有细节的积累，没有小事的完美，将来如何做好大事？如何完成项目整体的运作？基础越扎实、思考越深层、你学到的知识和积累的能量就越大，多看、多读、多观察，从细微之处入手！

◎ 扩展视野

作为实习生，刚接触到实际项目，必然会遇到各种挫折和压力，如规范不清，软件不熟，识图困难等等。这是一个积累的过程，不是一天两天可以速成的，你需要调整心态，资深建筑师与新手的区别可能就在于此。既然积累是必须的过程，就要做好思想准备，知识、技能和能力都可以通过训练逐步提高。

> 如果一味读规范、看图集会感觉比较枯燥，结合实际项目进行总结和思考就会事半功倍。在工作之余，还可以多阅读不同学科的书籍，文学类或者哲学类都可以。多读书、读透书，能扩展你的视野，让你对工作更有见解。

◆ 勤于积累

详图的绘制，规范的理解，实际问题的解决方案，工程做法的对错判断，设计院实习阶段的专业学习包括很多方面，技术提高的同时还要注意结合理论，及时总结，积累经验。

◎ 多看勤问

有时候提问也是一门艺术，想好问题，要问到关键点(图3-13)。很多实习生都不喜欢提问，害怕导师感觉问题太幼稚，

图3-13　多看勤问

开始阶段你既不知道设计院的工作流程，也不知道实际项目的具体操作方法，甚至连设计院里到底干什么工作都不知道，所以有问题很正常。

由于设计院的节奏相对来说比较快，没人会愿意浪费太多的时间在一些无关紧要的问题上面，提问的时候要有重点，要把握好时间：可以整理一定量的问题以后再集中时间提问；可以直接走到同事旁边请教；也可用E—mail、QQ方式提问，允许人家延迟对你的回答。其中约个时间集中提问很重要，因为很多人不怕帮助别人回答问题，但是就怕没有预兆被打断手中的事情。当然，事情有轻重缓急，对于严重阻碍你工作进程的问题，不要有什么顾忌马上提问就可以，提问结束后，不要忘了对回答者表示感谢。

在学校里学习多是理论或少量的实践知识，而实际工作中会遇到各种各样的问题，这些问题的答案，需要你自己去解答。这就要求实习生要积极思考，善于提问，在实践中不断学习，填补实践能力的欠缺。

◎ 多做常思

"学而不思则罔，思而不学则殆"。对待设计院的工作，从未接触实际项目的实习生很难从容应对。这就需要你不断地学习、思考和勤做事，为将来工作打下坚实的基础。

适应了设计院的工作流程，导师会为你安排与专业相关的更多工作，如做简单的su模型或者整个设计文本的制作，这要根据你的能力而定，勤能补拙，态度很重要，不熟练的话一定要争取多做，让导师了解你的诚意和态度。记住做任何事的时候都不要忘记了思考，多想想为什么要这样画，很多东西都是万变不离其宗，在理解的基础上学习，印象会更加深刻。

◎ 多听少辩

进入设计院工作后，难免会有疏漏之处，导师以及同事的指点要认真倾听，尽量少辩解，因为这体现了你对导师和同事的尊重。作为刚入社会的新手，对待别人的说教表现不耐烦，将无法得到更多发展的机会，也会失去别人的热心帮助。

不断的修改方案对于设计院来说是家常便饭，有时是去掉一个门，基本上不会牵扯到太多东西，改动的工作量也不是很大，有时甲方会全盘否定你辛苦多时的设计方案，必须重新设计。刚来到单位时，对很多方面都不熟悉，在校掌握的理论知识缺少实践的指导，很难派上用场，有些想法很不切实际，难以实施，多听少辩对于新人来说是很重要的，能学到东西才是最重要的。

◎ 及时总结

学校的训练注重的是概念的发展与思维的技巧，课程设计通常是在理想的条件下进行的，没有预算、没有业主、缺少对技术、交通等实践问题的关注。设计院的实际工作包含建筑管理、预算概算、业务咨询、与业主的交流和市场运作方面的知识。通过学校的学习和训练获得专业的基本技能，实习的过程可以让你体验所学的技能如何应用到专业实践中去，二者之间存在一定的互补关系。

要记住一点：不论是谁的错误，只要图纸到你手里就是你的责任，你的图，你得改正，不要推卸责任，所以你应该准备一个备忘录记载你实习阶段的错漏碰缺、工作纪要和素材积累，备忘录会是你将来设计院工作的好助手（图3-14）。

图3-14　备忘录

积累错误：准备好备忘录，上面用来记载记不住的规范或者爱出错的地方，避免以后出现同样的错误。在做方案建模或者是扩初时的平立剖，都会有很多看似细节的错误，某个快捷键的输入，或者是指令的先后顺序，这些问题都可以收集到你的备忘录里面，你会很惊讶它的作用，也会感谢它在关键时刻给你的帮助。积累这些小错误是必要的，常常翻阅它，你不会在同一个地方跌倒。

积累工作记录：备忘录还可以用来记下会议的内容，工作的规划进程，可以做到心中有数，按期完成自己的工作计划。时间一长，可以发现工作规律，操纵自如的做事。要学会及时清除过期的文件，注明文件的时间和项目阶段，这样你的工作会更加高效和有效。

积累设计素材：杂志上优秀的设计作品，或者能引起你兴趣的摄影图片、令你兴奋的某个场景氛围，都可以把它记录下来，这是你的设计资料库。捕捉灵感、积累素材、记录心得、伴你成长！

经过了大学几年的学习，大部分同学都对本专业的知识有了系统的概念，比较清楚的了解建筑的专业领域的范围、分类，以及各门类之间的关系，还有本专业所要掌握的一些技能。工作后准备一个备忘录，它的功能和在校的设计笔记有所不同：记录错误，时间规划、分析方法和对策，积累素材和心得。

实习期间你能做多少工作，很大程度不是因为单位项目的多少，而是取决于你是否主动高效，小事完成的好当然会有更多的任务；不要抱怨，要积极乐观地面对工作，这一点非常重要，你的情绪和话语都被大家看在眼中，所以一定要学会控制情绪，不要影响其他人的情绪，更多的展现给他人一个积极向上的状态。

◆ 突破自己

人生在世，总会出现不公或是憾事，一味的抱怨只会使你意志消沉。辩证地看待事物，不要整天抱怨工作或生活，做好该做的事情，担负起工作的职责，才是每个实习生进步的基础。

◎ 尽你所能

实习生对建筑构造不熟悉、缺乏施工图经验等也属正常，所以不要着急，更不要抱怨。想在这方面有所提高，最好的办法就是结合工程设计，了解设计规范和构造图集。去工地考察也是个学习的好方法，在工地可以接触到很多实际问题，直观、近距离的观察工程实例。

导师一般会先给你安排难度、重要性都偏低的工作。在这个问题上，导师有决定权，你能做的就是高效优质的完成它，担负起自己的职责。导师交代的工作要认真听，不懂就问，要求改的图要改到导师满意为止。不要挑三拣四，更不要眼高手低，觉得别人的工作更有意思，更能学到东西。其实你手边的工作再简单，也有值得体会的东西，如果做得好，自然会交付你更重要的工作。

在学校里有老师分配说今天做些什么，明天做些什么，但在设计院工作，不会有人会告诉你这些，你必须要知道该做什么，而且要尽最大的努力做到最好。有的同学到设计院后，总是不断的去找人要事情做，这本是好事，表明态度很积极。可如果负责人交给你的某件事情由于遇到一些小困难而没有完成就迫不及待的想去做下一件事，以没经验等借口放弃前一项工作，这就像猴子掰玉米一样，总觉得下一个才适合自己，结果最后学到的东西很少。

◎ 适时表现

作为一名实习生，适时表现包括两层意思：一是在初入设计院的时候，对不懂的问题主动提问；二是实习到中后期，对于工作可以表述一定的见解。刚开始工作不要有太多主观的意见，不要将"我觉得这样做很漂亮、这样做很美"这些空洞的词挂在嘴边。

在设计院实习，需要适时的表达想法与观点，这在锻炼你表达能力的同时，也会提升你的工作能力。当你对所接手的任务都很好完成后，负责人会将新任务继续交给你，你也因此有机会更好的展现自己；如果能在毕业前就做出一些可以实际修建的项目，对你提升自信心和专业热情也是一种极大的鼓舞。

在每次方案阶段分析的时候，谈感受是非常必要的。表达观点，一定要客观，最好举出有力的理由：例如从功能问题上开始阐述，用意向图片来表达你的思路；表达观点不要含糊，你主张怎么做，要说明为什么这样做好；你反对这样做，要说明这样做存在的主要问题。关于设计的观点是突击不来的，这要看你在校的课程设计做的用不用心，平时看的书多不多了。

作为实习生，如果设计院带你出去汇报方案，在公众场合上还是尽量少发表言论为妙，多想多看少说。如果去施工现场解决问题，笔记本、图纸与规范等一定要带，遇到不理解或和规范不符的问题回来后及时请教导师。

刚踏出校门的同学，切勿眼高手低。何谓眼高手低，通俗来讲就是认为只有多接触一些项目才能得到更好的发展，追求数量而忘了质量，做到一半，觉得太辛苦就放弃，这种不负责任的行为会让公司同事非常反感。

◆ 避免盲目跳槽

很多实习生或毕业生经过一段时间的训练后认为能力提高，希望单独承担设计任务或者急于接触更核心的工程，但单位此时没有合适的项目；或者是听周围的人说别的单位同样水平的工资更高；或者通过实践发现最初选择的单位不适合自己发展，由于种种原因，你决定跳槽。

跳槽的原因各有不同，跳槽的时间也有先后，要想评断这是不是明智的选择，只能依靠事情背后的原因和事情的进一步发展来判断。跳槽本身没有对错，关键是要避免盲目跳槽（图3-15）。

图3-15　为什么跳槽

◎ 面临困惑

"你能否描述一下离开以前供职单位的原因？"这类问题在面试时经常会被问及，招聘单位能从中获得很多关于你的信息。不具有说服力的离职原因包括：人际关系不好处理、收入不合期望、与上司相处不好、工作压力大等。从设计院招聘方来看，这些原因都或多或少包含求职者本身的因素，对将来的工作都会产生影响。

人际关系：任何建筑类单位都讲求团队合作精神，这就要求所有成员都能有与别人合作的能力，而你对人际关系的胆怯和避讳，可能会被面试官认为是比较孤傲，不乐意近人的表现，有碍面试的顺利进行。

收入问题：对于收入的斤斤计较，会让面试官认为求职者是利欲熏心，很计较个人得失，并且会把你看做是只要能得到高工资，就会毫不犹豫地跳槽而去的人，钱已经成为你跳槽的定式思维了。

分配问题：设计院中实行效益薪金、浮动工资制度是很普遍的，旨在用物质刺激手段提高员工的业绩和效率；同时，很多单位都实施了员工收入保密的措施。如果你在面试时将此作为离开原单位的借口，则一方面，你将失去竞争优势；另一方面，面试官会怀疑你有意打探别人收入乃至隐私。

竞争激烈： 随着市场化程度的提高，建筑行业进入寒冬，无论是在企业内部还是在同行之间，竞争都日益激烈。在这样一个大环境下，需要员工具有良好的适应能力。设计院中的工作主要就是以作图为主，感到竞争激烈会让面试官感觉在专业技能上你具有劣势，且技能不纯熟。

◎ 见机行事

盲目或者跟风跳槽只是浪费时间和机遇，但是如果基于以下原因，为了使实习有更大的收获和成长，可以在分析形势的基础上做出果断的选择。

技术力量弱： 整个团队的技术力量薄弱。例如一个老设计师带很多毕业生做项目，或是你身边的设计人员大多是在实习期或是试用期，缺少有经验的员工。

平台不完备： 没有自己的图层设定标准或是管理标准等，整个团队没有一个经验丰富或方案创意能力强的建筑师。

团队意识不强： 每人只顾忙于自己的事情，从不进行方案探讨或是探讨时不允许实习生参与的单位，同事之间关系比较紧张，此类单位不利于实习的学习和交流。

规模过小： 有心向学的你感到在单位无所学，不利于专业的进步和成长。

一位同学在跳槽之前咨询老师和多位同学的想法，最后选择了离开："那个时候的我特别想参与到项目中去，可已经连续10天没有任何工作，我从没有后悔这个选择，在后来的实习单位也确实获得了长足的进步和锻炼，这些技巧和知识一直沿用至今。"

◆ 实习案例

曾在孟建民创作中心实习的李晨光同学，实习期间幸运的参与了一个投标项目的全过程。下面是他对这段实习工作的梳理：

方案前期的调查与讲解： 该项目是一个地级市博物馆投标项目，面积在2万m²左右，没有具体的任务书，任务书需要设计人自己完成。接到方案后，项目组成员一起详细分析了项目的基本概况，我的第一项任务就是整理测绘图。由于甲方要求不多，最初阶段没有太多的讨论，组长也经常提醒我们"讨论太多会浪费时间。"组长说话比较客气，但每句话都很有分量，所以听领导讲话的时候要注意这一点，这样完成工作才更有分寸。在前期讨论的时候要记住你要在这个团队中扮演一个组员的角色，而不是一个局外人或评论者家，在公司第一次开会的时候，我发现大家说话声音都很小，很谦虚，整个会议很安静，根本听不出哪个人有盛气凌人的语气。这也是我们要一直学习的事情，盛气凌人的感觉是被大家排斥的，这会影响大家的心情，不利于团队协同作战。

在说话的时候要用正确的方式，客观的，弱化自我的方式去讨论方案，言辞不要激烈，因为工作本身可以很放松，紧张是自己造成的，学会放松的说话方式，同时要注意放松不是随便随意而是有礼貌，声音柔和。说话方式对你在公司实习起到关键性作用，人们了解你的第一个途径就是通过讲话。

确定方案方向：这个阶段的工作非常重要，如果方向错了，接下来做的所有努力都将白费，确定方案方向阶段我们请来总监一起讨论，大家省去了客气的言辞，只是针对这个项目畅所欲言，作为实习生也不用不好意思，在这个时候可以大胆讲出自己的想法，可能这个想法会幼稚，但是没有关系，只要是想法就都有它的价值，就算是作为反例，那它也有作为反例的价值，该大胆说出想法的时候一定要说，否则会影响你在实习阶段的成长，而且这也是用人单位需要的，他们需要创新，需要勇于担当的年轻人加入。

方案方向确定后，的确是要大胆说出来，但要注意，首先要在大家都安静的间歇提出你的想法，或者在问你的时候提出来，因为你只是个实习生，即使很有责任心，但也要认清自己的位置，在提出想法的时候要观察大家的反应，要言简意赅，做出合理的表述和判断后结束发言。这样大家才愿意接受你的说话，进而去思考你的想法，要学会照顾他人的情绪。

初步出方案：在方案方向定下了以后，我们组内开始出方案，最初的安排是每个人尝试着出一个方案，大家通过一天半的努力做出了各种形体的初步方案，然后便开始上会讨论，这次讨论的结果是这几个方案都没有通过，当然这是很正常的，出方案的目的不是为了有个结果，而是为了反映之前确定的方向，然后从中找出错误，在这个过程中我们没有太多的交流，都是各自去完成任务，然后在上会的时候说出想法，这次出方案还有一个很重要的潜在目的，就是通过这次方案可以看出谁对这个任务比较擅长或者说理解的更深刻，这样就可以作为下一步分工的主要依据。

方案完成时，要有被pass的心理准备，要对自己说这很正常，实际项目进行时建筑专业方案和设计改个七次八次都不为过，在听到反对或者不满意的话语时，要谦虚地回应。时刻记住你在团队中，需要对整个团队做出一个心平气和的态度，这样才能促进团队发展，将来在你提出新的想法的时候大家也会愿意听，因为他们已经习惯听你讲话，会促进他们更轻松地接受你的想法。

正式出方案：做方案的过程是独立完成，然后统一在讨论会上展示你的方案，所以这次就是抓住机会表现自己的时候了，可以拿一个或更多的方案，但要态度认真，不能过于潦草，出方案整体会有统一的展示规定，比如要那几个角度的图纸等。最终确定了组长的一个想法作为正式方案。

这次出方案的目的性很强——找到最终的方案，通过对每个人的方案的评价，横向比较，然后选出最终的方案。

分工合作完成最终方案：根据最终确定的方案开始分工，完成最终设计，这个阶段我分配的任务是推敲模型，然后和大家一起讨论立面的设计，提出一些想法再进行建模，对比分析利弊，邝工负责设计平面，这方面他比较有经验，组长负责掌握大体方向，同时他在进行另一个项目的设计，彭工在初期没有加入博物馆的投标项目中来，不过后期渲染效果图需要细致模型的时候，他负责建模工作，组长带我去效果图公司与效果图公司协商，把出效果图的效果详细描述一遍，然后定下时间出效果图，模型公司的事情由专门的项目负责人负责，后期我主要负责排A3的文本，同时画分析图，大家把画好的平面图，总平图等技术图纸传给我，进行排版，邝工和组长一起帮我排版，提出修改意见，然后完成最终文本。

这里总结一点：从开始的建模推敲立面到和组长一起去协调效果图以及最后的出文本工作，一系列的工作并不是提前很久就计划好交给我完成的，而是视当时的情况而定，这就要求我们要一直保持高效率的工作状态，准确地理解任务，然后在规定时间内完成，保证不会耽误进度，以最好的程度完成负责的工作。

另外，最终阶段工作量很大，可能会有一定的负面情绪，这时候不要在团队中找人抱怨，因为大家都在控制，尽量不去做消极事情影响其他人，更不能发泄你的情绪，可以去运动一下，或者找个朋友聊聊天听听歌。可以说有点累，但不要把这样的小抱怨放大，不要说谁在工作的时候没配合好，耽误时间的话，这是最没有意义的，这样不但会伤害他人，对团队的下次配合也会带来消极因素，我们做的最多的事情就应该是互相安慰鼓励，鼓励大家一定会中标这类的话。

◆ 结语

实习是你从校园踏入社会的起点，实习开始时大家对设计单位的认识差不多，但是实习结束时的成果却可能千差万别。面对着严峻的行业竞争，你必须勇敢地迈出进入社会的第一步，这一步将会成为你未来职业发展的基石。第一天上班，汇入上班大军，体会职场中人的步履匆匆；接到第一个任务，倾力证明自己的能力；领到第一份工资，体会自己的辛勤付出换来回报时的感动；回想就职后的加班加点，对某一个项目不可或缺的贡献，开始对未来的职业生涯充满憧憬。

实习阶段是教会你谦卑、认真、负责、与人相处最好的平台。经过设计院实习，你会对人生有一个更清晰的规划，对毕业后选择继续深造还是直接就业会有一个更明确地答案。

第四章　实习成果总结

建筑学专业岗位实习结束以后，进行成果总结不仅是完成学校要求，也是对这段时间工作的记录和思考。实习过程中的点点滴滴，给这段生活留下许多记忆，总结可以更好地了解自己存在哪些不足，知道在哪个方面应该加以改进，若干年后可以借此回想当年进步成长的历程。

下面从实习日记、实习作品集锦和实习报告三个方面进行实习成果总结，希望能给你提供实质性的参考和建议。

（一）实习日记

对于日记的形式，每个人可以有自己的方式，只要记录调理清晰，任何文体都可以。实习日记可以把一天工作中的主要内容、心得体会、建议等分几个部分，按照一定的条理记录，坚持写实习日记有助于工作经验的积累和职业的成长。

◆ 撰写日记的原则

实习日记首先是帮助自己在专业上不断进步，培养毅力和韧性；其次是有助于锻炼观察能力、分析能力；同时为专业学习积累素材，对一些专业知识展开深入思考。

◎ 内容要真实具体

- 具体包括实习项目、日期、内容摘要、心得体会、建议等几个部分。
- 应反映实习工作：实习日记应反映当天的工作内容，可以回顾一天一天中都做了哪些工作，有什么心得体会。把这些写在实习日记里，有助于专业的提高和工作经验的积累，看到的、听来的、想起的，只要与实习工作有关就可以记录下来。
- 日记须真实：胡编乱造，等于欺骗自己，那样就失去了实习日记的意义了，也无助于自个人成长。
- 每篇日记建议不少于300字，可以每天拍摄4～5张技术图片，并将其反映在日记中。

◎ 重点突出、条理清晰

日记的写法要有中心、有重点、有条理，语句要通顺、形式要活泼、内容要有选择性。不要把日记写成"流水账"，要选择有意义和有价值的事情来写。实习期间，要虚心向实习单位的指导老师学习，细心体会实际工程设计的方法与技巧。写作实习日记时，要开动脑筋，认真写好体会与建议部分，这也是最有价值的内容。

◎ 形式活泼、通俗易懂

日记的表达形式比作文灵活得多，如读了一篇文章或看了一本书，可以写一点体会，这就是一篇随笔；听到同事议论学习和工作方面的内容，把它记下来，就是一段人物对话的描写；遇到一件有意义的事情，有头有尾地记下来，便是一篇记叙文。日记的篇幅可长可短，可以写成篇，也可以是一个片段，甚至摘记几段发人深思的谚语格言简单评述。总之，不要有框框，形式要活泼多样。

根据数年的经验，撰写实习日记可以总结一定的规律，给一些文笔欠缺或者不会撰写的同学一点启发。

- 每天的日记可以由一些发生在不同时间点的、看似独立的事情组成的；

- 有的事情是自己原来安排好的，有些是临时发生的；

- 某些事情和正在做的一个或者多个任务、项目相关；

- 某些事情可能涉及其他人员，他们可能是同事、导师、业主、甲方、施工方等等。

把这些事件和感受用连贯的语言描述出来，就会很轻松地完成一篇篇生动鲜活的实习日记。

◆ 撰写日记的格式

实习日记格式的要求比较简单，一般在第一行写明几月几日（刚开始写或新的一年的第一篇日记要写上年份），星期几和天气情况，然后就可以进入正文。有的日记可以加个标题，使中心更加明确。

建筑学专业设计院实习日记

日期	xx年xx月xx日	星期x	天气	xx	xx

×××× （标题）

正文

◆ 例文评析

◎ 例文1

在某创作中心实习的张××实习期间参与很多实际项目，她的实习日记也是一个典型的例子。如下：

2011年2月21日

晚，我们到达深圳宝安机场，这是在深圳的第一天，简单整理行李便睡下，才发觉二月末的深圳如此的冷，冷得让人睡不着。

2011年2月22日

早，我们很早的来到中心报到，办了手续，录了指纹。

中午，我们接到了一项特别任务——考快题，事先没有任何准备，如此突然。

下午，进入公司会议室，开始做我们的快题设计——12班幼儿园，四个小时。两点到六点，六点行政部的潘工来收图，我们下班，按下指纹，离开。

这两天，真的很累，没有从家带很多东西，一切都需要自己添置，从来没有这样独立生活过，才知道过日子不容易。

离开家乡的不适，来到报到单位的流程，应试快题的准备，新家的添置，独立的开始，你准备好了么？实习之初，从字里行间能读懂过程的艰辛，离家的惆怅，面对困难和问题独自解决，一切都要从头开始……

2011年2月23日

这应该是我们第一天正式上班，潘工带我们去见组长，我被分到了张组长那里，据说是一个大组，后来才知道他们有六七个人，手里有两个项目一个是医院，一个是住宅区，而我跟住宅区。开始了我一天的工作，其实一开始也没什么工作，后来我跟韦工一起做开封的住宅区设计，这个工程已经做了两年，期间做做停停，现在甲方要得紧，已是第五轮方案了，由于报建的时候日照间距出现了问题，所以现在的任务就是调整户型同时跟甲方沟通。令我没有想到的是，这里的所有人都在搞原创，我们的实习生也不例外，一开始就让我设计户型，在开间进深都限制的前提下，如何做出一个合理的户型，成了一件很困难的事，以前从未觉得困难的事一下子变得很难。

接下来的一周里，我就在和韦工一起探讨户型，同时根据甲方的意见进行不断地调整，每天在一个个豆腐块里不停的画线，分割，布置，计算……同时学会了很多CAD命令和画图的方法。

工作伊始，分到了住宅的任务，开始做户型设计，原创的思路进行设计，这是一个看似简单却非常不容易的工作，能够创作一个好的户型，对于实习生来说，就是一个实际工作的良好开端。

2011年2月25日

晚上，单位的SU高手和我们一起探讨了SU的使用，虽然都会用，但是大多数人用的乱七八糟，搞到最后交接的时候需要改的地方很多，甚至要重做模型，这几乎就是一个崩溃状态。因此我们就这个问题进行了一场SU实战读书会。从这次读书会中，我了解到有很多时候你可以不对自己的事情负责，但是当你在一个团队中时，你必须要对别人负责。你的认真态度和正确的方法是效率的保证。譬如，我们把SU里的模型组群的时候有很多种组法，但是那种更合理就值得我们去探讨，最合理的是把一个类别的东西组到一起，而不是做完每一层之后做成一个组件，再复制起来，这样修改起来很困难，而且给后期的3D渲染造成很大的困扰。我们在做每一件事的时候都要为后续工作考虑，这样才能提高整体的效率。

团队协作是年轻建筑师必修的一课，例如你过给别人的图一定要让人能够打开修改操作，否则，就要重复修改，无疑又增加一个工作量，也会给其他组员造成很大的困扰，因此，明白这一点，对于实际工作的一个愉快的开始。

2011年2月28日

今天是到这里的第二周了，星期一，我们刚开了个晨会，安排下周的工作，在会上我们几位实习生做了一下简单的自我介绍。会后，韦工就我画的图挑出了好多毛病，虽然表面上是没有问题，但是CAD画图也是很有讲究的，要干净，漂亮，成体系，这样便于日后修改，他还很有耐心地教我如何计算面积，加载了一个小插件，这样就可以直接计算了，面积的加减乘除，列表，用鼠标通通可以搞定。之后林工把我叫去，给我讲了一下我的工作是什么，他让我修改三个总平，是选址阶段的总平——合肥规划馆。下班之前交给他。中午中心领导请我们实习生吃饭，这是我第一次吃广州菜，还真不错，挺好吃的。这是一个很有意思的建筑群，水墨风又不失现代气息。但是今天我只是暂时帮忙而已，并不是他们组的人，我真希望等选址确定下来以后，能参与这个方案的设计……

下班之前我画完了三个图，林工看过后说OK，高兴，下班。

短短的几百字完整地诠释了一天的工作任务，言简意赅，主次分明，记录有序：对待软件的认知，对于设计的严谨，对于团队的合作，对于领导的指示，对于工作的方法都做了全面的叙述，读此犹如身临其境，感同身受。

2011年3月12日

周末加班，我做完一层就给张工看一遍，一开始挑出了好多毛病，不是制图，而是功能布局上，例如学校食堂的厨房，会堂，还有一些管理用房，以及一些流线问题，用我们的主观设计去限制人流的方向，便于学校管理，还有防烟楼梯间的布置以及疏散距离等等。每一个问题逐一进行了修改。这个学校包括会堂，综合商业楼，图书馆，主教学楼，实验培训楼，宿舍，食堂，澡堂。通过一遍遍的调整修改和张工耐心的讲解，每次遇到不懂的地方他都会画出一个剖面出来，让我去想他的空间感受，我觉得掌握的基础知识更多了，做设计一定要根基牢固，我认为这点很重要，真的要沉下心来学点东西了。

关于方案流线与功能的问题，是建筑设计基本的知识和原理，真正到了工作中应用会有进一步的体验和思考，至于校园里反复强调的空间，通过实际项目也有了进一步的了解。

2011年3月14日～2011年3月22日

这一周是我们做文本的关键时期，全组人都在加班加点赶，中途还给甲方发了一套图过去，他们又有了一些修改意见，我们尽量改进方案，进行报建。我们组的人对我都很好，有些画图上的错误，我自己都觉得很可笑很不应该，但是他们都能善意的包容。每次加班组长都会请我们吃饭，让我觉得这座城市并没有我想的那样冷漠，我们中心就像一个大家庭，而我们组的人就是我的家人和好朋友，虽然有四个男生，但是有两个也就比我大几岁，我也管他们叫师傅。很容易谈得来。后来跟甲方沟通了一下报建延期两天，但是我们还是在不停地赶图。周四的读书会没有去，是冯工主讲小户型设计。我在不停的画图，就怕画不完，影响整组的进度，突然间感到压力好大，总觉得自己做的事不是可有可无，而是要拿来用的，一定要准确无误，组里的人对我的好让我觉得压力更大，一心想把他们交给任务又好又快的完成，但是由于使用软件还没有那么熟练，越想做好就越容易出错。后来我放平心态，调整好自己，认认真真，稳稳完成每一件事，有不懂的就及时跟他们沟通确认。学校平面确定下来之后，我同林工做医疗区的平面细化，对医院的流线有了初步的了解，真的很复杂。后来我就一直跟林工做文本，画PS图，功能分析，流线分析，完善文本。连续的加班让我真的很累，但是在这两周的时间里知识迅速膨胀，很值得。

接下来日记变成了周记，这对于实习的同学们来说也是可以理解的，毕竟有时受时间、精力等条件限制，所以把一周所做的项目和遇到的事情集中记录下来也未尝不可。行文至此可以看到她的成长和进步，对设计流程和工作责任有了新的理解。

2011年7月15号

这几天就要走了，大家都在请我们吃饭，我们也请朴哥吃饭，他是我们的师兄，人在异地，总觉得像亲人一样。感谢他对我们的照顾。走了还真有点舍不得。我很想说，深圳是一个充满奋斗与梦想的地方，它的平均年龄只有27岁。虽然竞争激烈，却又没有上海，北京那样冷漠，走到哪里都是温暖的关怀，我感谢你，深圳，还有曾经相处的同事们。

2011年7月18号

我想用最后一篇日记，写一下这段实习期间的感受。说实话实习和我想象中的不一样，我是一个对建筑设计有着期待的人，非常我热爱我的专业。我觉得那应该是一个思想驰骋的战场，每一个人都以专业的素养在进行设计灵感的碰撞。通过这一段的实习，我明白了一个道理，就是建筑师大部分时候更像一个"工人"，需要做的就是在自己的岗位上做好每一件事，然后再交给下一个流程里的另一个"工人"。而在整个作业期间，需要的是我们的专业精神，谨慎的态度。当然，当有一个新案子的时候，建筑师又像一个艺术家，需要我们的灵气与想象力，但是与艺术家不同的是我们所有的创造都是在量化的基础上完成的，而并非空穴来风。这次实习给我最大的收获就是，与人为善，脚踏实地，还有孟大师的一句话，空间尺度感很重要！

简短的实习，最后的日记，饱含深情，饱含不舍，可以充分看出她对建筑设计专业的认知到了一个新的高度……

评析：在大师事务所的实习过程充满挑战与艰辛，严谨的工作作风、扎实的工作态度、专业的素养、艺术家的灵感和强调空间的重要性，以及对于设计本身有着大师不同的见解和看问题的高度，这些都是她收获到的。在这里，大家热爱建筑，富有激情。灵感的碰撞，专业的精神使得每个建筑设计作品犹如精美的艺术品，久久耐人回味。

◎ 例文2

下面是高震华（中国建筑设计研究院实习）的日记，文字与图片相得益彰，非常值得推荐。

2013.5.7 星期二

我来到中国建筑设计研究院，正式的开始了自己的建筑设计实习，到现在也已经6天了，每天都过得飞快，只记得坐在电脑旁，有事情要做，却心不甘情不愿，于是想念那些一人苦苦熬夜做设计的时光。我被分配到的部门是建筑设计6室，总工是一位第一眼看过去有点微胖中年男人，在这里待久了，从他身上看到越来越多我第一眼未能看到的幽默、睿智和可爱。

在我做的正起劲的时候，被分配到了一个新项目的策划案当中，起初不怎么乐意，不过想想，也许这就是自己希望已久的从一个建筑的开始，开始跟进的这种感觉，到了今天，虽然仍然有点摸不着头脑，不过正在逐渐进入状态。开始的任务是做PPT，由于和朋友的玩闹，和对方案的轻视，并没有及时做好工作，闹得这两天也都过的很难过。还好，舰哥对我很容忍。

这些天很是疲惫，只想埋头睡觉。昨天，终于有点明白了周舰师兄的话，"你慢慢就明白了"的意思是，设计院的工作更多就是这样么，仓促的进行，根本没有那种投入其中的感觉，只是一件事刚刚开始就要马上把它草草收尾，不管如何，我会坚持，不过不会妥协和忘记自己的初衷。

刚开始实习工作，起初没有什么事情可以做，可能只是在电脑前面发呆，千万不要因此而觉得不受重视，先把工作软件都装好，熟悉实习单位的工作流程。当有工作需要你，可以立刻进入状态，加深实习单位对你最初的印象。

2013.5.11 星期六

计划——商业卖场调研

李工——调研内容：多长一个柱距，一个卡位大概什么尺寸，多远一个休息位置，楼梯与交通……

今日话题：什么样的建筑师才算大师？

刘工一句话点醒"梦中孩童"的我。

"什么算大师，方案什么的你找个学生都可以做，问题是方案做得好，你能把方案盖出来，这才算厉害，人家才叫你大师。"

这不仅仅是关于大师的讨论，更重要的是，建筑方案的落地问题，让我产生深深地思考。

　　调研的内容不仅包括周边的环境因素，还有现有商场的内部功能和流线，现有使用情况——查阅资料——了解相关规范法规——进入设计状态，大师梦想的实现也要从最基本的资料收集到最终设计实现。

2013.5.12 星期天

加班……

天气还好，收到的第一个任务是《商业建筑设计》这本书的word整理，乐山项目继续fighting。

Word整理及住宅楼布位置。

张翼老师写到：

"但是，建筑理论这种从'图形'经由'逻辑'才回到'图形'的方式，是遥远而沉重的，其实在这一个过程中，'逻辑'并不导致'图形'，而是导致作为操作者的建筑师的自身改变。我们读书，并不直接改变设计，而是改变我们自身。所有在操场上锻炼身体的人都不会纠结这个问题：'我们一行一行地读，能否改变我们明天要画的那张图？'就如诗人的气质并不只在吟诗时显露，建筑师从阅读中获得的教义，是在优化其设计之前优化建筑师本人。"

此句至关重要，小生受教了，确实，有时候，多用功，走窄门，往往是通向成功更光明的道路。

名师的言论发人深思，怎样做设计方案？怎样无愧于建筑师的称号，这首先是认识的问题，认识达到一定的高度，对设计的理解会有相应的变化，做方案也好，做事情也好，思维方式不同会有不同的结果。

2013.5.17——5.18 阴天，尘土飞扬

终于放了一天的假，昨天是5月17日，星期五，上班，凌晨跟小伙伴们去看了一场电影，回来后略有感悟，因为要上班，就直接睡下了，周五注定是特殊的日子，让人思维紊乱的事情，一件接着一件，花了一下午的时间做的模型崩溃了，好不容易做的有些喜欢的设计变成了一场空，失望。晚上回家的路上，妈妈告诉了我家那边的消息，让我对未来有些没有把握，看不到方向，迷茫。

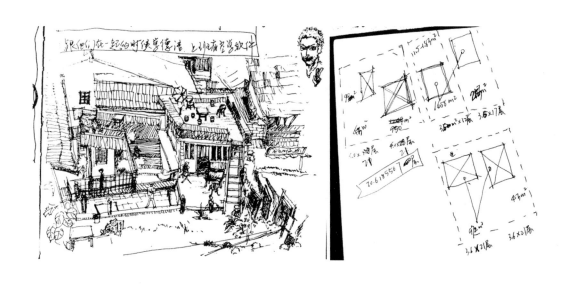

虽然，晚上收到了舰哥的短信，说方案很成功，但总觉得，不是我推敲的那个，不是我做的模型，与我无关。17日夜，伴着淡淡雾霾，喘息无力，于是消消沉沉地睡去。

5月18日，再次收到短信，说是今天不用上班，却提不起兴致，再次给家里打电话，一打就是40分钟，聊出了脾气，也没解决问题，只得个有心无力。怪自己的松懈，不注意只会给自己添麻烦。还好，后悔，我也已经不会再去想了，因为后悔解决不了问题。

Fight，fight，fight。

犀牛快捷键：

命令：Toolbar——工具列

Viewpor Tabs——工作视窗标签

New View——新增一个工作视窗

Camera——摄像机

切换视窗——ctrl+tab

旋转视图——shift+ctrl+鼠标右键

平移视窗（大）——ctrl+alt+鼠标右键

（小）——shift+鼠标右键

模型充满视窗——ctrl+shift+E

和朋友的聚会短暂而兴奋，与家人的谈话惆怅而温情，虽然有点小伤感，但是毕竟工作方案得到了认可，加油呀！快捷键的使用会提高你的工作效率！这里面有他闲来勾绘的小图，其实你也可以，对生活的憧憬，对自我的认知，对喜爱建筑的描绘，都会让你时刻敞开心扉。

2013.5.19 星期日，阴天大风，扬尘

带着厌恶的心情来上班，虽然比约定的时间晚了一些，但办公室来的人也只有劲夫兄一人，心情也算是没那么紧张，战斗的气息弱了许多。有些疲惫，也许是因为好久没锻炼身体，昨天动了动，今天就有些累了。做了一天的PPT，有些进展，自己还算满意。

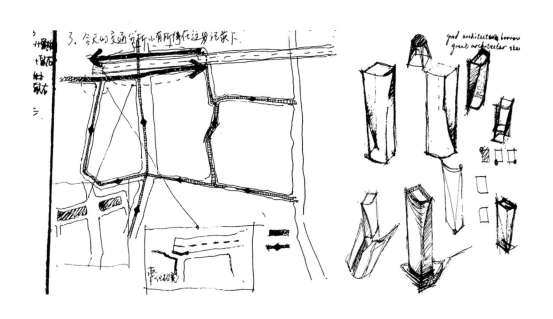

现在已经8点多了，又接到了新任务，只叹舰哥……今天又要晚睡了。今天的交通分析小有所得，在这里记录下：

分功能区：

餐饮，次主力店，零售，主力店，超市，美食城，书店，美容城，家居体验馆，会所，影城，KTV动漫娱乐城，健身娱乐广场（高级餐饮、普通商铺），商务办公楼，酒店式公寓，五星级酒店，独立式公寓，地下停车，辅助用房

一.项目背景：（映像）文化遗产，分成两页；

二.设计理念：（大美）；

三.案例分析与项目定位：

案例截图分析空间

先总结表格再设计定位

功能+照片：1.商业功能+居住区；2.沿河景观；

3.功能总分析放最后，作为结论；4.天际线分析。

这不仅仅是实习日记，更是一本工作笔记，无论何时需要都能够及时拿出来查阅。日积月累，这将是一笔"伟大"的财富……

对一个新的工作即将开始，不要马上打开电脑开始工作，而是首先思考，然后徒手勾绘，把初步的想法跃然于纸上，良好的手绘能力可以更快地捕捉设计的灵感。

2013.5.24 星期五，天气不错，热

不知不觉上班也有22天了，可能节奏太快，让我还没什么感觉，只知道日子赶着日子过，到底经历了什么，学到了什么，都很模糊，唯一记得的是很多事情都是昨天的事了。

还在跟乐山项目，舰哥和徐工都出差去了，只剩我一个人，留守推敲塔楼和建筑形体，随时待命等待远程遥控。最近心很累，做事情有些力不从心，精气神远远没有前些日子饱满，更多时候不能做自己想做的事、该做的事，只能一步步的听着命令跟进度，完成任务，设计本该是自由的，可这自由早就不在了，做设计的快乐也不比上学的时候多。说真的，实习这些日子，不太快乐，方方面面。

2013.5.27 星期一，天气阴，让暴风雨来得更猛烈些吧

也许是如今学建筑的人都匪气很重。

昨天与朋友见面，聊天的话题总是我的抱怨，是啊，我抱怨太多了，可是如何才能沉默下来，虚心学习？！

实习的过程很累，也许心更累，这个过程很迷惘，让人有时候找不到方向感，所以一定要定期的反省自己，知道自己想要什么，未来的方向如何去走，实际工作与校园梦想存在一定的差距，要学会调整心态，面对现实，坚持梦想。也许你现在还没有明确的方向，但是一定要有长远的规划，"千里之行始于足下"。

2013.6.2 星期日，天气正常，湿度高心情尚佳

这个本子本来是用来记录实习历程的，不知不觉却被我杂七杂八的心情掩埋了。一个月过去了，转过头来，继续记录我的实习历程。

5月31日那天，劲夫结束了自己的实习课程，接下来便是返校进行下一轮苦战。下面的日子里，其他实习生也会陆陆续续地离开，不过多久，我可能就会变成当下工作室里待最久的实习生了，接着，我也去进行下一轮苦战，闲暇的日子，估计是不会有了，只是这都是后话。

昨天，和老湖去X-Studio看展览，由多相建筑工作室主办，一路看下来，对于他们的作品，我印象不深，保留下来的残像也大概就只有那么一星半点。但是，刚到展厅时听到的一番话，让我倍感受益，大概内容是这样的："四个人一起合作，在消沉无助的时候，可以互相取暖，得到一些心灵的慰藉。"这句话我印象很深，可能进一步解释了合作的重要性，同时也提醒了我，人不能独活，需要朋友，更需要有心灵犀的合作伙伴。

随着实习队友的不断离开，对你可能是种冲击，思乡情更甚，工作是铺天盖地，去参观展览和记录的心情又有变化，团队合作的意识更加强烈，彼此的依赖，相互的鼓励，一个好的作品需要更多人的努力。

2013.6.5 星期三，阴雨蒙蒙

第一次去效果图公司，从乙方转换成甲方的感觉还不错。

晚饭吃的驴肉火烧，啤酒，小菜，微微醉，听着四方胡吃海吹，乐得个自在。

这一天，算面积，填色，算各种停车位，杂活破活，也算是一种积累吧！

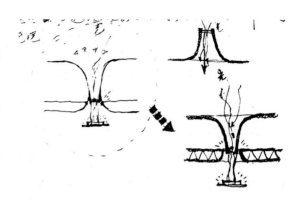

2013.6.8 星期六，阴、乌云

端午节窜休——上班

突然想起来以前的一些事情，于是，想问自己一些问题，就把想起的记下来……

最近临近高考，就记得一些做语文阅读的事。罗永浩《我的奋斗》里说，他不知道语文阅读文章的作者到底是怎么想的，为什么写这段文章，而恰巧教育局知道，我也并不知道作者想表达的意思，但是仍然硬着头皮做阅读……写到一半不记得了，下次再补充吧。

今天，浏览网页，看到了伊东丰雄的一些作品，画一画。

最近的心情不错，闲暇看到大师的作品，还勾勒了小图分析。对建筑的热爱不胜言表，人能够一辈子做自己喜欢的事情何尝容易？这也是一件多么幸福的事情。

2013.6.26 星期三，晴

今天学会了制作电子签名，有事干不管学什么都是一点进步，为未来出关打好基础。

打开前几日的网页，浏览，筛选，删除。瞬间也许只是一瞬间的事，突然明白了，建筑依附于环境存在的意义。这想法得益于马里奥·博塔设计的瑞士Tschuggen Bergoase温泉。建筑处于雪山上的松林间，几只竖起来的如树叶般的采光窗，与松林掩映着彼此，和谐、美丽。如此简单美好的建筑不禁让我的思绪再次纠缠起来，但是结论得出之快，也使我自己都有些惊讶，为什么是今天呢……

建筑孤立于环境而存在，就像花枝招展的美人，猛然间看过去，美的没有言语可以形容，羡煞旁人，但是一旦走入人群中时却显得那么不合群，纵使吸引人的眼球，也只有逞一时之快的感觉。好建筑与美人不美人纵然不可同理而论，但是道理却有些相通。惊人眼球的建筑更多时候，只有短暂的惊人，日子久了，味道也就淡了，我眼中这不算顶好的建筑。顶好的建筑应该像其他一些在时间长河中依然屹立不倒的东西一样，时间越是久越让人觉得好用，舒服，美，它能带给人们的惊艳，平静地如一汪春水，恬静自然。

如果把博塔的温泉浴场，盖出来，单看只是平平之作，但有了群山，积雪，松林，却没人能说出谁更美，是环境? 还是建筑本身。于是，表现在人们眼前的建筑与环境，它们彼此需要，相得益彰。若评价建筑，真不知道是环境成就了大师作品，还是大师作品美化了环境，可能一直都是彼此彼此……

心情渐渐平静，踏实下来充实自己，对大师的作品给予评价，环境与建筑这个许多人纠结的问题，建筑适应环境，环境烘托建筑，相得益彰，彼此呼应，这就是美……

2013.6.29 星期六，晚，天气不明

离回家还有2个月，离实习结束还剩一个月，离A2开课还剩一个月，离开学还剩2个月。

还要完成的任务：

①一个大跨建筑设计——文体中心

②一个高层设计——办公楼

③实习任务——总结成册

④德语学习——A2（考虑中）查询东北师大课程

2013.7.2 星期二，凌晨，暴雨，肯德基自习中

"不被嘲笑的梦想是不配去实现的……"

2013.7.3 星期三，中午，天气晴

继续修改乐山平面，下穿道路，东侧场地的塔楼与商业调整，4层变5层，居住区修改。

总结了最近要做的事情，看看还有什么事情没有完成，在即将回家的日子适当地做阶段性总结，提醒近期需要完成的工作，对下一步的工作任务早有计划和安排。

2013.7.13 星期六，天气阴

7月10日，黑龙江某办公楼项目，交到我的手里，本来是要跟着锡嘉做这个项目的，不过几经辗转，这个项目已经变成了我负责的投标，景院指导。项目前期受到了景院的初步认可，今天给我的意见中，太多概念，很凌乱。有些明白自己在给别人说方案时，别人的感受了，不过即使如此，也对我鼓舞很大。今天景院说了一句话，让我感触很深，"把自己的审美趣味降到最低，去考虑建筑的功能。"对于现在的我来说，着实是一句很重要的话。

7月10日起，黑龙江某办公楼方案，未完待续。

今天说起了，鼓楼大街与涮肉，不知道接下来有没有时间去吃……

2013.7.14 星期日，天气晴

星期天的加班，其实并不感觉不自由，也许是因为有了自己的项目，自己的投标，心理上高兴了一把，也有了更多的自信，坚持工作，苦点累点没什么，主要是积累知识和经验。黑龙江新华社，我要当你的设计师。

"如今，我仍然喜欢描绘这些大的咖啡壶们，我常把它们想象成为砖墙建筑，我老琢磨着怎样才能进去。"——阿尔多·罗西

回顾实习的经历能够看出他迅速的成长，在院长的带领下能够独立承担投标项目了，被别人的认可比起劳累和辛苦，着实不算什么，自信的感觉又是何等的有底气呀！有能力和被认可才能更自信！

2013.7.17 星期三，凌晨，天气不明，加班中

黑龙江某项目已经深入到平面阶段，空间推敲伴随着进行，工作强度较大，还好每天还有一定的睡眠时间，该拼的时候得拼一拼，要说实习的收获，之前确实不觉得收获到什么，而这忙碌的关头，倒是从舰哥的问题中总结出了一些东西，要说小收获，是大把大把的精进了PS，PPT等等专业相关的软件，不仅仅懂得使用，而且也能更清晰的进行分析及思路表达，和更细致的进行一些问题的考虑，而最重要的，我认为是提高了将建筑从概念到量化，

再转化为使用过程，这让我颇感收获，这个过程中的锻炼，是"艺术家"向"建筑师"升级的过程，加油！

2013.7.18 星期四，天气阴，下午15:19分

坚持，就快见着光了！！！

计划：

①平面图——四角部楼梯间已经确定，大概勾出轮廓；

②想分析图；

③

模型+平面

2013.7.19—7.22星期五～星期一，开始进驻效果图公司，看效果图

进度：

①模型已发送至点构（效果图公司）——等待；

②平面深化——正在进行；

③分析图开始制作；

概念：XinHua——二维码——新时代高层建筑（立方体）

①场地基本情况介绍；

②提出问题：如何在高楼林立中占取一席之地？

代表形体：方形的体量，具有力量感，是代表黑龙江北方土地坚实的体量，从纤细的板楼

之中脱颖而出。

代表精神：虽然有北方人强壮的外表，但是却蕴含一颗走在时代新闻前沿，国家最权威新闻媒体机构的厚重内心，传承新华精神，引领信息的新时代。模数化细分的肌理，可作为对外的媒体展示（全是LED大屏幕），组成种形状①二维码②X③H，体现新华社作为信息源头和政府庄严机构的完美结合。

PPT思路整理——框架

1．基本情况分析；

2．场地规划；

3．建筑；

①面积不足一万平方米的新华社办公楼如何在林立的高楼中找到自己的位置？

彰显个性

②如何同时体现业主公司大气庄重的机构性格以及哈尔滨北方名城的历史文脉？

③如何能与信息时代结合设计一栋个性十足、高效、舒适的新时代办公楼？

空间分析：①室内 ②中庭空间 ③技术图纸分析

4．与之前方案的对比。

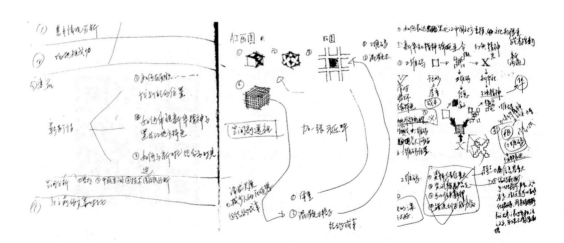

通过做这个投标项目，可以看出该同学越来越成熟，方案设计能力也在明显提高，方案设计的流程，每一步的安排都合理恰当，很有条理。他本身具有很强的方案创作能力，再经过设计院实习的磨砺，基本上具备了建筑设计师的素质。

2013.7.26 星期五，阴雨

由于10号到22号，一直都忙碌不堪，回想起来，一个投标方案，从设计到出图，仅仅用了不到两周时间，精算起来真正开始做也才12号，整整10天。虽然顶住了压力，就这么连滚带爬的完成项目，心中有了小小的成就感。但是，内心深处却觉得设计院的工作不那么适合自己，方案的进度之快，让人无暇思考，仿佛把一项本该精细化操作的工作，变成了流水线，这并不是我心中的建筑师的工作。

不过，毕竟我还年轻，不懂的太多，借着院长的赏识，再多学习才是主要的。而对建筑的困惑，待之后经验丰富和慢慢成熟之后，再自己去践行吧。

本想，8月2号实习满3个月之后就撤退的，如今，终于有重要的工作给我做了，就继续实习一段时间吧，也算是找到了自己的柳暗花明又一村了。

前几天接到的长春文化广场地下改造的方案终于开始进行了，同时，我也从建筑六室的工作抽身出来，来帮建总二（我们之前据说建总二就只有景院和黎叔俩人，悲催……）工作，最近黎叔手里接了不少大项目，文化广场地下改造算一个，昆明的市中心旧城商业改造18万平，通州运河一个城市综合体87万平方米，同时，还有已经施工的通州梦工厂商业地产项目。

接下来的一个月里，再接再厉，争取有更多收获。

经过三个月的实习，该生本来打算撤退回家，由于前一个投标项目受到领导的赏识，和甲方的认可，决定再继续一个月，被借调到其他工作室帮忙创作方案，得到单位的肯定和赏识，信心满满的迎接下一阶段的设计任务！

2013.7.27 星期六，晴天

由于定在8月23号离开北京，根据项目进度被分配到了运河一个项目组，小组成员是一个南大的实习生和一个宾大毕业的研究生，之前没有合作，但都是朋友，他们也都是热爱建筑的人，并且也很有实力，接下来的日子里要在一起战斗了。

加班也在所难免了，这周的任务是把景院的方案落实成模型（犀牛不会用，学习中），主要由我和田聪来做，刘玉靖则是先忙梦工厂的事。

2013.8.1 星期四

运河一个项目目前定于8月20日汇报，紧张的气氛正在滋生，前期的场地分析，历史文脉分析，都开始准备进行，由于项目位于古时候京杭大运河的起点，通州的五河交汇的西南沿岸，项目也立项为通州大船，因此运河文化的历史沿革，与漕运盛世的复兴，则是我们分析的重点。

现在的任务是大量的整理资料，因为前期荷兰的UNS和我们院都做过几轮方案，但甲方不太满意，因此，我们的目标是找到通州的文化要点，同时做出真正适合这个地段并且具有运河特色，跟大船相关的方案，时间紧任务重，又是没日没夜工作的节奏了。

2013.8.3 星期六，天气晴

今天加班，诡异的工作节奏真是让人又喜又忧，由于运河一个的甲方和规划局之间在建筑方案方面出现了一些矛盾，所以整体的节奏放缓，把主要的精力都投入到长春文化广场地下改造项目上。仍然是从场地周边环境开始着手资料的调查，巧的是，我家就在文化广场附近，这也对大家对方案的理解能更有帮助。

大量的找资料和画草图，便是最近的主题了。

黎叔和景院都撤了，我们也收拾收拾回去吧，最近略疲惫，都有点适应不了松下来的生活了。

建筑从来不是一个简单的物质层面的构筑物，其设计和建造涉及诸多因素，对于建筑师来说，在设计阶段综合考虑这些影响因素，将其合理解决，对于得到业主的认可、建造以及日后使用都极为重要。运河项目从开始到中断有很多的努力也有很多的无奈，但要知晓不是所有的建筑都是能建造起来的。

2013.8.9 星期五，早上下了小雨，不过过了中午天就晴了下来，见甲方感觉不错

几天见了长春文化广场的甲方，是个中年女人，精气十足的感觉，很有范。同时，也很谦虚地坐在一旁听院长和他们的商业策划人员互相讨论。

前半部分时间是，甲方带来的另一家设计单位和德国请回来的顾问主要讲前期策划的问题，虽然没见到德国事务所做的方案，但是据说给人的感觉并不适合长春这个地方，外国人虽然设计精致，但是对于中国文化的理解和中国人还是有很大差距的，这也是为什么委托给我们院的原因。

一上午激烈的讨论很快结束了，怎么说呢，学到了不少的交际技巧，譬如与甲方的交流，与策划公司的交流，同时，也了解了设计初期需要做的准备工作之多，建筑师有建筑师的想法，策划公司有策划公司的意见。虽然，大家各抒己见，是为了推进方案，同时能权衡各方面的利益和需求，但是，却没有字面上看来那么简单，其实，也像打仗一般，在彼此抢占高点，占了上风的人，才更有话语权。

明天还得继续加班，据说运河一个的项目又要启动了，还有梦工厂的活要忙。离回家的日子也越来越近了，再坚持一段时间吧。

文化广场项目，很巧合，该生的家乡，所以知道周边的环境情况，了解当地的文化气息，不仅仅围绕艺术、功能、规划、交通更是融入了经济、技术与文化等热点问题。参与这个项目有了解业主、策划和建筑师对于项目的沟通共进，对于设计这方面的收获也是十分受益的。

2013.8.22 星期四，实习就要结束了……

今天是心情复杂的一天，因为是最后一天在待了4个月的工作室里工作了，前几天，事赶事的工作，还得收拾行李，想着快点回家吧，再也不想在这里待了，可是，今天最后汇报回来的时候，却有了很多不舍，不知道怎么形容好，人就是这样子，生活就是围城。

汇报很成功，甲方超级喜欢这个方案，运河一个城市综合体是院内竞赛，不过看样子，柴总那边方案不太让人满意，同时UNS的新方案也发了过来，虽然好了些，但比起今天我们汇报的方案来说，应该还是处于劣势。这次依然是个女甲方，但是气质完全不同，好像是军

队大院出身，性格感觉很爽快。听景院说，最近的几个甲方都是女的，女甲方都有个共同的特质，就是敢想就敢干，我本人感觉也很好，毕竟是自己参与的设计，苦了累了，也算有收获吧。

晚上，一起的小伙伴们送我离开，大部分是一起实习的朋友，还有新员工。在一起的这些日子里，我们彼此都有很多了解，一起交流，讨论，方方面面。

实习的日子，我们一步从学校跨入社会，尝试着闯荡，摔了跟头碰了壁，就蹲在原地嚷嚷，然后突然发现，没有爸爸妈妈再去拉我们一把哄我们，只好自己拍拍灰站起来，擦了眼泪继续走，然后日子久了，也就长大了。这就是我的实习。它也让我明白了，在这样的社会中有自己的坚持，是多么难能可贵。

终于要圆满的结束实习任务了，带着满载收获离开，重新回到学校学习理论知识，寻找不足查漏补缺。相信他在处理问题的创新性和独立性方面，在面对设计项目挑战时会更加成熟，多了一份从容和冷静。

评析：这个实习日记之所以被作为典型，也是值得借鉴的范例。不仅有他的感受，也有他在实习过程中的心绪惆怅，还有情绪的波动，甚至对未来的渺茫。可以看出该生有很强的文字功底和严谨的逻辑思维能力。在实习中不断的积累，对未来的规划，以及工作过程的详细记录，并且用绘画的方式表达情绪和建筑方案构思，清楚明了，相信在不远的将来会成为一名优秀的、年轻的建筑师。

还有很多在小型设计公司实习的案例，在此不一一介绍，相信有这样经历的人会感触很深，忙碌而劳累，设计的方案偏于住宅和小型公建，虽然规模很小，但是事必躬亲，对设计的整个流程了解的更多，收获同样颇丰。

（二）实习作品集集锦

在这个部分我们分别整理了各种类型设计院的学生实习作品，并对成果进行了评析。希望对于即将进入实习阶段的同学有一定的启发。

◆ 国有设计院

◎ 学生1：常竞文　实习地点：北京城建设计研究总院

设计院介绍：北京市城建设计研究院，成立于1958年，是专门为中国第一条地铁北京地铁1号线勘察设计而成立的勘察设计综合型咨询公司。公司承担大量国内城市轨道交通勘察设计总体项目及国外的工程咨询项目，是国内第一家城市轨道交通勘察设计总体、总承包单位。在工业与民用建筑领域，北京城建设计总院广泛涉足居住区规划与住宅、体育场馆、学院建筑、商业办公以及交通枢纽、控制中心、地下空间开发等领域。与其他设计院的不同之处是承接比较大型的专项工程。

代表工程：国家体育馆、奥林匹克运动员村、五棵松奥林匹克文化体育中心、北京中关村地下空间开发及综合管廊、北京城建大厦、北京动物园公交枢纽、安哥拉社会住宅项目。

实习时间：2013年3月19日～6月20日

实习参与项目

项目一

项目名称：项目名称：石榴庄项目

项目介绍：石榴庄项目地块位于北京市丰台区南三环与南四环之间，紧邻地铁宋家庄站（地铁5号线、10号线、亦庄线换乘站），西侧为榴乡路，交通十分便利，地理位置十分优越。该项目分为两个地块，南侧为住宅小区的规划和建筑设计，北侧为办公楼的建筑设计。

参与工作：住宅的户型设计，规划设计，方案PPT文本设计

实习感受：做这个项目的最大感受，如果户型图不存在，所有规划设计都是不真实的。住宅的户型设计是很有学问的设计内容，没有丰富的设计经验是拿不出好的作品的。大概搜集了一些施工图后，大家坐在一起讨论决定采用哪个户型图，之后的规划任务便建立在这些户型图之上。做小区的规划设计并协助其他设计人员完成办公楼的方案分析，资料收集，PPT以及文本的整理。

　　该地形的具体情况是石榴庄路往北至顺八条为商业金融地块，现状为城中村。S-14、S-17、S-20共约1.45公顷。石榴庄路南侧为住宅商业用地，东侧有鑫兆雅园、北侧有建工地产

宋家庄小区，地块约为3.7公顷，距离地铁宋家庄站约200米（图4-1）。

该设计的难点是北侧办公楼区域，由于5号线地铁从此地段穿过，因此地面被城市代征绿地分成了两个部分，两部分办公楼是否应该有联系，该怎么联系，如何取舍，这给设计师提出了很大的考验。由于地铁的通过造成带下空间的开发受到限制，在用地情况如此紧张的北京市这是很不利的设计因素。

石榴庄项目地块的缺陷很多，还有北面一块不规则的地形很难使用，去掉遮挡以及城市退线所要求的面积之外，其余的土地所剩无几，如使用将会带来不环保，不经济，不方便等一系列问题。但为了满足甲方的要求，建筑师们还是按照容积率和限高以及退线的要求将建筑做了出来，但又做了一个更为合理的方案与之对比，目的是说服甲方选择较好的方案。

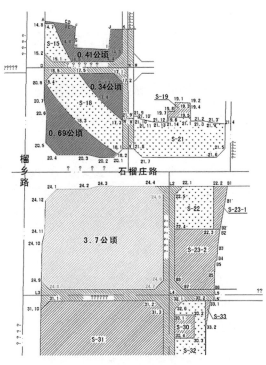

图4-1　石榴庄项目地块图

对于较规整的一块地来说，最大的问题就是如何将建筑的两部分联系成一个有机的整体。如果两栋建筑分开独立设计，只是在体型上有对话和呼应，中间的距离很大，整个建筑造型的比例协调出现了很大的问题，人身处其中的尺度感总是不够和谐。如果两栋建筑联系在一起设计，建筑中间用连廊的形式联系起来。建筑师们用模型做了各种可能性形式的实验，连廊的总是显得又细又长，一直找不到合适的比例。

最后觉得在顶端做一个巨大的拱形连廊，从侧面刚好能看到漂亮的弧形天际线，立面的弧线平面的弧线刚好相呼应，两栋建筑的对话便产生了，整个模型的效果很好，大家都很满意。但距离实在太大，在结构师的眼里这就是一座桥，如此又高又长的桥造价会很大，只有和甲方见面再商议。

　　由于甲方催着看方案成果，在清明节的假期完成了第一轮PPT。

　　初次见甲方的该生还是有些兴奋和紧张的，虽然可能还做不了什么，但甲方提出的要求和建议都有认真聆听并做好记录。

　　甲方对他们的工作态度很满意，但也提出了几点问题。

　　第一，代征绿地分割出来的两块三角地形很不好用，很难达到使用效率很高，总会出现一些不规则的空间和不方便使用的房间，而对于办公室而言，很多人不喜欢这种不好用的房间，这类房间并不好出租使用，甲方担心它的商业价值不够。更重要的一点事甲方提出了建筑风水的问题，在以前的设计中，从来没有考虑过的问题，而甲方更看重的是这点。

　　第二，对于住宅方面的要求，甲方提出了既要很高的商业面积，又要住宅的品质也要高端大气，这似乎看起来是矛盾的问题，但要尽可能地满足甲方提出来的要求。

　　第三，结构实现的可能性和成本造价问题。

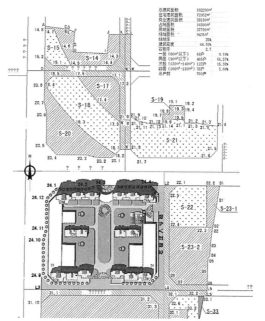

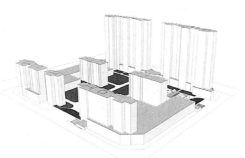

图4-2　石榴庄项目住宅规划图

　　第四，对地下空间开发利用问题甲方很满意，但也提出了自己想法。对于立体停车的问题，甲方很满意，并拿去很多资料准备学习，临走前也进一步得到甲方的资料，准备回去深化方案。

　　石榴庄项目的办公楼部分还需要长时间地和各个部门协调与沟通，于是接下来设计任务的重点便成为小区的规划设计（图4-2）。

修改意见如下：

对于办公楼的立体停车和机械停车在北京使用率并不是很高，地下空间的规划在北京得到很大强度的开发，利用的效率和取得的成果也很显著。

甲方提出的商业面积尝试着按照他们的要求做，可无论怎样都达不到商业面积的要求，于是尝试在最有商业价值的街角分割出一块地做商业用地，作为方案的另一种可能性。

对于小区规划的入口存在两种方向的可能，尽量把每种可能都做出来，为甲方提供更多的选择。通过大家的讨论，住宅的方案基本的方向定了下来，于是各自负责一部分开始方案的cad，模型以及分析图的绘制。

对于小区的规划，各种指标的核算很重要，每项指标都严格控制在要求范围内，因此方案每做一次调整，指标都要调整一次。

方案表达过程中，也遇到过很多问题，比如色彩的问题，排版的问题，字体的大小，风格的统一。和绘制简单的分析图相比，实际项目的文本的制作有许多需要注意的地方。

关于住宅设计的整理说明：

• 功能分区合理,睡眠、活动、就餐等功能区域明确；注意干湿分区、动静分区,减少相互干扰而又分区思路清晰才能提升楼盘品质。

• 户型平面交通流线顺畅,无交叉无干扰。厨房应设置在入户门附近,利于日常用品与食物的运输。主卧应设置在平面最深处,以给主人一个安静的休息环境。

• 其他专业与建筑专业的配合应尽量做到完美。例:结构与建筑尺寸的差异造成的室内凹凸应注意,用异型柱代替矩形术可使墙面较平整,厨卫上下水管尽量集中布置。

• 房间内家具的布置应做到细致入微,结合家具的布置细致的调整房间尺寸,会给人更多的实用感和亲和力。

• 建筑设计时应尽可能的考虑装修时的思路,把建筑设计和装修设计更有机的串联起来,使整个户型的设计理念达到完美的统一。

• 采光与通风应注意,特别是厨卫,完美才是楼盘品质的体现。

- 入户花园与门厅应提倡设置,也可提升楼盘品质。

- 洗衣机的位置应布置合理,佣人房与储藏室也是应关注的问题。虽然是细节,但细节也是提升品质的关键。

- 倡导"主人的尊贵"也是户型设计中可以考虑的思路之一。所以主卧的功能性、舒适性在设计中应着重考虑。

该生在参与住宅规划设计过程中，了解了规划设计的流程和重点，对户型设计以及日照设计都有涉猎，学到很多以前没有接触到的知识。

项目二

项目名称：北京城建设计研究总院的办公楼竞赛

项目介绍：该项目位于北京二环车公庄地铁站附近，地理位置优越。由于地铁管道的原因，部分改造，部分重建。附近有两栋建筑都是近几年建成的，北面是北京交通管理局，对面是国家电网，建筑的造型立面都很现代。

参与工作：方案构思　构建模型　文本制作

实习感受：对于办公室的设计，个人认为应该有以下几点想法：

对于办公室的设计，应该有以下几点想法：

第一，绿色环保是现代建筑的一个重要的主题，近几年的绿色建筑越来越多，可以将绿色建筑引入办公楼的设计当中来；

第二，对于办公室更新的理念就是办公环境的提升。作为建筑来说，建筑里的人无疑是最重要的，建筑的中心是人，建筑的最终目是满足人们的使用要求，更新办公方式是建筑师应该研究的问题，如何利用建筑的手段改造办公环境可以作为设计切入点。

第三，经过一段时间的实践，对工作流程以及工作环境有了一定的了解，设计起来更加得心应手，参加设计院的竞赛方案设计，在设计之初，认真思考、仔细研究设计办公建筑应该注意的问题，这无疑也是实习的一大收获。

设计不是一种技能，而是捕捉事物本质的感觉能力和洞察能力，生活本身，是设计的起源地；设计归根结底是对生活的发言。他们要设计一个以设计为引领的，国际化科技工程公司的办公楼。(图4-3) 是经过分析得出的总平面图。

设计团队清楚地知道要向公众展示什么，要给城市核心区贡献什么，要给身处其中的人们提供什么，要选择自己的设计态度。以工业设计的态度：理性、精准、人文关怀。

在设计之初思考的问题如下：

功能的理性： 开敞空间如何营造？

核心筒的位置？

结构柱的布置

新旧建筑整体设计功能

空间

立面的有机结合

创新点： 结构、机电与建筑整体

设计，

而非仅仅空间形态

绿色建筑不是后贴的标

签，从第一张草图开始

什么样的容器，可以让

创意飞扬

可以为这座城市和城市

里的人贡献什么

工艺精准： 新材料的应用

不同材料的衔接

细部节点的处理

绿色建筑以被动式节能为

主与形体、空间、立面的

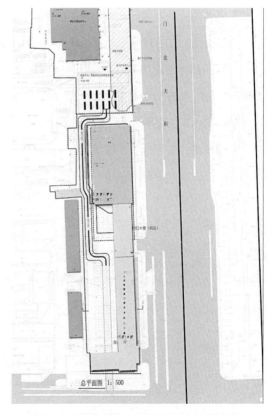

图4-3 北京城建设计研究总院的办公楼平面

结合一次性投入与长期运营成本分析

材料的创新点：以材料和建造工艺体现品质，不是"炫"造型。

人文关怀：重点空间营造设计工作室、工程实验室、中国轨道交通博物馆、创意工房开敞空间、街道界面、景观营造、夜景照明。

用地位置：项目紧邻西二环辅路，南侧为百万庄大街，北侧为交管局高层办公楼，西侧为多层教学楼和多层住宅。

交通因素：二环辅路设有公交停靠站，车站南侧为现状主出入口，二环辅路在交通高峰期交通压力巨大，不允许过多车辆占用市政道路停车等待。

周边建筑：周边建筑密集，西侧住宅和教学楼日照要求高，北侧交管局办公楼贴临本项目用地且开设大面积外窗，消防问题须着重处理。

市政限制：地下有较多市政和人防设施，严格控制了地下建筑的可用空间范围。

城市景观：本项目用地狭长，紧邻二环路，较大的体量对城市空间有重要影响。

优势：　用地紧邻西二环辅路，交通方便，北侧、东侧均为高层办公写字楼，为城市重要的交通与景观节点，是北京市金融街的北入口。（图4-4）

劣势：　用地西侧为多层老旧住宅楼和多层教学楼，项目在设计中要综合考虑对西侧建筑群的日照、噪声等方面的影响。

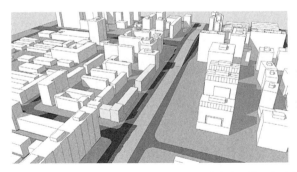

图4-4　北京城建设计研究总院的办公楼效果

办公楼建筑外观，简洁明快线条流畅。

设计将形式、质感、色彩、光与影等各种元素汇集在一起。创造性地表达空间的品质和精神，解决客户的功能需求。放弃多余的装饰和材料堆砌，追求现代明快的办公空间，着重展现建筑空间美，结构美，力求完美等展现室内空间与建筑空间的统一。

由于受到地形和周围环境的限制较多，所以对于办公楼的设计需要考虑的方面也很多，该生在跟进这个项目的过程中能够主动思考利弊关系，真正进入了实际操作项目方案的角色。

项目三

项目名称： 城建集团办公楼设计

项目介绍： 地段处于北京二、三环的位置，拥有大量的绿化，并且建筑场地没有城建总院办公楼那么紧张。相对来说，是比较好的办公环境。魏公村62号院可建设用地约14900m²，拆除锅炉房外其他建筑。建设办公大楼，限高60m，容积率3.5，地下3万m²考虑500辆小汽车停放（图4-5）。

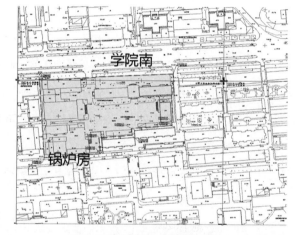

图4-5 城建集团办公楼设计地段图

参与工作： 方案设计 模型绘制

实习感受： 从建筑布局、形体组合、内部空间等方面入手，外在协调城市空间界面，内在实现高品质办公环境。通过分析场地条件，以及对现代办公建筑体形空间的比较，提出适宜的设计理念（图4-6）。

需要注意的问题：

满足退线要求。

对学校、住宅日照遮挡（大寒日2小时或者冬至日1小时）。

该设计有良好的自然采光、通风条件，摒弃黑房间紧凑的标准层平面形式，有较大的垂直

图4-6 城建集团办公楼设计体块图

共享空间。 同时还有退台屋顶，上面设有太阳能，屋顶绿化。入口门厅的大堂宽敞气派，舒适宜人的四季厅体量完整，连接性好，向外形成连续界面，向内围合成院落。高效率的使用空间。这是一个生态的栖息地，谦逊的新地标，谦逊的出现，与周边建筑留出合理日照与消防间距，底层架空，为城市留出柔和界面，多层建筑面对街区，避免大体量形成压抑感，典雅规则的形体，传承街区的肌理。

办公室的净高满足：标准层，层高3900（经济，满足A级要求），地下3层，每层10000平方米。根据60m高度，以及体量，选择最佳柱跨8.4m。平面方格与立体建筑，全方位、多元化，大型综合建筑企业集团，城市规划建筑构架的象征，组织有方、体块有序、机制灵活。

地上建筑面积：52150m^2（含锅炉房）

地下建筑面积：30000m^2

停车指标：65辆/万m^2

地下620辆

地上60辆

高层建筑的形式不断创新，建筑高度的记录不断翻新，空间构成也有如细胞分裂般地发生着变化，从而导致综合体高层建筑设计理念也发生了重大的变革。当然，建筑空间构成模式的变化也并非一朝一夕之事，它像人类的进化一般需要一个矛盾与解决矛盾的进程，而且在相当长的一段时间内，仍然会保留着几种模式并存的现状。这个方案的建模水平很好很强，空间体块关系推敲的也很熟练。

◎ 学生2：李忠敏

设计院介绍： 中国建筑设计研究院是2000年4月由原建设部四家直属的建设部设计院、中国建筑技术研究院、中国市政工程华北设计研究院和建设部城市建设研究院组建的大型骨干科技型中央企业。主营业务范围涵盖前期咨询、规划、设计、工程管理、工程监理、工程总承包、专业承包、环评和节能评价等固定资产投资活动全过程。

代表工程： 国典大厦、武警指挥学院、淄博市财政局办公楼、北京外国语大学综合体育馆、国家体育场、中国残疾人体育综合训练基地、奥林匹克公园中心区下沉庭院中国传统元素景观设计（三号院）、中国人民大学多功能体育馆

实习时间： 2013年3月1日～5月1日

实习参与项目

项目一

项目名称： 顺义新城马坡核心区城市设计

项目介绍： 通过城市设计的方法，打造新城市新生活的北京RSD国际生态商务游憩区，在经济全球化背景下，建设有中国特色"世界城市"经济以及文化领域具有全球影响力的城市(图4-7)。

参与工作： 通过手工模型推敲形体，建模，文本制作。

实习感受：

该生首先通过模型去推敲建筑单体形态，之后建su模型，核对容积率，再对其整个空间形态进行调整，给甲方汇报，突出表现景观形态等等，考虑到甲方最大利益，在最有冲击力而又不冲突的情况下去完成设计。

如何塑造一种半开放式的街区空间布局，使不同的功能组团有机地整合在一起，将设计形成由地标建筑统领，错落有致的滨水天际线，营造成丰富而立体的滨水景观（如图4-7），最大化的展示城市中心形象。关乎城市尺度，城市密度等等。通过这个设计，得出城市设计是要从人的角度出发，更多地强调公共空间的品质的思考：以城市街道空间为基本元素，不断地引导土地的开发才能形成有活力、秩序和特色的城市空间；改进人们的生存空间的环境质量和生活质量，相对城市规划而言，城市设计比较偏向空间艺术和人的知觉心理；不同的社会背景、

图4-7　顺义新城马坡核心区城市设计

地域文化传统和时空条件会有不同的城市设计途径和方法。

通过这个项目使他了解设计应该具有非常敏锐的眼光，要知道某块地的建筑需要一个在外在形体、内部空间、周围环境统一的完整方案，同时也发现了原有专业知识的欠缺。总结几点：

• 知识储备量不够，作为建筑系的学生不仅应该掌握建筑方面的知识，更应该了解一定的规划，景观方面的知识，以及这些设计原理和人之间的关系。

• 应该更多的与业主接触交流，了解业主所需的基础上进行更好的设计。

• 刚来报到时，遇到很多新的面孔，由于和他们未熟悉，你可能不敢和他们说太多的话，而且对工作未曾了解，开始觉得不太适应。慢慢发现，只要真诚待人，虚心请教同事，他们也很乐意交流，还教会一些技术。深感真诚的重要性，在公司里不但要学会如何做事，而且要学会如何做人。

项目二

项目名称：山东德州唐人中心设计

项目介绍：项目位于山东省德州市，属于建筑设计后期。

参与工作：平面与立面部分施工图绘制

实习感受：

这个项目主要是参与建筑设计后期工作，部分施工图的绘制（图4-8）以及各部分造型的微改。由于之前一直接触城市设计，根据实习要求要有一定的施工图设计内容，所以他通过请求分配到施工图项目，也正因为这样，体会到了施工图的严谨制图。

刚开始他的任务就是画立面，还有参考之前一栋楼画剖面，画施工图真的可以算是一种高

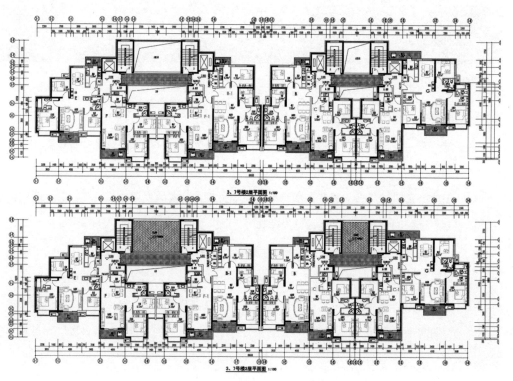

图4-8　山东德州唐人中心

强度的体力加脑力劳动。虽然有一定的套路可言，不需要方案设计的创造力，但是在很多细节的处理上都非常需要经验的积累，以及怎么能快速的方法让作图更快，而且还要保持高度的清醒和耐性。在施工图的锻炼中学会了严谨的制图和程序化、条理化的思考方式。利用此次难得的机会，严格要求自己，虚心向领导和指导建筑师求教，认真学习各种建筑理论知识，利用空余时间去学习一些课本内容以外的相关知识，掌握了一些基本的建筑理论，尤其是构造方面的知识。进一步巩固在校所学到的知识，能为真正走上工作岗位打下基础。

项目三

项目名称： 山东文登办公楼设计

项目介绍： 项目位于山东省文登市。有两个类似地块一起设计 项目一，用地面积18343m²，建筑面积42680m²。项目二，用地面积18115m²，总建筑面积46900m²。

参与工作： 方案的初步设计

实习感受：

此地块左侧为引导性连续界面，右侧为控制性连续界面。要求退线4m，裙房檐口16～30m，严格的界面控制，使得整个空间有着强烈的识别性和商业氛围，同时具有较强的导向性该区域有较大面积的楔形绿地引入，(图4-9)建筑界面也是围合绿地的边界，塔楼在退线的基础上适当后退。

此处办公楼左侧为行政中心，地块为优质办公和配套底商。要求在公寓区、商业区夜间活

图4-9 山东文登办公楼设计

跃度也很高所以设计时要尽量有商业气氛。规划建筑面积3万m²，用地面积18000m²，占地面积30000m²，容积率1.8，属于初步设计。

最初他认为这个设计比之前那个设计容易多了，因为和之前在学校接触的项目的设计要点差不多。一样按任务书设计，一样可以无所顾忌地想。但是随着几天的设计发现。不要因为是初步设计只是要给甲方看一个意向，就可以不用做得那么精细，意向不精细不代表就可以潦草。建模型的快捷，缝与缝之间的不精细，效果图的角度，整体给人的感觉。多大的墙面多大的虚实关系才能看起来舒服，梁多少窗间距多少，玻璃的分隔等等，如何符合美学特征。总平的设计怎样做到可达性，广场怎么布置。通过这次方案设计使得进一步了解了建筑的深刻内涵，从书面的理论水平上升到与实际结合的新的高度，同时，对具体设计流程，平面图，立面图，剖面图以及效果图的要求都有了更深层的体会，空间概念也逐渐明晰，对未来就业方向有了新的定位，相信这段实习经历对于他未来的建筑设计生涯意义深远。

◆ 大师事务所

◎ 学生1：张梦窈

实习地点：孟建民建筑研究所——创作中心

创作中心简介：孟建民建筑研究所，由孟建民大师创立及领衔，隶属于深圳市建筑设计研究总院有限公司，为总院的主要创作团队。研究所由众多对建筑充满热情的青年人组成，我们追求建筑创作的文化性、时代性和原创性，是一个坚持学术研究的实践性建筑设计团队。由2002年（原孟建民工作室）成立至今，已发展成为近80人的建筑研究所，参与重大工程项目300余项，拥有多样化的项目经验，包括文化、办公、医疗、交通、体育、商业及城市设计等，其中获中国建筑学会建筑创作大奖、中国建筑学会优秀创作奖、全国优秀工程勘察设计奖、全国工程勘察设计行业优秀工程奖、建设部优秀设计奖、广东省优秀工程勘察设计奖、广东省优秀创作奖等国家、部委及省级以上优秀设计大奖30余项。 建筑创作中心是一个坚持创作实践与学术研究的团队，是孟大师的主要实践创作平台，以医疗建筑、城市综合体、行政办公、度假酒店、超高层建筑为五大研究方向。另配有专门的行政、运营、技术部门支撑团队发展。随着大量项目的建成，团队正逐步由方案创作团队成长为建筑全过程设计团队。

建筑创作中心侧重于公共建筑的方案创作与实践领域，关注学术发展动态，坚持原创与探索。创作模式遵循开放、平等、尊重、包容的理念，关注每一位成员的学习与成长。同时，合伙建筑师制的使用，也确保了公平的薪酬与福利。

代表工程： 莲塘口岸工程设计，湖南日报传媒中心，港珠澳大桥珠海口岸，中国建设银行股份有限公司合肥生产基地，北川抗震园，南京大屠杀遇难同胞纪念馆扩建，合肥规划馆、博物馆，深圳基督教堂，渡江战役纪念馆，深圳当代艺术馆与城市规划展览馆，中国园林博物馆，深圳市滨海医院等。

实习时间： 2012年2月~5月

实习参与项目

项目一

项目名称： 开封黄河溪地规划设计

项目介绍： 开封黄河溪地1#地块项目位于开封市老城区以北，复兴大道以南，黄河大街以东，交通便利，周边生活配套设施齐全。此地块还属于开封市的高教区，西侧有黄河水利技术学院、河南大学、二十七中新校区等，教育资源丰富。此项目用地较为方正，南北长约420米，东西宽约250米，用地面积103963平方米，总建筑面积323406.4平方米，共3264户，容积率2.8，建筑密度21%，地面机动车停车160辆，半地下及地下车库停车496辆。

参与工作： 绘制总图，设计并修改户型图，核算面积以及绘制表格

实习感受： 学生参与这个项目的过程中，不仅学会了总图的绘制，还参与修改创作户型图部分，核算面积指标等具体工作任务。设计中心所有的人都在搞原创设计，实习生也不例外。学生参与的第一项任务就是设计户型，在开间进深都限制的前提下，如何做出一个合理的户型，以前从未觉得困难的事一下子变得很难。接下来的一段时间里，学生和组员一起探讨户型，同时根据甲方的意见进行不断地调整，每天在一个个豆腐块里不停的画线，分割，布置，计算…… 同时学会了很多CAD命令和画图的方法。

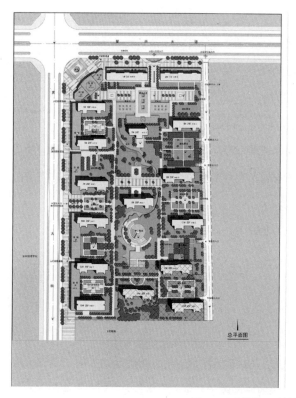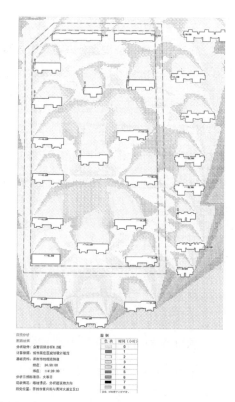

图4-10　开封黄河溪地规划设计

　　经过一段时间的设计以后，甲方和设计院召开了会议，不停的探讨着各种各样的问题，之后在不断的修改解决提出的问题。这个项目一直贯穿该生整个实习期间，从未停过，让人感觉很疲惫。但是当学生得知这个项目历时两年，经过五轮调整和修改，从心中很敬佩做这个项目的同事们，他们从不抱怨，从不喊累，总是以一个专业负责的态度做好每一件事。在他们身上学到了很多东西，相信对于以后的建筑师之路有很强的示范作用。

　　图中是开封黄河溪地规划设计和经过计算得出的日照时数（图4-10），住宅交错布局，自成组团，中心景观丰富。

　　项目二

　　项目名称： 安徽医科大医疗集团东区建设工程项目方案设计

项目介绍：安徽医科大，它包括一个医院和一个学校。安徽医科大学医疗集团东区建设工程位于合肥市新站区陶冲湖区域，基地东侧、南侧分别为城市主干道铜陵北路与淮海大道，西侧为东淝河路，北侧为2玉皇山路，地势平坦交通便利。项目规划用地226,554m²，规划总建筑面积321,000m²，其中综合医院建筑面积219,700m²，教学科研区建筑面积101,300m²（图4-11）。

参与工作：深化和调整教学科研区平面 报建文本制作

实习感受：有时候画一个剖面，要去想空间感受，可以让平面功能更准确的定位。很重要的一点是做设计一定要根基牢固，基础知识在做方案和深化图纸的时候都在潜移默化地影响着你们的判断。例如在深化平面的过程中就总会遇到问题不是制图，而是功能布局上。比如在设计这个项目的学校食堂的厨房，会堂，还有一些管理用房，以及一些流线问题的时候，用主观设计去限制人流的方向，便于学校管理，还有防烟楼梯间的布置以及疏散距离等等都要满足规范。这个学校里有会堂，综合商业楼，图书馆，主教学楼，实验培训楼，宿舍，食堂，澡堂，一遍遍的修改图纸，追求更合理的布局。

在做文本期间，起初他不停的画图，压力很大，怕拖别人的后腿，后来放平心态，认真细致地完成每一件事，发现不懂的就及时跟同事沟通确认，才渐渐熟练。等学校平面确定下

图4-11 安徽医科大医疗集团东区建设工程项目方案设计

来之后，同单位的其他人员做医疗区的平面细化，对医院的流线有了初步的了解。后来一直跟参与做文本，画PS图、功能分析、流线分析，完善文本。在这个项目临近尾声的时候，设计单位组成了中心直属的医疗研究工作室，进行医疗建筑设计的专题研究。这项研究对于单位的每个人来说都不容易，医院的功能极其复杂，特别是流线怎样才能做到快捷有效而且不交叉，是非常值得推敲的一项工作。

通过这次安医大的项目，她总结出最大的不足就是造型方面，立面造型是医院建筑的一大难题。关于文本制作的方方面面都值得认真仔细地琢，对于以后参与其他方案的文本制作有极大的帮助。

项目三

项目名称： 山东济南舜兴东方施工图设计

项目介绍： 舜兴东方占地75亩，总建面约11万m²，规划为6幢全薄板高层（共620户），南侧四栋为17层，北侧两栋为26层，户型面积从96～300m²不等。容积率为2.2，绿化率为40％。围合式布局形成院落居所，达到较好的采光和通风要求，既体现私密的居住氛围，又扩大了社区景观园林面积，达到户户纳景的视觉体验。社区完全实现人车分流，能够最大限度保证业主的步行安全和居住的私密性。

舜兴东方的建筑立面采用经典ART-DECO建筑艺术风格，ART-DECO建筑风格强调建筑物的高耸、挺拔，给人以拔地而起、傲然屹立的非凡气势。是国际地标建筑通用的立面表现形式（图4-12）。

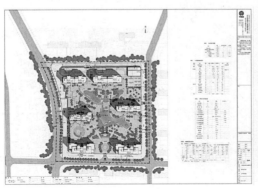

图4-12　山东济南舜兴东方住宅规划设计

参与工作：平面图 墙身大样图

实习感受：对于创作中心而言，以作方案为主，深度最多也就到扩初阶段就可以交给深圳总院进行施工图部分。为了完成学校实习要求，争取到参与这个项目部分施工图的设计，她在学校期间参与的施工图设计由于不是实际项目，所学有限，在实际工程中对平面图以及墙身大样图的设计后才知道它涵盖了许多复杂的细节，由于甲方要求十分严格，虽然项目已经进行到施工阶段，但是仍要求画出墙身大样图，以确定在施工过程中不会走样，这是从方案到施工达到统一的一种方法。对于这个东西，由于她第一次接触，也不知道要画到一个怎样的深度，经过同事的帮助，找了一组已经画好的图——向学生讲解。首先，必须从立面上和平面上来找出墙体的不同，根据窗户的样式，飘窗，落地窗，阳台，卫生间厨房窗，楼梯间以及窗台的高低来确定，并在立面和平面上标出这些不同。然后像画剖面那样对应着——把墙身画出来。开始画确实有点不太习惯，需要把材质也都标出来。

参与这个过程，她更加明白了构造细节，注意以前都不曾注意过的东西，格外谨慎地绘制。由于知道这些图是要直接发给甲方看的，所以她一遍又一遍的检查，确保错误最少，最后要把特殊的位置例如一楼的进户门，二楼的装饰柱，顶层的玻璃幕，女儿墙等都标记出来，这样后期画施工图时，就一目了然。

◎ 学生2：庄弘毅

实习地点：非常建筑事务所

非常建筑事务所介绍：非常建筑事务所于1993年由张永和与鲁力佳在北京创立，现已发展成国际知名、中国领先的建筑设计事务所，并以其优异的设计作品在建筑、艺术领域产生广泛的影响，包括获得各种重要奖项、出版发表和展览等。它在国内外多个地区完成了一系列建筑设计作品，显示出了丰富的经验、专业的素质和独特的创造力。

代表工程：山语间、二分宅

实习时间：2013年2月19日～6月19日

实习参与项目

项目一

项目名称：复旦青浦高中

项目介绍：这个项目位于上海青浦区，是复旦大学的附属中学。学校分为初中部，高中部和国际部，三个部分的宿舍分别位于三个区域，相近的区域通过连廊相连接，学生可以不出室外直接到达教室等部分。

参与工作：剧场方案设计，模型制作，图纸绘制

实习感受：四个月的实习期间里，他在张永和这里实习最大的体会是这里对方案要求的十分精细，几乎每个节点都要用模型去推敲。在材料的选择上，选用了水刷石材料，这个材料不仅耐脏，还有很好的耐久性。

他深感在学校学习时，虽然每个方案几乎都会通过模型推敲，但是精细程度远远没有达到在非常建筑的要求，模型的做工要求很精细，误差要很小，这使得他在一开始的时候十分不适应，总是做不好。在同事的帮助下，逐渐的掌握了模型制作的技巧，做模型的速度和精度都明显的提高。

这个方案很有特色，像是一个城市的概念。方形的城市围合形成了周围一圈的教室，中轴线上实综合的辅助空间，有剧场，办公楼，图书馆。寝室部分分了四个区，使学生可以就近的进入所在的教室。(如图4-13) 尽管这种创新的理念会遭到甲方的质疑，但是张永和老师在与甲方的交流中，拥有充分的话语权，甲方一再的妥协。当然，在一些不影响大的建筑逻辑的地方，团队也为甲方省下了不少钱，其实每一个好的方案都是相互妥协的结果。

项目二

项目名称：锦溪酒店

项目介绍：锦溪酒店是一个集餐饮、娱乐、美容美体于一体的综合设计。

参与工作：模型制作

实习感受：锦溪酒店设计风格独特，

图4-13 复旦青浦高中规划设计图

置身其中，让你仿佛回到了江南水乡（图4-14）。对于一些细节的把握，通过实体模型是最直观的方式，模型可以把很多细节体现出来。在这个项目中，他及其所在的团队为了研究泳池部分的结构，做了一个1:100的精细模型。一个是上反梁结构，一个是正常的梁。通过模型比较，最终选择了上反梁的方案。在模型的制作中，还有一个感受，一定要做一个准确比例的参照物，这样的空间感受会更加直接。

图4-14　锦溪酒店设计

运用制作模型的方式进行创作设计，不同于其他手绘或是电脑绘制，模型制作相对更直观，空间感更加强烈。不仅使得推敲形体和空间更加随意，也让甲方直观地了解设计意图。

◆ 私有设计院

◎ 学生1：刘子源

实习地点：上海华东发展城建设计有限公司介绍

设计公司介绍：上海华东发展城建设计有限公司是中国基础设施建设与城镇发展领域的综合性设计企业，基于对中国市场的深刻理解，致力于建设一条完整的产业链，为城镇的各类开发建设项目提供整体解决方案，贯穿咨询、研发、规划、设计及管理。以节能环保、功能集约、文化传承为核心理念，通过对新材料、新能源、新技术的深入研究，对传统建筑设计方式不断创新，以技术平台为核心，提供新型设计咨询和项目管理的一站式服务。

代表工程：华东政法大学松江校区、复旦大学新江湾城校区、天津中医药大学新校区、天津南开中学、华润置地盐城橡树湾、上海紫竹半岛、紫都上海晶园、苏州吴中文化广场、天津国际医学城、国家电力南方培训中心、东方九华索菲特大酒店。

实习时间：2011年2月28日～5月28日

实习参与项目

项目名称： 华润住宅产品线

项目介绍： 住宅产品线是开始从咨询阶段、设计阶段、施工阶段销售阶段，直到售后服务整个生命周期的项目（表4-1）。

户型设计价值关注点　　　　　　　　　表4-1

客户定位	城市高端置业上层家庭		品质追求成熟家庭	居住改善成长家庭
产品线类型	悦府系列T系列（Top）	九里系列V系列（Villa）	橡树湾系列H系列（High-class）	国际社区系列C系列（Class）
土地属性	城市核心区	城市远郊区	城市边缘区	
户型功能区 — 主卧朝向面宽面积	朝南，朝向景观。面宽4.5m～5.5m，面积18m²～25m² 设八角窗，步入式多功能双衣帽间带鞋柜、墙体预留保险箱位置	朝南，朝向景观。面宽4.5～5.5m，面积18～25m²	朝南，面宽3.5～3.9m，面积15～20m² TH、叠T、洋房同V系列	朝南，面宽3.3～3.6m² 面积13～15m² TH、叠了、洋房同V系列
客厅朝向面宽面积	朝南，面向景观 客餐厅横置，面宽7m以上，面积40m²以上	朝南，270度近全景。客厅面宽4.8m以上，面积45m²以上。客厅与餐厅错层设计。客厅与餐厅挑空	朝南，面宽4.2～4.8m，面积14～25m² TH、叠T、洋房同V系列	朝南，面宽3.9～4.5m，面积13～20m² TH、叠T、洋房同V系列
玄关				
卫生间	双卫，面积6m²以上 主卫设双台盆，淋浴房，妇洗器	主卫超大景观卫生间，如20m²以上，270度景观面	高层三室及以上为双卫 面积3.5～5m²，洋房同特色高端 TH、叠T、洋房同V系列	高层三室及以上为双卫 面积3.5～5m² TH、叠T、洋房同V系列
厨房	中式和西式厨房10m²以上	中式和西式厨房10m²以上	高层厨房面积5～7m²洋房同特色高端	高层厨房面积5～7m 洋房同特色高端
礼仪空间	设礼仪厅；10m²玄关	设礼仪厅，双玄关入户	高层独立玄关，洋房入户花园	独立玄关 洋房同特色高端
弹性空间	全套房设计	下沉庭院、地下室、入户花园、超大露台	景观阳台、空中花园、入户花园、超大露台洋房同特色高端	景观阳台、空中花园洋房同特色高端
收纳系统	独立储藏室，5m²以上	独立储藏室，10m²以上	独立储藏室，2m²以上洋房同特色高端	独立储藏室，2m²以上洋房同特色高端
入户空间	独立电梯厅		洋房设入户花园	洋房设入户花园

参与工作：住宅产品各平面设计部分、住宅各部分资料收集整理、PPT制作。

实习感受： 住宅产品线研发项目是给华润置地公司做的，她负责的是其中两栋住宅的研发工作。而住宅产品线是开始从咨询阶段、设计阶段、施工阶段销售阶段，直到售后服务整个生命周期的项目。该生主要做设计阶段的工作，前后两个阶段都有所参与。

这个项目所研发的内容包括：前期的市场调研和收集资料；在工程设计阶段包括：编制每一条产品线的技术标准，包括规划、建筑、形象设计、精装修、景观等在内的产品配置标准、产品线的建造标准等；编制产品线的产品原型设计文件，覆盖产品线建筑模块的方案设计、扩初设计、施工图设计等全过程；指定产品线产品的建造成本及产品交付的标准；针对不同风格、不同售价及成本标准的产品线制定企业各部门工作手册，包括城市选择、项目选择、客户选择、项目开发管理模式等；依照技术标准和开发操作标准实施产品线的复制、连锁开发，同时定期调整升级产品线的产品配置标准等；根据市场的变化、产品线在实施过程中的问题反馈对产品进行技术调整，通过版本的升级实现产品乃至整个产品线的不断完善。

与建筑本体有关的工作就是由研发部里建筑学专业的工作人员来做。该生在项目中做了前期精品库的收集、调研，五条产品线中两条的户型产品优化，初步扩初。（图4-15）刚来到这个部门时，她并不明白收集这些精品的意义，以为画图才是建筑师的职责，后来知道研发并不是一个能迅速见到工作成效的职业，但是它所带来的意义却是领先于其他部门的，而且在此工作能够覆盖整个建筑生命周期的全过程，并且其培养出来的人才是全面的，不仅仅是能画图而已。

研发户型并不简单，需要了解每个户型适合的居住人群，住户普遍存在的价值观，普遍的心理需求和审美需求。搜集到一线地产有关产品线的一些研究，发现这是一种充满思想有条理的探究性工作。而且经过深思熟虑的户型，都有经典之处，无论从设计者角度还是消费者角度还是从开发商角度，这种户型都是共赢的。把每一种户型拓展，户型的房间分布不变，面积上升等级，从紧凑型做到舒适型再到豪华型。当户型基本确定下来后，再确定一些结构、给排水等问题。

该生在研发的过程中经常和总师办的前辈、同事、甲方共同交流，学到很多东西。比如高层住宅的进深不能太窄，会失去稳定性；管道通常为三立管，不扭曲的管道设置能够避免漏水，

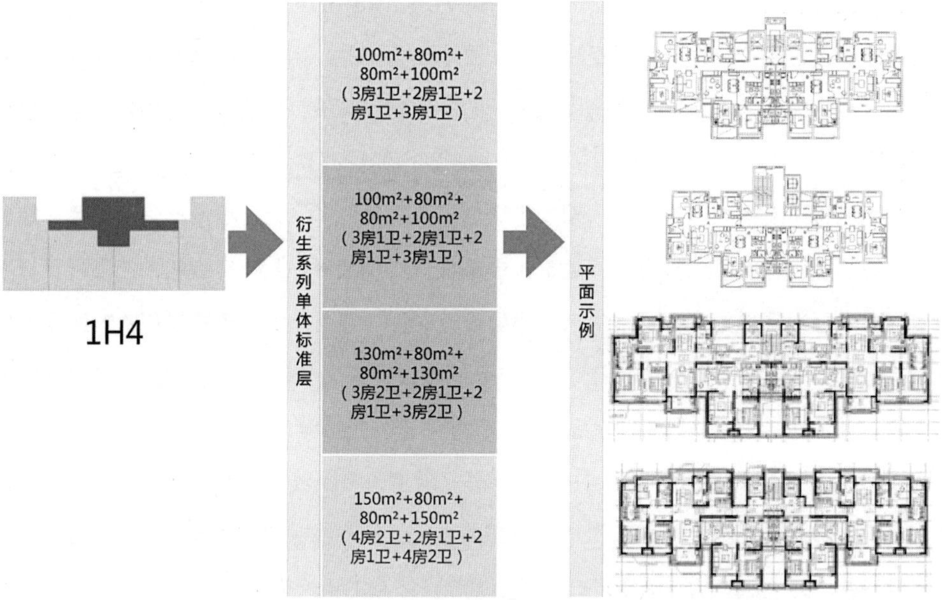

图4-15　户型衍生过程与产品线

卫生间和厨房的管道很重要；消火栓放在前室，但尽量不要影响墙面的整齐，等等这些细小但是很重要的部分。最后，把整套图导入户型库里，等待调用（图4-16）。

有种说法是"实习生就是救火员，哪里需要哪里用"，这对实习生是个优势，使你们能够快速地接触到多种方案及多个工作伙伴。

◎ 学生2：荆一聪

实习地点：上海华东发展城建设计有限公司

实习时间：2011年2月28日～5月28日

项目名称：华润盐城橡树湾项目临时售楼处

项目介绍：该临时售楼处在项目先期承担宣传、接待、客户登记等任务。它采用四个集装箱拼接而成。待园区会所建好后，售楼处将搬至会所内。而后临时售楼处将会拆除，材料可移至其他项目进行组装再利用。集装箱的尺寸如表4-2：

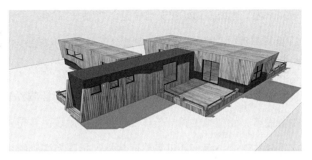

图4-16 临时售楼处平面与透视

集装箱尺寸　　　　　　　　　　表4-2

40′HC集装箱-40′GP(9′6″)			
度量单位	内径	外径	箱门
长度	12.03m	12.19m	
宽度	2.35m	2.44m	2.34m
高度	2.69m	2.90m	2.58m
	容积	有效荷载	皮重
	76.3cbm	26.950kg	3.730kg

参与工作：立面造型设计、初步设计图纸、方案模型

实习感受：

该生在实习之初一直没有明确的工作，一直做一些很杂很琐碎的工作。如总平面图种树、住宅面积统计等，由于不断的坚持终于迎来了机会。

之前售楼处已经做过三轮方案了，甲方都不满意。而且本来采用集装箱就是出于成本和工期的考虑，因此要求算上喷漆所有材质加一起不能超过三种。

平面、立面、剖面加上准确的SU模型，开始弄了整整一天。直到晚上11点多才发给负责人。（图4-16）这个图纸虽然是初步设计深度的，但是甲方要拿这个指导施工。因为是集装箱做的，节点只能由甲方自己搞定。不正式出图，也不盖章，但毕竟是第一份设计，他很珍惜，非常认真地做每一步，甚至尺寸标注的对齐标准、图框位置等也仔细考虑，包括雨水管的位置都希望尽量完美，希望他的第一份作品能够很好地表达并得到认可。结果最终赢得甲方的赞誉，甲方非常喜欢这个方案，并打算临时售楼处拆除后到别的地方去重建，会在很多项目里复制，这个方案变成了一个代表作（图4-17）。

实习的开始也许一直不被重视，一直在打杂。但是你的心中要有信念，时刻记住你是来学知识的，机遇总是会降临到有准备人手中，该生就是一个鲜明的例子，在不断的坚持与努力之下，在汗水和辛苦后终于换来了人生第一个设计作品，值得肯定和推荐。

◎ 学生3：向卫

实习地点：重庆卓创国际工程设计有限公司

设计公司介绍：卓创国际工程设计有限公司是一个具有国际化背景并经国家建设部批准的甲级建筑设计机构,具有独立的法人资格，是一家具有从事民用、工业建筑工程设计及相应的工程咨询甲级资质的设计机构。在中国大陆已设置上海、西安、深圳、昆明、太原等分支机构。公司在城市规划、城市设计、城市综合体、办公建筑、商业建筑、居住区规划与设计等众多建筑专业领域取得了卓越的成绩。与美国STANTEC建筑师事务所建立了紧密合作关系，引进国际职业化建筑师事务所的设计与管理经验，公司现已拥有高素质的各类专业设计人员600余人，为重庆市最大的民营设计机构。

代表工程：安踏运营中心、长寿百年广场

实习时间：2012年2月1日~2012年7月15日

实习参与项目

项目一

项目名称：重庆巴蜀中学校区改造

图4-17 临时售楼处建成图

项目介绍： 目前学校格局为一校四区：黄花园本部校区、鲁能巴蜀中学校区、金科巴蜀中学校区、龙湖巴蜀学校校区，总占地340亩，总建筑面积255601平方米，是全国中学办学规模最大的中学之一。巴蜀中学黄花园本部，位于宏伟壮观的黄花园大桥旁边，背靠枇杷山麓，面对浩荡嘉陵江，江山环抱、绿树成荫、芳草萋萋、花香四季。

此次校区改造主要为巴蜀中学本部校区的立面。包含逸夫教学楼、图书馆、公寓、礼堂等共9栋楼。

参与工作： 设计过程中，该生参与其中并且独立设计了公寓、图书馆、大门等项目，对古典风格建筑的把握和建筑美感的掌握有了逐步的提高。

实习感受：

校区原有建筑分布图（图4-18），要对校区进行改造设计，公司安排一位老员工和该生配合做重庆巴蜀中学11栋建筑的外立面改造，这让人很兴奋，毕竟巴蜀中学是重庆最著名的学府之一，能在此留下建筑手笔是很多设计师梦寐以求的事情。

校方将此逸夫教学楼作为参与竞标的改造楼，在多次的修改之后，他们以绝对的优势击败了其余3家大型设计院(图4-19)。

第六教学楼

逸夫教学楼

校区大门

学生公寓楼

图书馆

图4-18　重庆巴蜀中学校区原有建筑分布图

逸夫樓原貌：③

運動場上透視

校園路上透視

屋頂內部透視

走廊內部透視

逸夫教學樓改造（中標樓）：
校方將此逸夫教學樓作為參與競標的改造樓，在無數次的修改之後，我們以絕對的優勢擊敗了其餘3家大型設計院。
我們的主題是"傳承歷史，面向未來"，放棄了規中規矩的手法，大膽將古典歐式元素與現代建築手法融合，制造出別具一格的學府風格。此樓中，新古典三段式結合精緻的柱子及鐘塔，還有干掛石材的運用，都顯現出濃郁的學府氣息。

图4-19　中标逸夫楼 改造前后对比

　　设计的主题是"传承历史，面向未来"，放弃了中规中矩的手法，大胆将古典欧式元素与现代建筑手法融合，制造出别具一格的学府风格。此楼中，新古典三段式结合精致的柱子及钟塔，还有干挂石材的运用，都显现出浓郁的学府气息。

　　中标后着手11栋楼的全面设计，为了统一校园风貌，在不同的建筑上采用了各类相同的元素，基调定为新古典风格。这个项目，该生有幸的能基本全程参与，从接到要求实地考察开始，参与做投标，与甲方沟通交流，到最终中标后每栋楼的细节设计。从学校每栋建筑尘封的图纸的描绘，到带着自己独立思想着手设计，再跟校方领导商讨交流。由于工期很急，整个设计采取的策略是边方案边施工图边施工，到实习结束离开时项目已经竣工两栋楼。

　　项目开头较为喜感，由于学校设计年代较远，电子版CAD已经找不到了，从规划局要到只有每栋建筑的图纸，需要一栋一栋地描图。这是个体力活，终于在一周之后，他们带着黑眼圈把全部图描完，设计才正式开始。所以说设计院有时的辛苦在于重复而又枯燥的劳动，但这也是我们成长路上一个必需的过程，也是一个成熟建筑师必须经历的路程。

由于其他建筑校方要求按照中标方案风格来，相同的元素拼起来就相对简单了。团队建筑师们也没过多的停留，基本节奏就是几天出一个模型，与校方确认签字，然后交予施工图组。这个地方重点说一下，有时候不走严格流程的项目，让甲方领导签字时一个比较保险的做法，不然以各位甲方丰富多彩的思维，等到施工图画完仍有推倒重新设计的可能。这也是算跟着有经验的人学到的一些应变方法。

项目中途花费精力最大的就是学校的大门设计。由于巴蜀中学是重庆百年名校，对于学校大门，老一辈的学校领导感情很深，一开始不让拆除重新设计。后来最终妥协，但说的话掷地有声，一定要有比原有大门更好的设计。在此期间做了很多方案，校方在多个方案对比后，比较中意的有两个：一是学生设计中间高两头低较为庄重的古典大门，二是胡工设计带一定弧线较为灵活的大门。经过研讨最终确定用胡工的方案，付出不一定有收获，但不付出一定没有收获，说的就是此吧。下面是学生和胡工的方案对比（图4-20）。

该生已经毕业回到重庆，工作中，每次路过巴蜀中学，远远看见一栋栋崭新的建筑旁人来人往。（图4-21）心中总会莫名的欣慰，只为曾经有机会参与其中而荣幸。每个人成长的意义不单单在于有多少成就而自豪，有时也会为曾经作为一个优秀集体的份子而荣幸。建筑师的成长又何尝不是呢！

图4-20　学生方案与胡工方案对比

图4-21　建成后实景

项目二

项目名称： 南宁金源小区会所设计

项目介绍： 此项目为某小区会所,地形为三角形区域。

参与工作： 参与立面的设计修改、平面的调整、平立剖等绘制

实习感受：

参与这个项目学生最大的收获就是了解如何去对古典元素的推敲与把握,以及如何去对建筑形体的初步掌控。

此会所要求有几点:第一,道路展示面尽可能的宽。第二,与地形要较好融合。第三,风格基调定位法式。

设计首先从地形入手,三角地段如何定位建筑与环境的关系是个设计难点,在过程中,项目组讨论了几种可能的形式,然后一一列出其好坏,一一推敲.最终确定了一个思维方向。项目位于城市道路转弯处,地形条件特殊,所以采用了尽可能延长建筑展示面,并将中庭景观引入建筑后院,与后面小区共享景观。

平面推敲就是一般的会所功能,不详细列数。此项目重点在于立面造型的处理,由于位于小区入口和城市道路旁,甲方要求立面造型一定要端庄大气又不失精致度。在项目中,了解并去揣摩有话语权的甲方想法与思维会让设计者们少走很多弯路。在跟着项目经理与甲方的多次交流

中,对这个项目逐步了解。确定了最终设计方案。

在法式风格基调下,大胆加入了较为现代的玻璃穹顶,并将建筑延伸入内部水系中,最终收到了意想不到的效果（图4-22）。

此会所项目历时近两个月,最终的效果甲方与项目组都较为满意的,所以说一个好的方案往往都是不停地调整出来的,并且一个好的项目往往也需要一个好的甲方。

从实际项目中学习到的往往是学校内所接触不到的,经过此项目,该生对立面设计的理解更深一层,建筑立面不是越复杂越好,一个好的立面效果第一步要学会的就是划分大体量,只有大的体量关系,比例尺度推敲正确了,接下来细化的东西才有意义。

南宁金源小区会所设计③

设计说明:

建筑平面结合地形,与环境和谐共生。功能分区明确,联系紧密。

立面上把现代的玻璃穹顶融入新古典风格,将古典欧式与现代风情完美结合。整体建筑业注重比例、线条与形体的推敲,石材干挂与涂料结合更显精致。

西立面图

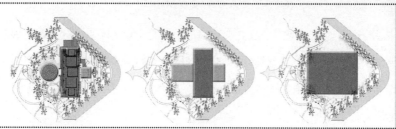

形体分析:

该项目地段处于公共道路转弯处,地理条件特殊,处理号建筑与环境的关系就显得尤为重要。

形体考虑中由正方形到两个交叉矩形再到以中间矩形为主两边为辅的思路过程,思想明确,用建筑来解释了与环境的和谐共生。

图4-22　南宁金源小区会所设计

（三）实习报告

实习结束以后，面临撰写并提交实习报告这个作业，这不仅仅是完成学校成果内容的所要求的，也是总结实习经历，整理实习收获，深化实践经验的必要过程。实习报告对于强化专业技能，提高思维与表达能力，有很重要的作用。

◆ 结构安排

实习报告通常由标题、正文、落款组成，正文部分再分为开头、主体、结尾，各个部分要分出层次，有逻辑脉络，各部分有过渡和照应，从而形成严谨、合理、可读的结构体系。

第一部分：以实习时间、地点、任务作为引子，或把几个月的实践感受、结果，用高度概括的语言概括出来以引出报告的内容。

第二部分：实习过程（实习内容、环节、做法）

• 将学校里学到的理论、方式方法运用到实际项目之中；

• 观察体验在学校没有接触的东西：他设计单位以怎样的方式、方法展开实际项目的设计，比如从工作中由什么样的问题，引发了你对某个职能部门的了解，再如何协调项目组成员之间的关系、分工。实习中的所见所闻，挑拣重要的或者典型的实例和过程加以总结和概括。

第三部分：实习体会、经验教训，今后努力的方向等。

可以以实习体会、经验为条目来结构全文。如在设计院实践中如何增强团队协作意识；如何根据自己的知识、能力挑战新工作；如何总结实习过程的收获心得等等。从实践中看到的缺陷：专业知识欠扎实；动手能力差等等，用这些，把如何实践的过程内容串起来，这样的报告相对来说可能需要较高的写作能力。

实习报告是在建筑设计单位经历了建筑师业务实践环节以后，针对实习内容、实习过程、实习结果以及实习体会所写的书面报告。它具有真实性、逻辑性、专业性和规范性的特点。要客观记录和总结实习过程和参与的实际项目，报告要有合适的文体和格式。内容翔实而具有可读性，结构严谨富有专业性。

◆ 写作要求

• 报告应该写自己的实习经历，可以参考别人的资料，但不能抄袭

• 文章开头应有内容摘要和主题词

• 语言要求简练，符合公务文书的要求。在第一段介绍了自己的实习时间地点和分配到的任务后，下面的文字尽量少出现人称，或者不用人称。

• 如有引用或从别处摘录的内容要表明出处。参考文献的标注方法一律采用文后注释，具体格式为：引文标题、作者、出处（刊物名称）、页码、发表日期或出版者、出版时间和版次。

• 去单位实习之前一定要先跟指导老师联系，相互留下联系方式。实习一段时间后，可以与指导教师联络提交报告的大纲，主要是明确报告的主要构架内容，经老师指导后再开始写作，最好在实习结束前10天将草稿交指导老师批改。老师认为合格后，誊抄在学院统一印制的实习报告本上。

• 实习结束回到学院后准备集中交流实习情况，并做好工作总结

写好实习报告要做好充分的准备，遵循写作规律，先拟定提纲，再定初稿，最后定稿。

报告要对实习内容进行深入的论述与分析，实习阶段所承担的主要工作、实施方案的技术措施与步骤、专业知识与技能的应用、对工作环境的适应、从中获得的体会与收获以及相关问题的探讨、合理的建议都可以在其中重点表述。

◆ 实习感悟

在实习报告的正文和结尾处简明扼要地对前面的论述的基础上，对相关的工作内容提出尚需探讨的问题，发表自己的言论，提出感受和观点，对实际情况和问题提出合理建议。

◎ 例文1

学生潘龙飞在半年的时间里分别选择上海和长春两个地方实习，下面是他所做的实习总结节选，以供参考：

长春和上海是两个风格不同的城市，但却同时是我都很喜欢的城市，上海的机会，刺激，繁华，流连忘返让人痴迷，像一颗美丽的钻石，各个面缤纷的光泽都吸引着年轻人。长春是我大学生活了五年的地方，从对它的陌生到熟悉，街道的走向和在这里认识到的无数朋友都是我今生最大的财富，虽说这里有很多地方还不及上海，但是在安心程度上，在人情味上，可能没有比这里更能让我怀念的地方。或许也正是因为这样的原因，我在上海的单位实习期满的时候回来这里，和熟悉的老师同事们一同度过剩下的几个月的时光。离开了一年又回到了长春，看看自己一年是不是真的有所长进了。

　　实习时间：2011.03.01～2011.08.20

　　实习地点：上海华东发展城建设计有限公司（2011.03.01～2011.06.01）

　　　　　　　长春市北方现代建筑设计有限公司（2011.06.10～2011.08.20）

　　参与项目：上海：广西政法管理干部学院新校区建筑单体投标

　　　　　　　华润徐州住宅项目

　　　　　　　杨浦高中教学楼工程

　　　　　　　新疆师范大学新校区项目

　　　　　长春：万科惠斯勒小镇住宅项目

　　　　　　　六合一方小区住宅项目

实习期间参与工作：建筑单体方案建模

　　　　　　　　　建筑单体方案设计

　　　　　　　　　扩初阶段扩初图绘制

　　　　　　　　　投标文本制作（平面填色，分析图制作，设计说明等）

　　　　　　　　　施工图绘制

　　　　　　　　　审图意见的回复及修改

　　　　　　　　　出图后期附属项目服务

　　实习概述：从三月份飞奔至上海，第一次离开家这么远，这么久，也注定着我会在这里有付出也有收获。上海的快节奏和高消费模式给我留下了深刻的印象，华建的大公司印象，接触的文教建筑，投标，高档小区施工图的作业让我在疲惫和紧张的体验中获得了许多珍贵的回报。六月之后在长春的实习期算是加强型的训练，巩固施工图工序，项目运作流程，半年的时间会改变一个人很多，收获的和付出成为正比了。

实习总结：实习总结我将整个实习过程划包括如下

实习地点的选择

实习目的概要

实习过程探索及问题

实习生活简述

实习期的选择

实习心态分析

实习阶段性提高及瓶颈

设计院实习的目的主要有三个方面。一是通过直接参与设计院的运作过程，学到了实践知识，同时进一步加深了对理论知识的理解，使理论与实践知识都有所提高，圆满地完成了本科教学的实践任务。二是提高了实际工作能力，为就业和将来的工作取得了一些宝贵的实践经验。三是为毕业论文积累了素材和资料。该生思路清晰，表述全面，有很好的逻辑思维能力。通过实习总结可以看出设计院实习对他来讲收获很大。

◎ 例文2

王技峰分别在大设计院、外企和小设计公司三个地方实习，感受颇深。

从2月17日到8月6日，5个半月的实习期结束了，在这期间，真的获得了太多太多，不光是技能，更多的是对自己的认识……

把自己的实习经历分成了3部分，戏称之为实习3部曲，一个大院，一个外企，一个小设计院，在前面大致讲述了在这3家公司所从事的事情……在这段时间里，所看到的和所接触到的去看待建筑学这个行业，甚至是怎么去看待生活，看待以后要走的路提供了一个非常广阔的视野。

实习印记1——在同济的日子

新年正月十三，在家里准备好了一切，早上8点准时从家里出发。从绍兴到上海，大概车开了2个多小时，路过同济的时候内心还是小激动了一下，毕竟接下去的日子要和这两个字时时联系在一起，虽然只是实习生，但还是为能在这个古老的校园里背起书包行走而感到向往……

在家安顿，和父母一起散步同济，熟悉周边，告别父母，充满期待地睡在新的家里……

慢慢的，实习正式开始了，魏所很亲切，给我们申请了实习费，每个月1000……

单位的电脑不够，我们用自己的笔记本开始画图。

接触大连的项目和一个连云港的项目，都是小区，我帮助王丹做连云港小区中幼儿园的设计，查一些当地的规范，根据他的要求也做了小区的规划，到指定的网站下载一些资料，虽然每天也总在做事，但还是觉得没有学到什么，所以每天晚上我都去学一点感兴趣的东西。

一如既往的看视频学习软件，主要是indesign。我还开始向魏所要活干，魏所可能也看出我总是闲在那里，派了一个很艰巨的任务，描图，就这样，接下去的10多天，几乎每天都趴在那里小角落里用很细的笔描那些密密麻麻的小区规划图，一开始还因为总算是开始有正儿八经的任务而感到高兴，但很快就觉得这工程太过浩大，每天就像是干重体力活似的累的腰酸背疼而且两眼昏花，还跟着司机一起去规划院拿着我的图去校对，在司机专门开去规划院的路上，望着窗外的高楼，还真有点在上海打拼的成就感……

就这样我收拾了自己内心不安的情绪，开始继续在同济熬下去……

接下去的半个月，内心的企盼和现实成了明显的对比，我还是过着每天很不充实的生活，看到施工图组的王勃然每天没日没夜的画图，内心更加焦虑起来，反思自己，到底哪里没做好，自己的答案是公司在方案组确实不缺人，而且在大院里，实习难受重用……

在这个时候，和很多同学还有老师交流了自己的想法，最终决定还是离开……

实习印记2——充实的Benjai岁月

怀着一颗忐忑不安的心来到了Benjai。这家是由原来的VP分裂出来的法国公司。在Benjai做的第一件事就是建模型，项目是常州恐龙园，乔（Benjai老板）让我做他们内部的商业设计，并且直接和那个alex(公司的法国籍员工)直接沟通，这一下子就考验到了外语能力，事实证明我的外语能力确实一般，很多时候光有想法但是表达不出来……

上海苏河湾地块设计，是一个小型的商业综合体，这个项目去了现场调查地形，定位这个商业区的品质，分析周围建筑对这个商业设计的影响，通过比较周围其他商业圈的特色与品位，为我们这个设计也打开了思路。接下去开始用indesign排版，这是第一次用这个软件，深感这个软件排版功能的强大。rhino这个软件，在曲线建模方面的优势很大，当今世界主流的世界事务所用的不是rhino就是revit。当然软件说到底也只是辅助，如果设计得当，用su也能做的很有感觉，要学的东西还很多，这个项目之后又画了平立面图，其实CAD的方案图也能画的很讲究……

因为有了前几个项目的经验，有机会独立设计一个宁波地块的商业兼住宅的机会，深感到自己经验的缺乏和暂时在把握这种大项目上的能力的不足。后来李想一起过来设计这个项目，项目的整体效果开始展露初让人欣喜的一面。整套工作下来，觉得自己获得了长足的进步，虽然设计并没有让乔特别的满意，但我一点也不自卑，觉得自己的实习的日子过得很充实，学到很扎实的知识，因此而感到欣喜……

实习的日子一方面是学习知识和技能，另一方面也是对自我的认识的提升，认识你从事的专业，认识你适合的公司，认识你喜欢的那一面，认识你喜欢的城市，认识你自己到底适合怎么样的生活，也许这个比单纯的技能的增长来的更为重要……

实习印记3——以靠建筑——疯狂的设计月

来以靠建筑已经有半个月了，做模型，设计慈溪项目的内接广场，以及设计慈溪项目的酒店立面。接触到了做模型的基本技术以及方法，虽然以前在学校也自己做过，但是方法还是局限，接触到新的东西总是很兴奋。

接下来设计商业综合体的酒店，凭借在Benaji学习到的好些东西马上就设计出了一个方案（来到以后，能很强烈地感觉到我在Benjai学习到了很扎实的基本知识和建模方法）。

一起想了无数个表皮，无数个方案，从实习以来，这是第一次在这么有设计氛围的公司工作，我感到异常的兴奋，兴奋过后我也感到了些许的压力……

实习也到了尾声，已经开始整理东西和做一些收尾工作，实习真的是收获了很多，不光是建筑技能上的，更多的是对自己以后要走的路的认识，虽然实习的时间不长，但还是在这段时间里收获了可贵的友谊，以后都是这个圈子的人，彼此间的话题也很投缘，相信以肯定还会有相见的日子的……

在同济，虽然认为所在的那个所做的东西不是内心所想接触的，但它毕竟是一个100多号人的大院，每个人会有很优厚的工资，所做的项目（主要是小区）也都是很有质量并且享有很高的设计费，如果当初没有离开，也许凭借努力，也会在实习结束之后获得来年的一份合同，一份可以在这个城市初步站立的还算不错资本，但就现在来讲，在别的公司所得到的能力上的锻炼和所开阔的视野让这个决定感到万分的庆幸，对实习生来讲，在小事务所里能得到的锻炼肯定远远高于大院。大的设计院对待一个实习生不太重视，很多时候有力没处使，当然这里分不同的地方，有些好的设计院会有实习生培养计划。小设计院里会把你当作一个真正的劳动力来挖掘你身上的潜力，对于实习生来讲，目的是提高自己的能力。如果是工作，更想去大院，小院对于实习生来讲可以得到充分的锻炼，但小院有很多的局限性，比如所接手的项目都比较难搞，很多时候因为急着汇报没有太多的时间真正在方案上进行多么严谨细致的推敲，项目的精度明显不够，虽然在小院你可以待的很舒服，就这么几个人，你不必像在大院那样处理复杂的人际关系，但是你所接触到的牛人也就少了，或多或少会阻碍你的视野……虽然刚开始的待遇小院和大院的差不多，但大院的上升空间明显比小院要宽的多，渴望以后能去一个适合的大院，不过我会努力去尝试……

我在Benjai学到了很多很多基础的东西，Benjai的人很好，Benjai虽然是一个刚成立的小公司，十三四个人，但因为他们是原来的大公司分裂出来的，所以他的系统和风格都有所延续，做事情有一套自己的路子，有条有理，不会乱，乔虽然还是有老板的距离，但是他非常的客气，很绅士，可能因为以前在大公司工作的关系。不过Benjai还是有一些小公司有的弊端，做设计周期短而且略显浮躁（不过这好像是中国建筑公司的通病），做设计的时候总会找很多资料来参考，觉得合适的就会直接照搬上去。在以靠的一个月里，对建筑的认知面宽了很多，但对怎么去真正做建筑，真正去做设计，也感到了迷惑，觉得在学校没有任何限制的做设计真的是一种奢侈，大三以前浪费了很多时间……李工是一个很讲究新型软件的人，总是要求公司的软件要和世界接轨，公司的人建筑都要用Rhino或者Maya。公司的主工还在学习Revit和Artcam，他们公司的SU界面有一大半面都是插件，不过在我看来，软件这种东西，你学精了一个就可以了，你真正在一个设计公司里工作，人们最主要还是看你的设计能力和做事情的态度，你可以不会那么多软件，但是当人们从你身上看到你的潜质之后，他们是很愿意花时间来培养你的，Benjai这点我认为就比以靠要好很多，他们主要用的就是SU，而且他们不用插件，但是他们做出来的东西的品质要比以靠好很多，以靠就有一点杂而不精的感觉，我觉得Rhino倒是应该学习一下。

实习快半年，大部分的时间还是再Benjai待过的，在同济和以靠让我拓宽了看待这个行业的视野和设计的思路，在Benjai，不仅学习到很多技能方面的东西，更多的是做事情的一个条理和思路的锻炼，我以前总是会花很多的时间去做一件本来几个小时就可以搞定的事情，一方面是因为做事没有统一的安排，另一方面也是平时缺少积累和思考，效率是最需要的，不能总是盲目的向前，停下来思考会使事情事半功倍……

很满意自己的实习经历，也许别人看不出来，觉得自己在某种程度上焕然一新，可以很自信和别人谈论我们所从事的行业，即使有些地方还有差距，也不会再慌，因为知道自己是什么样子，知道自己要什么，这就是实习最大的收获……

　　例文用最真实的感受写出了不同设计院的实习见闻和工作内容，深刻地剖析了自己，分析了不同设计院的特点和工作方式。总结了实践学习和建筑师职业的认识，表达了对未来的职业规划。全文结构脉络清晰，语言简练，句式统一，体现该生有较好的表达能力和对建筑师深刻的思考，更有专业学习的主动态度。

◆ 结语

实习日记、实习作品集、实习报告的整理是对实践工作阶段性的整理：经过这一阶段的训练，适时地沉淀，反思自己，吸取前一时期工作的经验和教训，明确努力方向，提出改进措施等。这里列举了很多的实习日记、作品和报告，目的是抛砖引玉，希望能够给你带来启发。

在以上所选案例中，多数参与的是方案设计阶段，内容客观真实，着重于经验的学习和过程的体验。尽管方案需要打动人、有创意，发挥自主性，但是更重要的是可实施性，通过岗位实习可以真切的体验设计院方案设计的真正流程。

实习是一个由模拟学习到技术操作的过程，你参与真实的设计项目，比学校参加的虚拟课程设计更具挑战性。在设计工作的进程中，通过导师的讲解、示范和审核，并亲自操作。你的经历由易到难、由部分到整体。由于实际项目的随机性和不确定性，开始阶段你可能会遇到很多困难，随着项目的深入与对设计流程的了解，你会渐渐进入状态，完成职业生涯精彩的起跑。

第五章　求职简历和作品集

简历和作品集是通往求职路上的敲门砖：简历是把主要经历简短精练地表达出来，作品集是学习成果的展示，面试之前花精力再次整理下个人简历和设计作品是十分必要的。

考虑好简历的表述风格和作品集强调的重点，这些都很重要，因为面试官能够根据作品对你初步了解，更好的挖掘你的才能。平时的一些前期的方案草图最好先考虑不要放进去，面试官一般没有那么多时间注意细节，要让你的成果作品短时间内吸引别人的眼球。

切记让面试官按照他的速度阅读，不要轻易打断，但是你要记住你的设计过程，很多公司的面试官看到比较感兴趣的设计会询问设计过程。此时的你，离成功只有一步之遥！

问题总结

- 作品集需要做几个作品，是越多越好吗？有没有必要将设计的过程(也就是分析图)也加上呢？
- 作品集的深度要做到施工图的水平吗？
- 去实习的时候单位主要是从作品集里面看哪些方面的能力呢？
- 总结一下，什么样的学生作品集在应聘的时候有优势？
- 制作作品集的纸张？如何装订？

问题解答

• 作品集一般为作者在校期间的课程设计，也会包含在实习单位所做的设计作品。不是所有作品都要放进去，也不是越多愈好，物贵于精。挑选自己认为最满意的作品有条理地放入作品集。设计的过程可以考虑把项目情况简单地介绍一下，分析的过程最好有手绘的底稿，作品集应反映你的真实水平和能力。

• 作品集中可以包括施工图部分，在设计院实习的作品集中包含施工图，并且要求有一定的数量。如果你应聘的是设计综合所，这对你会很有帮助，好的施工图，能看出你的细致程度和良好的画图习惯。

• 在作品集当中可以清楚地反映你审美能力，方案构思能力，施工知识储备，色彩感觉等，甚至能看到体现一个人的性格。

• 作品集调理清晰，干净整洁，色彩感知良好，制作精美都会是你应聘的优势。

• 作品集通常选的纸张是厚重的哑粉纸，这种纸在制作标书中经常使用，价格相对便宜，打印出来的效果也非常好。装订的时候注意形式，装裱的程度体现你对应聘公司和自己作品的尊重。

既然简历和作品集如此重要，下面就具体介绍下怎样制作简历和作品集。

（一）简历的制作

简历如同名片，代表着个人的形象，一定程度上也展现人的内心世界和设计水平，记录着一个人的成长、收获和努力的印迹。用人单位可以根据简历大概判别你是否符合单位聘用的员工条件，提供面试的机会，一个好的简历对于求职者特别是应届毕业生是不可或缺的。建筑类专业的简历可以跟作品集放在一起成册，也可以分开制作。具体可以根据不同公司的需求有所改变。好的开始便是成功的一半，求职中，写好一份求职简历对于应聘成功是很有帮助的。那么，如何写好一份求职简历呢？

第一个原则："求职简历"要"简"。招聘设计单位在面对上百份甚至更多的求职简历，不可能对所有的简历都进行仔细的阅读。但是，内容简洁、易懂、清楚的简历最不易被漏掉，而那些长篇大论而不知所云式的简历最不招人喜欢。

第二个原则："求职简历"要突出"经历"，用人单位最关心的是应聘者的经历，从经历来看应聘者的经验、能力和发展潜力。因此，在写简历的时候，要重点写你学过的东西和做过的事情，即你的学习经历和工作经历。学习经历包括主要的学校经历和培训经历，工作经历要标明你经历过的单位、从事的主要工作，如果你的经历太多，不好一一列出，也可以把近期经历写得详细些，把初期参加工作的经历写得简略些。近期的经历不要遗漏，否则会引起用人单位的不信任。

第三原则："求职简历"要突出所应聘的"职位"信息。招聘单位关心主要经历的目的是为了考察应聘者能否胜任拟聘职位。

因此，无论是在写自己的经历，还是做自我评价的时候，一定要紧紧抓住所应聘职位的要求来写。切记，招聘单位只对和他们职位相关的信息感兴趣。那么具体怎样制作简历呢？

◆ 简历内容

一般来讲，简历的内容应该包括：本人基本情况、个人履历、能力和专长、求职意向、求职信、联系方式等基本要素。 写简历关键是基本信息交代清楚，重点突出。

◎ 主要内容

• 本人基本情况

姓名、年龄（出生年月）、性别、籍贯、民族、学历、学位、政治面貌、学校、专业、身高、毕业时间等等。一般来说，本人基本情况的介绍越详细越好，但也没有必要画蛇添足，一个内容要用一两个关键词简明扼要地概括说明。

• 个人履历表

主要是个人从大学阶段至就业前所获最高学历阶段之间的经历，应该前后年月相接。

• 本人的学习经历

主要列出大学阶段的主修、辅修与选修课科目及成绩，尤其是要体现与你所谋求的职位有关的教育科目、专业知识。不必面面俱到（如果用人单位对你的大学成绩感兴趣，可以提供给他全面的成绩单，而用不着在求职简历中过多描述这些东西），要突出重点，有针对性。重点表述学历、知识结构让用人单位感到与其招聘条件相吻合的关键信息。

• 本人的实践、工作经历

主要突出大学阶段所担任的社会工作、职务，在各种实习机会当中担当的工作。对于参加过工作的研究生，突出自己在原先岗位上的业绩也是非常重要的。

• 本人的能力、性格评价

这种介绍要恰如其分，尽可能使你的专长、兴趣、性格与你所谋求的职业特点、要求相吻合。事实上，本人的学习经历、社会实践、工作经历同样在印证个人的专业能力和专业水平，因此，前后一定要相互照应。

• 找工作意向

简短清晰，主要表明本人对什么岗位感兴趣及相关要求。

• 联系方式与备注

同封面所要突出的内容一样，一定要清楚地表明怎样才能找到你，区号、电话号码、手机号、E-mail地址。

"功夫不负有心人"肯仔细研究个人简历怎么写的人，肯花工夫找工作的人，一定能够找到满意的工作，这是一个对等式。

◎ 制作过程易出现的问题：

• 简历的主次内容分不清。许多求职者在写简历的时候，都会搞不清楚到底这份简历的主次在哪里，形式非常混乱，变成了"大杂烩"。结果让HR根本就不知道你这个简历上面到底想表达的是什么意思，留下一个思维混乱、目标不明的印象。因此你在进行简历编辑时，要明白自己到底想应聘的是什么职位，然后针对这个职位来编辑你的简历。

招聘会上填写简历内容时，书写混乱，写的字让人不敢恭维，如果你的字写得真的不好，最起码也要做到工整明晰，这样真的让HR不知道怎么读才好

• 瞎编乱造简历。一件经历可以从不同的角度来进行描述，但不可瞎编乱造，免得造成了通过简历筛选环节，进入面试环节时HR详细追问，发现你造假的尴尬场景。如捏造获得某某奖励，当过学生会干部等等，这样在以后的工作中难免会穿帮。不可乱用能力形容词，夸张的程度副词。真正有能力的人，会用实际成果和数字说话。如在某次竞赛中得过什么奖，参加过什么实际项目并清楚介绍在这个项目中担任的职责等等，具体到时间地点更有说服力。

◎ 制作技巧：

简历的制作技巧：

• 简而全：简洁明了的经历，简单地阐述自己，做自我介绍，基本信息都应该概括在其中，浓缩自己的精华。因为简历通常堆积很多，面试官停留的时间不到一分钟，所以能简洁的尽量切中要害，有的放矢，不要做无谓的画蛇添足。特别提醒的是不能忘了联系电话与具体的地址（最好固定联系地址或者能联系到你的地址），以便用人单位决定录用你，可以第一时间找到人。

• 突出重点：当你获奖作品或者是荣誉比较多的时候，尽量突出最能体现你技能的一个或者几个方面，避免过于繁杂，也能展示你的个人魅力。对于基本的专业软件，会的一一陈述外，特别是所求职的设计院要求的技术软件加以陈述，这样可以让用人单位一眼就能看到并决定你的下一步面试。

• 勿忽视细节：对于简历中的文字，要一遍又一遍地读，这样做的好处是可以避免错别字，也能避免词汇不当、错字漏字的尴尬。很多求职者或实习生不会在意这些很细小的事

情，但是遇上细心要求严格的面试官，也许会给你致命的一击。"细节决定成败"，对于建筑、规划、景观等专业的学生来说，经过平常的课程设计、素描构图等基本功的训练，应该要养成一种对专业技术谨慎求精的精神，明白细节的重要性，牵一发而动全身，留意细节，可以获得更多的机会。

- 朴实不浮夸：真实地表达自己，真诚才能打动人。尽可能的表达真实的自己，会让单位对你留下好的印象。但也不能大量留白，这样的简历会给人空荡荡的感觉，机会可能会与你失之交臂。所以对于没有做实际项目或者获奖荣誉的同学可以写写假期的实践经历，也能证明有过社会阅历，增加几分胜算。不要刻意追求华丽的辞藻，空洞而又不现实，还有浮夸的所谓崇高的理想，用人单位显然更关注你能给他们带来什么效益，你的与众不同。

- 应聘岗位要明晰：对具体职位具体针对的说，显示强的兴趣点，有的放矢，直奔主题。清楚自己的优势，扬长避短（这里可以利用SWTO分析，通过分析结果可以了解自己），不仅增加岗位竞争力，也能为以后在工作岗位上如鱼得水，全面提升自己做铺垫，如此良性循环，也能安心工作，毕竟也不能为工作而工作。

◆ 案例评析

下面是两位同学实习求职时的简历制作，（图5-1、图5-2）给大家做个评析，目前他们的就职单位都很符合个人职业理想。

基本情况介绍简单明了，联系方式、电子邮箱地址详细正确，没有并列一排，把间距加大，再把作者本人照片放在合适的位置。接着是本科期间所接受的专业训练。熟练掌握了的计算机绘图技巧等，简历是个性与态度的体现，使得一眼看出你是否具有潜力。

实际项目经验很具竞争优势，要有所选择的体现，比如中标的大项目或者能体现某种特殊能力的竞赛等。按项目的从小到大，或者时间的先后排序，没有多余的语言，精炼的交代干脆利落。

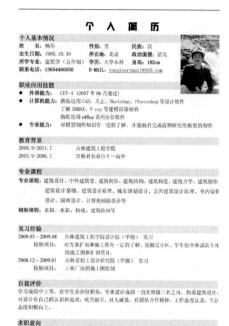

个 人 简 历

个人基本情况

姓　　名：杨乐　**性别**：男　**民族**：汉
出生日期：1985.10.30　**所在地**：北京　**政治面貌**：团员
所学专业：建筑学（五年制）　**学历**：大学本科　**身高**：182cm
联系电话：13654400550　**E-MAIL**：yangleartmail@163.com

职业应用技能

- **外语能力**：CET-4（2007 年 06 月通过）
- **计算机能力**：熟练运用 CAD、天正、Sketchup、Photoshop 等设计软件
  了解 3DMAX、V-ray 等建模渲染软件
  熟练使用 office 系列办公软件
- **专业能力**：对模型制作知识有一定的了解，并能独自完成前期研究性模型的制作

教育背景

2006.9-2011.7　吉林建筑工程学院
2003.9-2006.7　吉林省长春市十一高中

专业课程

专业课程：建筑设计、中外建筑史、建筑初步、建筑结构、建筑构造、建筑力学、建筑制图、建筑设计基础、建筑设计原理、城市规划设计、公共建筑设计原理、室内装饰设计、园林设计、计算机辅助设计等
辅助课程：素描、水彩、构成、建筑绘画等

见习经验

2009.03－2009.08　吉林建筑工程学院设计院（甲级）　实习
接触项目：对方案扩初和施工图有一定的了解。接触过小区、学生宿舍和部队车库的施工图和扩初项目。
2008.12－2009.01　吉林省轻工设计研究院（甲级）　实习
接触项目：工业厂房的施工图绘制

自我评价

学习成绩中上等。在学生会担任职务，专业设计成绩一直在班级三名之内。热爱建筑设计，对设计有自己的认识和追求，吃苦耐劳，对人诚恳，有团队合作精神，工作态度认真，生活态度积极向上。

求职意向

职位：建筑实习生

图5-1　学生简历1

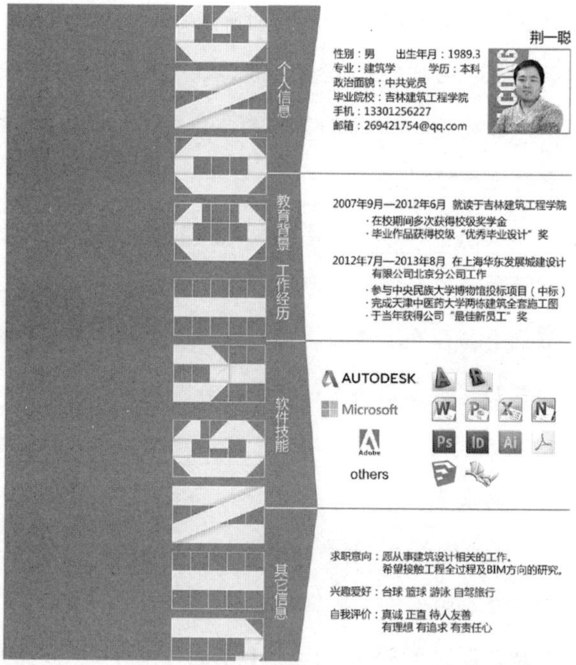

荆一聪

个人信息

性别：男　出生年月：1989.3
专业：建筑学　学历：本科
政治面貌：中共党员
毕业院校：吉林建筑工程学院
手机：13301256227
邮箱：269421754@qq.com

教育背景

2007年9月—2012年6月　就读于吉林建筑工程学院
· 在校期间多次获得校级奖学金
· 毕业作品获得校级"优秀毕业设计"奖

工作经历

2012年7月—2013年8月　在上海华东发展城建设计有限公司北京分公司工作
· 参与中央民族大学博物馆投标项目（中标）
· 完成天津中医药大学两栋建筑全套施工图
· 于当年获得公司"最佳新员工"奖

软件技能

其它信息

求职意向：愿从事建筑设计相关的工作。
希望接触工程全过程及BIM方向的研究。
兴趣爱好：台球 篮球 游泳 自驾旅行
自我评价：真诚 正直 待人友善
有理想 有追求 有责任心

图5-2　学生简历2

（二）求职作品集

作品集收录的是这四(五)年来你在专业水平上有代表性的作品，也是绝佳敲门砖，能较全面反映你的专业素质。用人单位可以通过作品集了解你的设计、手绘、计算机运用等水平。一个成功的作品集本身就是有特色有创意的作品。下面从丰富性和简明性两方面阐述，并且附有作品案例讲评。

◆ 如何制作

◎ 作品集具有丰富性

• 题材篇：作品集是一个人的成长历程以及受专业训练程度的体现，题材不足很严格，可以是自己的课程设计，也可以是概念模型及能够激发你思考的一些实物：如旅途所见到的某处风景，曾经打动过你的某个场景，令你感动的某物，可以通过拍摄或者速写的形式保存，是值得纪念的一部分。灵感美于一瞬，刹那芳华抑或弹指一挥间，错过了，可能一生难遇，这是你设计的源泉。记录下来是展示你的思维过程及灵感来源，证明你能做一个察于世界留心生活建筑师。此外，竞赛的获奖作品以及实际项目，发表的刊物论文都是作品集的题材，总之，一切能体现你丰富经历与专业相关的成长心路历程都可以采用，当然也不能盲目无章，突出精彩亮点才是效果所在。

• 排版篇：排版具有多样性，但是总归有个"范"，所谓"无方圆不成规矩"。"范"是指对于编排的每一个作品都一定的原则可究，不能没有章法，排版是表达设计意图的有效工具，设计的作品素材很重要，但与排版相得益彰，排版也是学问值得推敲。万变不离其宗，正如设计的原则大同小异：统一，均衡，对称，韵律，变化，统一，虚实相间，饱满，视觉冲击等等，只要遵循这些原则，就能有美的视觉效果，起码不会因为板式太过于突兀而减分。

• 原则篇：

内容的要有真实性和原创性，选择的主题性或主体性，逻辑性，创意性。对于课程设计作品的收集，最好都是自己的原创，避免后期不必要的误会抑或难堪。你可以加入构思过程草图，想法来源等，使得设计更有说服力。一个作品集要有重要的突出点，应该是你认为做的最出色的作品抑或者是竞赛概念作品和有效的实际项目等，可以放在作品集的开头或者结尾。里面收集的每个小作品应该也要有主有次的排版，扬长避短。一般一个作品跨2～3页。选择素材的过程也是展示你的逻辑思维能力以及语言组织的体现。比如设计的类别为依据如公用建筑，住宅，城市设计，小区规划等作为大的板块来排版，意图清晰明了。亦可以时间为轴线来布置，按课程设计的先后顺序。"好"的作品集必然是具有吸引力和趣味性。这里的"好"应包括设计和排版都能抓住人眼球的能力，这样才能在应聘时在众多履历作品集中脱颖而出，获得面试甚至是录取的机会。

• 公式篇：纸张上谨慎选择，确定作品风格后才好定材质，不同的材质观感效果是不一样的，有跨页的最好不要胶装，以免靠近内侧的文字或者图片不好察看。横竖的排版也各有其特点，根据图的多少和兴趣点，进行筛选，多参考优秀的案例，如SOM、KPF或者杂志上的排版等。至于尺寸方面不同公司或者不同学校一般各有偏好，不过大同小异，一般A3左右为佳，有些喜欢有个性点的可以做成小册子，随身携带，作为纪念品的也是一种类别。总之，尺度要适合人翻阅才好，要考虑阅读的对象，在停留在作品集的时间不多的情况下，要是连翻阅都麻烦就是大忌。可以在后面放入一些制作的作品或者创意模型的效果照片，见证你的设计思想和思维的能力。

◎ 作品集具有简明性

作品集要以简洁为原则，在有限的篇幅里充分展示想表达的设计思想，但收集挑选认为较好的作品本身就不简单，把简单的事情做好，为解决复杂的问题打下基础。

• 色彩简明：颜色不能乱搭配，平时多注意一些美学方面的东西，培养自己的审美观，对色彩的搭配不至于花哨，还是要在统一中求变化，协调发展！对于构图只是和色彩搭配，必要提醒的是三种色彩为宜，三者以上突出色彩驾驭难度会比较大，"罗马非一日而成"，还是在于平时的积累！这对于以后的创作都是必要的养分，能够为你的设计增色。

• 表达方式简便：在四年甚至五年的学习期间，就要勤于思考，多练多动手多思考，反复的练习中潜移默化会形成一套设计手法。根据想要表现的主题来选择，如想表现周围景观环境与建筑的和谐统一关系可以以手绘表现为重点，更能出效果，若是规划设计，电脑绘图软件来的实在。若想尝试更好的表现手法未尝不可，但切忌过多，这样可能会带来过于浮躁而主题不明的后果。

• 分析图简易：分析图是表现设计意图的重要工具，起到关键性的作用。但要注意表现不宜太夸张，一味寻求视觉上的冲击，却不易辨别，甚至不知其言，那是机械味浓烈的纯表现。好的分析图以解释作者的设计意图，帮助专业和非专业人士理解作品和设计理念等，所以具有强的简明性，要差不多半分钟时间就能清楚阐述的设计构想，而不要再加任何文字部分来解释分析示意的符号。

细节小提示:

　　每图必有用且应充分利用。在有效的空间里面把思路分析图等要充分表达好好整理排版。

　　作品保持主线连续性。

　　坚持有始有终原则：每个作品都有相应的扉页，最好还有某一方面的呼应。

　　作品集一般三到五个作品为宜，可根据页码调整。

　　排版用InDesign, CorelDraw或者Illustrator软件效率高于Photoshop，可节约很多时间。

　　有空多练笔，手绘的功底能为作品集带来惊喜，随时可以记录某个若隐若现的设计想法。

　　三要：要有时间计划，要有统筹观，要把计划书面化！

◆ 封皮与目录

　　首先是封皮，简历对于求职者来说特别重要，简历要耳目一新，一个好看又经典的封皮，可以抢占这"30秒的先机"。

　　• 排版：参照平面设计有关封面设计的内容，制作特别的能吸引人眼球的封面设计。涉及相关专业设计方面的知识，按照相关设计原则，如对位、对比、均衡、对称、统一等美的视觉方面的原则，对封面进行排版。

　　例子：以下是一个成功的求职作品的封面，供参考：

　　（图5-3）这个作品集制作的封面，运用清新的基调，在背景色上有虚实的对比（署名的中文与英文字母的虚实，大小的对比，竖向的对位统一），也有色彩的对比，以及留白的处理。

　　• 字体：查阅有关字体介绍方面的书籍，字（包括汉字和英文字母）的形状大小排序和形体都是不一样的效果，根据自己所需或者选择自己认为比较合适的字体也会增添不少韵味。

（图5-4）学生作品集的封面，渐进的白突出作者姓名，全英文的阐述，大小字体对比把握得当，黑底白字体现经典的色彩搭配体现时代感的协调美。

图5-3　作品集封面1

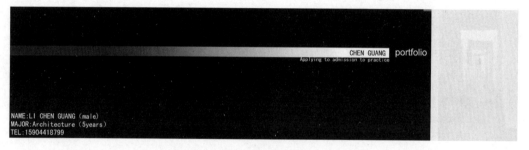

图5-4　作品集封面2

● 图片：封面的图片一般采用什么合适？这里的图片可以指某些有意义的插画，或者是某企业某个项目的商标，又或者是应聘者自己作品的浓缩或者影子等等。可以根据简历的属性来选择适合可以代表自己性格特点的图片，或者有些是为构图版面美观简单的自己涂鸦。总之，时刻不要忘记自己的专业，一定要把简历封面具有艺术感。

目录要把作品集分好类别，比如竞赛类、生活类、课程设计类等等，设计简明，排好页码，使人清楚看出你所要展现的内容。

下面列举几种类型的封皮和目录：

◎ 视觉型

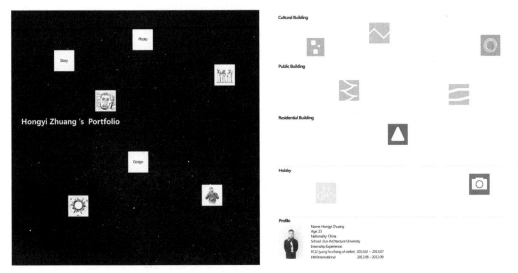

图5-5　作品集封皮与目录1

品析：

　　封皮和目录的制作直接体现作者的品位和格调，也能看出一个人的专业素质。这个作品集封皮和目录别具一格，虽然之前了解的性格以及专业水平，有很高的评价。封皮背景的黑白对比，相得益彰，封皮上的小图代表了作品集内容的划分，有作业，有竞赛，还有生活的摄影照片。照片构图非常好，对于美应经有很深的诠释。目录上分了五部分，不同其他的目录，虽然没有页码，但是让人耳目一新的同时也了解了作品集的结构。目录还放上作者的照片和联系方式，设计新颖独到。

◎　简约型

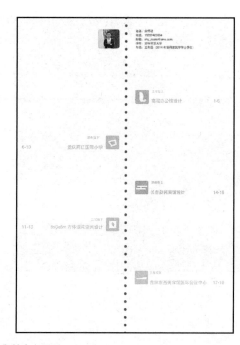

図5-6　作品集封皮与目录2

品析：

宋怀远的作品集封皮和目录简洁，一目了然。足见作者的细心程度。细节决定成败，细腻的人文情感，左右工整的对称排版，清秀的字体，值得大家学习。在开始制作作品集时就应该考虑好整篇的文字式样,对整体构图也会有影响。初心集这个名字很有文学气息，把作品集的心得体会用这三个字诠释透彻。通过这个名字了解作者内敛、谦虚的性格特点。目录清晰明确地体现了大学五年所做的课程设计内容。

◎ 时尚型

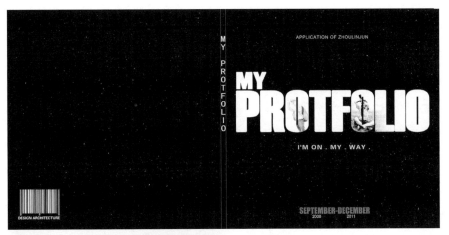

图5-7　作品集封皮与目录3

品析:

　　这里时尚特点在封皮和目录中处处彰显,以他自己的方式表达对这个专业的喜爱和对这个专业的认知,走在前行的路上……

　　目录中英文齐全,页码清楚,时尚动感,形成独有的风格。

总结：

- 作品集的封面和目录要尽量的简单明了，可以在封面或目录上附带出自己的基本个人信息，如姓名、专业名称、学历；你也可以选择以学校的某处景观照片为背景做封面，或放上学校的校徽等。

- 作品集的封面设计可以独具个性，甚至另类，要注意其作品集封面图片的选择及色彩的搭配都很重要，最好通过严谨的比对，结合构图原理和美学原则来进行设计制作。

- 作品集的目录要有结构上的分类，每个部分都有各自的特点和要表达的主题。

◆ **作品集内容**

◎ **课程设计部分**

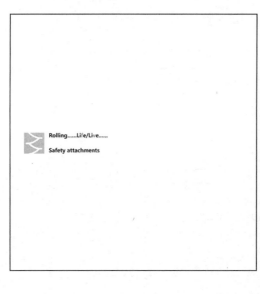
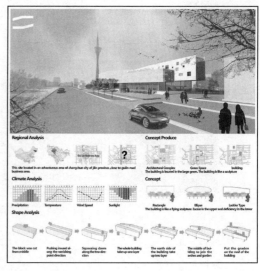

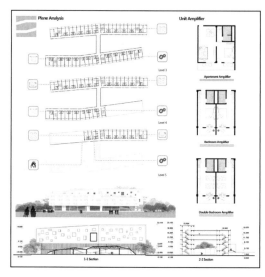

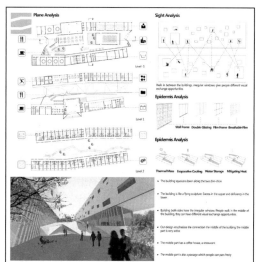

品析：

这是宾馆课程设计作业，排版新颖，关于气候分析，形体分析，光线分析，平面分析表现等等都很全面。白色的图底，使得图面干净整洁。各个图块浮于图底之上，整齐有序。材质的质感和颜色的对比，显现出该作品造型的美感，空间富有流动性，虚实对比强烈。想重点强调技术绘图和造型特点，相对的弱化了平面。这个篇幅的主从关系较弱，还是能看出要强调的部分：概念方案中引入人的活动，整个建筑就变得灵动而有生气，同时也加入分析图在右侧，把该课程设计推向高潮。

宾馆建筑设计是城市整体生命系统中的一个细胞，与城市互相依附而生存。宾馆建筑外观不宜过分张扬，反而更追求内敛、安静的文化形态，宾馆建筑整体功能及流程的设计合理，由内至外的构造宾馆的每一个空间、形态，直到外观，在确保健康生命的前提下尽可能地塑造出宾馆建筑的性格与特色，这就是为宾馆创造品质、品味、品格的时候，是创造宾馆的精神力量和资产价值的设计。

高层办公楼设计--绿色的城市分界面

设计说明

现代的办公楼需要节能环保建成面向未来的发展趋势。本质设计中注重力表现建筑的绿色化，让建筑的西立面荷周边住宅区限北贵都观公区层层，装楼筑成为城市的绿色界面。

年级：五年上学期
类型：课程设计
指导教师：林建 王
共卷

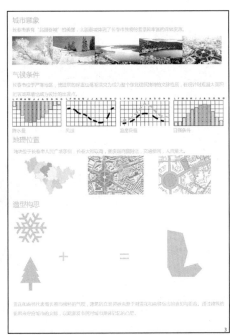

城市幻象

长春市素有"北国春城"的美誉，此面春城体现了长春市独特的蓝绿和率温润育林形成。

气候条件

长春市位于严寒地区，使建筑的保温也爆居现以及成为每个华北绿环境物的绿色性质，在设计划底瞳入重阳北玻璃幕墙地成应计的出流。

降水量　风速　温度频幅　日晒条件

地理位置

地块位于长春市人民广场影侧，长春大街以南，重庆路周围的区，交通便捷，人流量大。

造型构思

基于此面铁代流春长春地貌和所增的气阳，建筑的立面渲染应要于财基见玻璃墙绿化别置会知与面色。通法建筑的绿色象要使管民内的心思，以限浪春市区对城市来体的绿色的心思。

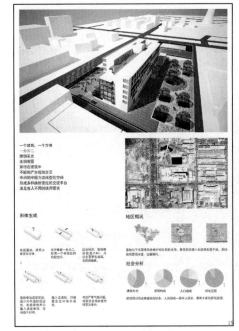

一个建筑，一个方体
一分为二
借侧采光
北倒朝阳
穿行在建筑中
不规则的产生视线交叉
中闪的中庭力放线型性交错
形成各种体新变化的交流平台
满足各客人不同的使用需求

形体生成

地区概况

基地位于长春看见因金保护街区前到大街，著名的经春八大部使发生于化，阴动自然环景为主建设环境。

社会分析

建我筑小历史摄锦地知区本，人员摄成一青年人民多，青有年素的居民资源。

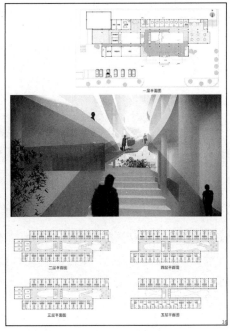

一层平面图

二层平面图　四层平面图

三层平面图　五层平面图

品析：

办公建筑是一种较普遍的公共建筑类型，它的需求量大，由于建筑本身功能的复杂性和设计的多样性，使其对能源和环境的影响较大。由此可见，办公建筑推行节能的力度和深度在很大程度上将直接影响着我国建筑节能整体目标的实现，对办公建筑技能问题目前所进行的一系列探索性的研究更是具有战略性的意义。

他设计的生态绿色节能办公建筑主要从整体环境规划和单体建筑设计两个方面展开。在整体环境规划中，强调的是建筑与环境的关系,解决建筑与地貌、水土、风向、日照、植被与气候的关系。现代办公楼的设计已朝着顺应功能多元化、大空间的灵活划分,结合有关生态环境和审美等方面的要求,使建筑技术同艺术、材料完美结合。

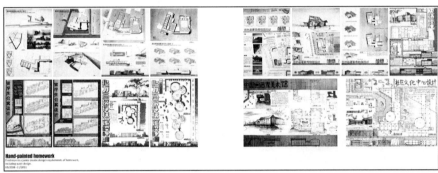

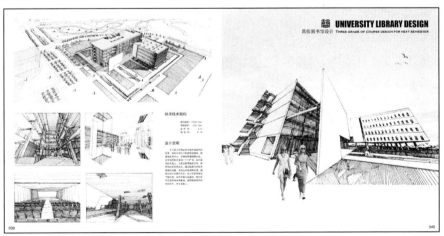

CONFERENCE CENTER OF XIGUAN HOTEL JILIN
西关宾馆国际会议中心设计 THREE GRADE OF COURSE DESIGN FOR NEXT SEMESTER

037

038

品析：

　　以上作品集有会议中心、留学生公寓、科技馆、博物馆、图书馆等课程设计。各个方案力求突出建筑所在地域特点，结合地形与周边环境，在功能布置上力求达到合理的分布，流线上清晰合理，避免出现不必要的交叉，强调了空间的特殊性，建筑立面设计轻盈独特，材质新颖环保。作品集照片排版对位，大小疏密有致。

◎ 竞赛设计部分

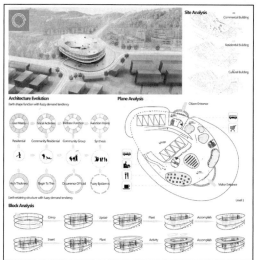

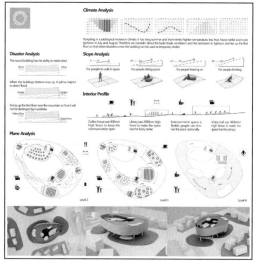

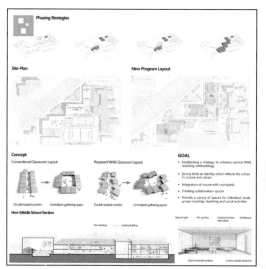

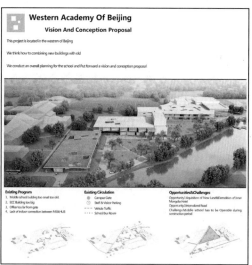

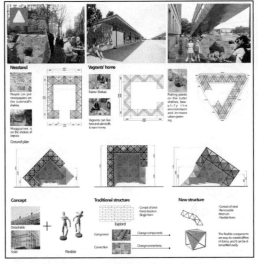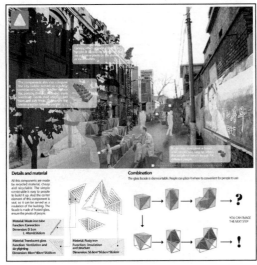

品析：

竞赛设计通常选题独特，设计手法新颖大胆，条理清晰。关于建筑本身存在的社会意义或者生态概念通常是竞赛设计的亮点。

设计构思与图纸构图，色彩运用都是综合考量竞赛作品品质的标准。图上选择的作品在这几点上各有体现。突出概念方案设计，这一类的建筑设计一般重点都突出技术效果图，这张重点在右侧的效果图，有核心强调的部分，每一张图都注意细节。对位统一，统一的灰色调，材料的颜色很凸显。

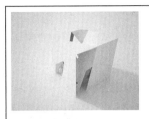

窥视

行为与空间

设计的出发点在方体空间里
存在着一个窥视者，窥视者
居高临下能观察到空间里容
纳的所有人，在他的视角下
有人在隐藏，有人在休息，
有人在逃路。当阳光从顶部
天窗照入室内，行为与本身所
对应的空间在光线下又被重
新诠释。

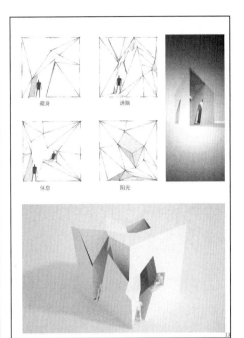

藏身　　　　迷路

休息　　　　阳光

重庆两江国际小学

设计说明

1. 体现地域性：重庆的山水人文与地域特色
2. 精神的家园：一个充满美好回忆的寄托之地

重庆，这座城市依山西建，道路蜿蜒曲折，建筑错落有
致，建筑与自然错落有致，是中国是有特色的一座山城。
建筑师塑造的不仅仅是建筑，更是山城的一部分。而学
校建筑，其实是一座城中城，是一座"微型城市"，它
承载着时间、生活、成长经历和过程。所以，在这样的一
种认识基础上，形态固态虽然重要，但空间感受更加重
要。设计该学校建筑时，是营造一种生活方式，它会给
予学生生活、成长和交流过程的美好回忆。设计的目的，
是通过建筑手段去催化并强化这种体验。

年级：大四下学期实习期
类别：实习作品
指导老师：Jason Slatinsky
公司：FUTUREPOLIS LLC

结合山地布局的基本类型

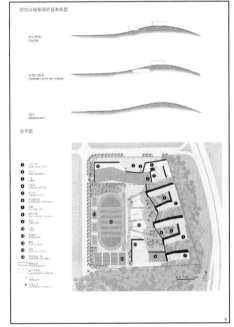

总平图

6

品析：

空间限定的作业也是建筑学必修的一门课程，人在一个特定的空间的行为和动作是有限的，反过来这些行为和动作对空间也有影响，并逐渐演变为对空间形态的推敲起因。

依山而建，道路蜿蜒，建筑错落有致与自然环境相得益彰，建筑师塑造的不仅是建筑本身，更是城市的一部分。它承载时间、环境、生活，所以无论从形态还是空间都要以人为本。正如作者所说"设计的目的是通过建筑手段去催化并强化这种体验。"

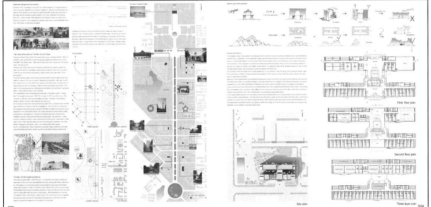

第五章
求职简历和作品集

157

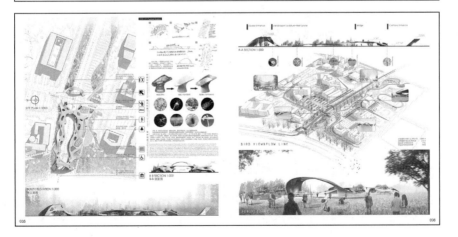

品析:

　　最简单的住宅设计也是最难的，从户型到立面有固定的模式，想要突破它也不容易。休闲空间的加入提升了整个方案的品质。山地建筑，却不依山而建，层层退台，环境优雅，空间丰富。以生态的水系为设计起点，阳光生态的设计构思，增加空间的间的趣味性。

◎ 生活部分

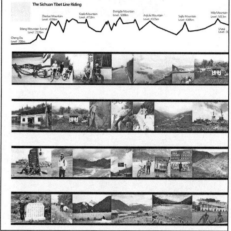

品析：

　　作品集中放入生活的点滴记录，更加人性化。去过的城市，曾经的感动，美的瞬间，这就是生活掠影……各种文化的融合，长期坚持各种社会热点的关注，对你的建筑师之路会有很大的帮助。

　　一个手绘的小稿，也许是你心血来潮的手笔，却记录了你成长的经历。

Photography
Hometown 02/2010

Photography
Impression 09/2009-07/2011

Photography
Trip in Suzhou 07/2010

Is the one that time, the season, came to the dream of suzhou, see the dream as a fairyland to suzhou garden, really reveals the gentleness of the small jasper of feeling. Plus b suzhou museum, the master up whole let my soul, place oneself among and suzhou garden could forget yourself was born in the land of fish and rice.

Photography
ShangHai EXPO 07/2010

2010 summer vacation to Shanghai to visit Shanghai world expo and felt the building from all over the world, the local conditions and customs of different nationalities, personally, I think I should not be a simple architect, I more attention than others people's feeling. In addition to building the existence of feeling outside of a bit in the life, moved a bit.

International special

MY PLEASURE —
A STORY OF NEIGHBORHOOD SPACE
Media: sketch
Size: 420*297
Date: 01/2011

《莲·雅》
Media: water color
Size: 500*870
Date: 04/2010

Providence 2nd prize

FINE ARTS

School 2nd

《美第奇石膏像》
Media: sketch
Size: 389*546
Date: 10/2008

《静物》
Media: gouache
Size: 389*546
Date: 03/2009

《静物》
Media: gouache
Size: 389*546
Date: 03/2009

045

046

品析：

对生活的热爱，对专业的追求，对学术的严谨，对技术的精准，无论你做什么也许都会让你有所积累，日积月累，量变到质变，你超越了……

从上述的文字和图片可以看出，要重视对作品集页面排版、构图的推敲，来诠释和展现你的个性，从而形成一种是觉得冲击力。作品集的排版与构图、文本的印刷与制作，这些看起来琐碎的工作，往往能使作品集带给人良好的第一印象。

◆ 结语

你可以把学习阶段的作品筛选集合，展示你所接收的专业训练的内容与程度、所接触过的建筑类型以及个人图面表达能力等，都会给你的作品集加分。作品集里的内容不仅限于设计项目，美术作品、表现手工模型和计算机渲染的图片甚至摄影作品等一些与专业相关的内容都可以包括，为的是尽可能展示你的综合素质。另外，在选择设计作品的时候，详细选择一个高水平的精品，远比粗略地展示多个一般作品的效果要好得多。

作品集是以图来讲述的你的职业素养的，选取、组织素材成集的时候要明确的表达思路和条理在里面，选取的每一个设计都表达了作者的设计思想和设计态度。通过它看出你的专业学习历程，看出你的成长进步，展示你的个人喜好。在作品集中可以适当地加入文字，不仅是项目的基本描述，还有你的学习收获以及体验等。通过富有感染力的文字，对每个设计作品进行简要的描述，对个人的能力与优势、对未来职业与发展的构想加以展示，来打动阅读者并产生共鸣，假如通过你的文字能使设计单位认为你具备这种能力，那么就起到了很好的推荐作用和效果。

简历和作品集二者可以结合在一起设计制作，一份出色的作品集可以展示你的专业水平与个性，如果你的作品集富有感染力，你有可能直接进入应聘单位，"构图好、修养好的人，方案能力也差不了。"评判一个好的建筑师的标准，一般都是以他的简历和作品开始，所以简历和作品集的地位你应该十分清楚了。

第六章　建筑学专业职业规划

有关建筑学专业毕业后的职业规划，有人想直接就业，有人想考研保研，有人想国外求学，有人准备做公务员，有人计划创业，可谓千差万别！而这其中又会有很多岔路：考研的人有的想继续建筑学专业，有的选择相关或完全不同的学科；工作有的想去大型国有设计院，有的想去国外事务所，又有的想去不同类型的小型设计公司；有人追求一个轰轰烈烈激情向上的青春，有人则渴望云淡风轻安安稳稳的岁月……你可以得到他人的启发、激励和鼓舞，但你无法照搬和复制他人的轨迹。

任何一名建筑师的成功或一件优秀建筑作品的产生，背后都隐匿着不懈的努力和长久的坚持，要想实现目标，必须长短期职业规划相结合，认真地走好每一步。多数建筑学专业的同行在学生时代的职业目标都是成为全能建筑师，希冀在毕业后的某一天或某一年声名鹊起，设计作品能获得业内的赞誉。部分年轻人想成为地产公司的老总、建筑类高校的教师或者城市建设的管理者，无论怎样的想法，只要有梦想都值得称道，能付诸行动更加可贵！

（一）学以致用——建筑设计

建筑学是一个执业成就感和社会认同度较强的专业，建筑设计是一个强度高、压力大的职业。初始工作的阶段应当尽可能多的尝试与设计相关的不同岗位，而不是单一或者过早的集中在某个方向，尽可能的学习更多的建筑学相关知识，更多了解自己的潜能和优势。同时为胜任项目负责人、尽快通过注册建筑师考试等确定一个短期目标，然后根据几年后的个人综合状况决定未来的发展方向。

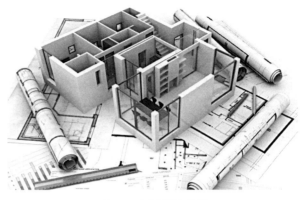

图6-1　建筑图纸和模型
图片来源：www.nipic.com/show/9421709.html

毕业之初的首选应当是设计单位，学以致用，从事设计方案、建筑图纸和模型的制作（图6-1），这样的定位可以为未来的职业之路展开良好的开端。

◆ 建筑设计的工作流程

"建筑设计绝不会只有一种设计方法，总会有几种可以选择的方案，在各种各样难以对付的业主面前，首先拿出一个最初的方案。如果他说不行，再拿出第二个，第三个，第四个。这样一次次以不同的形式向同一个业主提出不同的方案。通过研究不同的解决方法，最后必然能够形成一个完成度很高的方案。"——让·努维尔

建筑设计工作的全过程分为几个阶段：方案设计、初步设计、施工图设计和现场服务等，循序进行，整个设计过程因工程的难易程度而有所增减。

◎ 方案设计阶段

在明确设计任务书和建设方要求的前提下，遵照国家有关设计标准和规范，综合考虑建筑的功能、空间、造型、环境、材料、技术等因素，在前期准备工作的基础上，进行方案的

构思、比较和优化，形成一定形式的方案设计文件。建筑方案设计的过程可以概括为五个阶段：准备阶段、构思阶段、调整阶段、完善阶段、表达阶段，同时要考虑设计进程的时间计划，并进行方案总结。

准备阶段：在开始设计之初，根据项目要求获取的相关资料信息，主要包括三方面内容：一是建筑项目相关的设计条件；二是与业主充分的接触和交流，了解建设方初步设计构想；三是获取类似的工程信息。

在动手设计之前，首先要了解并掌握各种有关的外部条件和客观情况：自然环境、文化历史传统、基地形状与交通流线、坡度、视线、朝向、防噪、通风、植被等各种场地环境等要求；用地范围的建筑红线、建筑物高度和密度的控制等城市规划对建筑物的要求；使用者对拟建建筑物的要求：特别是对建筑物所应具备的各项使用功能的要求和形式、风格的要求；投资规模、结构类型和经济技术指标方面的要求；设计期限及项目建设进度计划安排的要求等资料。在搜集资料阶段，建筑师通常要对建设项目进行现场调研；可能需要协助业主进行一些确定计划任务书，编制可行性研究的工作；同时向业主提出地形测量和工程勘察要求，提示落实某些建设条件等。

开始进行方案设计的阶段，拟建建设项目应当具备以下两个方面的批文，主管部门的批文和城市建设部门的批文：上级主管部门对建设项目的批准文件，包括建设项目的使用要求、建筑面积、单方造价和总投资等；城市建设部门的批文必须明确指出用地范围（常用红线划定），以及有关规划、环境及个体建筑的要求。

构思阶段：此阶段属于建筑设计的草案阶段，在准备阶段的基础上，参与项目的建筑师团队充分展开各自的想象力，调动个人积累、发挥创作能力，尽可能多地提出各种构想和思路，积极、热烈地讨论，相互启发、交流、鼓励不同的想法，多角度的考量，并通过手绘草图、sketch、工作模型等各种方式进行表达与多方案比较。方案的分析和立意可以涉及各个领域：功能、形式、环境、文脉、技术、经济、能源等各个方面，构思阶段可形成多个方案，经过多方案比较将团队的智慧凝聚在一起，形成进一步优化的设计方案。

方案的构思是建筑设计过程中最基本的环节，同时也是最重要的环节，这个过程是极具创造力的过程，需要将建筑功能和空间相结合，将建筑师的想象力转化为具象的建筑形态。最终由主创建筑师综合各方面因素，明确下一步创作方向与整体格局。

调整阶段：经过方案构思形成一个或几个优化的方案，主要任务是解决方案在比较分析的过程中所出现的问题，同时弥补设计缺憾。无特殊情况，不再做大的改动或颠覆性的调整，下一阶段的深入，基本应围绕这个阶段确定的方向。

完善阶段：建筑方案的深入完善包括两个方面的内容：解决技术方面的问题，如确立建筑物的结构、构造等，建筑局部的具体做法，色彩、质感、材料的选择等；协调建筑形象与空间的关系，最终形成满足有关法规和设计规范要求的设计方案。

表达阶段：设计表达贯穿方案进行的全过程，前面阶段应不断运用建筑草图、工作模型和计算机辅助设计进行方案的形成和完善。最终阶段属于方案的正式创作阶段，结合以上的设计成果，将前阶段的各种构思通过表达转化成切实准确的成果。

表达阶段牵涉到设计人与表现图制作人员，模型公司、文本制作单位的相互配合，原则是坚持以充分表现方案的构思为主，避免仅仅注重图面表象；调动团队成员的积极性，透彻、精练、准确、充分地表达出方案的内涵；在方案基本完成的环节根据选定的文本范本，形成建筑方案的最终成果。

表达阶段的工作需要进一步强化与周边环境的关系，完成较为详细的总平面图设计；确定各个功能空间的大小、特性以及相互关系，完成较为详细的平面设计；在解决功能空间的基础上，完成建筑的形象设计，做出建筑的立面图和轴测分析图；完善结构技术要求，进行材料的选择运用以及构造的初步设计；考虑建筑设备的要求。方案的成果要全面综合的考虑现实性与建造性，保证方案中技术支撑的深度与含量，增强理性分析的推进，切忌仅仅拘泥于外观形式或限于个人的审美。

设计进程和方案总结：方案的设计过程应按以上基本流程开展进行，由项目负责人订出详细计划，确定时间节点并安排讨论时间，设计院重点项目应邀请建筑总工等技术负责人参与，给出指导性意见。项目负责人应对项目进行全程控制，在强调艺术性、创造性的同时，确保整个设计过程科学、合理有序地进行，最终得到相对满意的成果。

方案总结：每个方案完成后，都应安排合适的时间，召开相关人员的总结会议：针对该方案创作的过程，分析优劣，吸取教训，总结经验，有利于提高今后的创作水平。项目组自方案设计结束后的归纳总结十分重要，分析得失，总结工作可以规避类似差错重复发生，积累经验整合创作资源，提高设计人员的能力，进而提升设计院的整体方案水平。下图为建筑方案设计流程图（图6-2）：

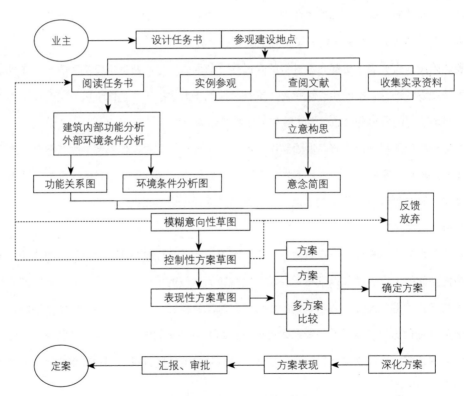

图6-2 建筑方案设计流程图

方案设计成果文件包括设计说明书、总图、建筑设计方案图纸以及设计委托或合同规定的透视图、鸟瞰图、模型或模拟动画等。方案设计文件要向业主展示设计构想和方案成果，最大限度地突出方案的优势，同时还要满足下一步进行初步设计的需要。

◎ 初步设计阶段

在方案设计的基础上，吸取各方面意见和建议，推敲、完善、优化设计方案，初步考虑结构布置、设备系统和工程概算，进一步解决各专业之间的技术协调问题，最终形成初步设计文件。初步设计阶段工作的目的是解决工程项目从方案到施工图阶段之间的技术协调和专业配合。文件内容总体上包括设计说明书、设计图纸和工程概算书三个部分，其中包括设备表、材料表等内容。对于技术要求简单的建筑工程，可以省略该阶段的设计过程，在方案审批后直接进入施工图设计方案。

◎ 施工图设计阶段

施工图是建筑物从方案到建成的重要阶段，是建筑师创作意图的完整体现，也是建筑施工的依据性文件。要实现一个优秀的设计作品，施工图设计是至关重要的阶段。一般的民用建筑均有建筑学专业担任项目负责人的工作，建筑专业，绘制本专业施工图纸，组织专业互提资料、专业交圈、校对审核、签字盖章等施工图设计的全过程（图6-3）。

施工图阶段的工作首先是由建筑专业把设计条件提交给其他专业，各专业补充、完善、反馈并修正建筑方案，然后在设计互提条件的基础上基本确定建筑的空间布局和设计尺寸，最后各专业展开深入设计，共同完成建筑项目的设计工作。几乎所有的工程项目的施工图设计周期都非常紧张，对于承担施工图设计的建筑师，更需要具有很强的综合能力、控制能力、沟通能力和组织能力，各个专业之间的技术协调和专业配合伴随着施工图进行的全过程。

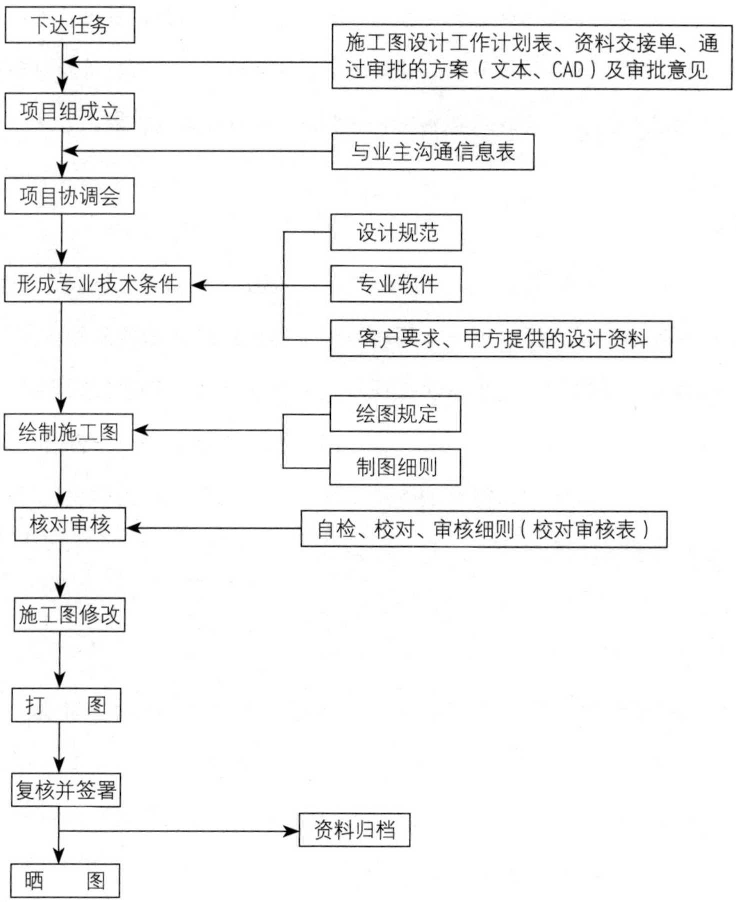

```
┌──────────┐
│  下达任务  │ ◄─────── 施工图设计工作计划表、资料交接单、通
└────┬─────┘          过审批的方案（文本、CAD）及审批意见
     ▼
┌──────────┐
│ 项目组成立 │ ◄─────── 与业主沟通信息表
└────┬─────┘
     ▼
┌──────────┐
│ 项目协调会 │
└────┬─────┘
     ▼                    ┌──────────┐
┌──────────┐        ┌────│  设计规范  │
│形成专业技术条件│ ◄──┤    └──────────┘
└────┬─────┘        │    ┌──────────┐
     │              ├────│  专业软件  │
     │              │    └──────────┘
     │              │    ┌──────────────────┐
     │              └────│客户要求、甲方提供的设计资料│
     ▼                    └──────────────────┘
┌──────────┐        ┌──────────┐
│ 绘制施工图 │ ◄─────┤  绘图规定  │
└────┬─────┘        └──────────┘
     │              ┌──────────┐
     │              │  制图细则  │
     ▼              └──────────┘
┌──────────┐
│ 核对审核 │ ◄─────── 自检、校对、审核细则（校对审核表）
└────┬─────┘
     ▼
┌──────────┐
│ 施工图修改 │
└────┬─────┘
     ▼
┌──────────┐
│   打  图  │
└────┬─────┘
     ▼
┌──────────┐
│ 复核并签署 │ ─────────► 资料归档
└────┬─────┘
     ▼
┌──────────┐
│   晒  图  │
└──────────┘
```

图6-3　建筑施工图工作流程图

　　建筑施工图设计是技术性很强的工作，也是建筑师必须具备的技能。施工图设计文件总体上包括所有专业设计图纸（根据合同要求确定是否含有预算书）。建筑专业施工图设计文件包括图纸目录、施工图设计说明、设计图纸（总图、平、立、剖面图、大样图、节点详图）、节能计算书等。

要软件的相关课程，但软件的熟练和学习需要大量实际操作的过程，可以通过翻阅相关书籍和观看一些教学视频提升操作能力，掌握更多的技巧，从而提高作图效率。

在设计院开始工作的阶段，应通过实际项目的操作，有意识地加强软件的学习和锻炼。不要以为进了设计院工作就万事大吉，其实这才是入行的开始，如果你各种运用软件不是很熟练，要尽快提高这种能力，让工作更加得心应手。如果你掌握了熟练的软件技巧，那么恭喜，软件运用的能力会助你会尽快进入建筑师角色。

◎ 新兴的技术和设计手段

建筑师要创新，就必须掌握新技术。为了能够以经济便捷的方法建造建筑物，技术方面的不断学习不可或缺。对新技术新材料的掌握为建筑师的解决能力提供了必要的工具，表达了建筑师对设计的理解和品质的追求 。随着新技术新材料的开发与应用，从砖混结构、框架结构到钢结构和各种大跨结构，从石头、木材到钢和玻璃，建筑技术和材料的发展带来了建筑设计手法的一次次飞跃。

美国著名建筑师法兰克·盖瑞在闻名世界的解构主义建筑——西班牙毕尔巴鄂·古根海姆美术馆，在设计过程中首次引入了用于航天造型技术的软件，这使得将古根海姆美术馆完全自由的外形转化成施工图纸进行建造成为可能。有人认为建筑师对计算机软件的过分依赖将导致创造力的退化，但必须承认数字技术拓展了创作的空间和可能。例如引领世界建筑潮流的英国AASCHOOL，计算机辅助设计被列为重要课程之一。应该承认，新一代建筑师必须不断学习和运用新的设计手段，才能适应社会发展的要求。

◎ 建筑规范的理解和使用

建筑法规体系分为法律、规范和标准三个层次，法律主要涉及行政和组织管理（包括惩罚措施），规范侧重于综合技术要求，标准则偏重于单项技术要求。建筑规范是由政府授权机构所提出的建筑物安全、质量、功能等方面的最低要求，这些要求以文件的方式存在，形成了《建筑防火规范》、《民用建筑设计通则》等规范规定。

设计中必须遵守强制标准，否则设计通不过规划审批、施工图审查、消防审查等建造环节，即使侥幸通过了，将来工程验收等环节还是要追查设计责任。在大学期间，部分同学做设计时很少考虑设计规范，这样的设计在实际工程中出现问题。建筑学专业包括《民用设计通则》，《高层建筑设计规范》，《住宅设计规范》，《建筑防火设计规范》等大量的规范，作为一个建筑学专业的从业者，学习和掌握这些规范是从事建筑设计的必要条件。

建筑规范的存在已经有几千年的历史，对于设计人员遵守建筑规范是义不容辞的责任，从设计到建造过程自始至终都要符合建筑规范、法规条例，即使是世界上最具有创意的建筑作品也是在建筑规范和条例的基础上创造出来的。优秀的建筑师应当懂得遵守规则并且利用规范设计出更好的建筑。建筑的规范和标准概括了建筑设计应当遵循的基本原则，对普遍意义上的设计进行了总结。要想成为一名优秀的建筑师，要抓住设计本质而不是生搬硬套，通过大量工程实践和应用，逐步掌握建筑设计规范的相关要求。

◆ 应当提升和完善的能力

"我除了做设计之外也做一些管理工作。主要负责几个小组的管理工作和财政工作。在此期间，我学会了如何与业主谈判一些大工程。如何争取设计费，如何组织一个工程的预算，从而从经济上确保事务所工程的顺利进行。在那里，我也学会了如何与掌管工程进度的政府部门打交道，如何与咨询师，以及参与工程的结构，机械，声学等所有工程师合作。"
——弗兰克·盖里

时代和社会对一个真正成熟优秀的建筑师提出多方面的要求：充分理解建筑功能，创造优秀的建筑空间和形式；尊重和了解建筑材料性能和结构体系特点，能够应用新的技术，通过设计的过程实现建筑的可持续发展；理解工程项目的实践条件和业主关于建设项目的构想和目标，引导并实现公众对于建筑的期待和梦想。

伴随实践的积累，建筑师还应当不断提升组织协调能力、与业主良好沟通能力和团队合作、专业配合等能力,通过这些能力的提升, 更好的发挥专业才能, 真正实现建筑师的职业梦想,并担负起更多的社会责任(图6-5)。

◎ **组织协调能力**

建筑设计是一个分工协作的复杂过程,技术发展促使建设速度快速提升, 但一栋普通公共建筑的建造周期也在3年左右。在这样长的时间里,建筑师一方面要负责设计工作,另一方面要面对很多不可预见的矛盾和变故, 及时进行协调和解决。

图6-5 团队合作

历史上著名建筑的设计通常历时数十年甚至上百年。天主教中心梵蒂冈的圣彼得大教堂始建于4世纪20年代, 最初为长方形″巴西里卡″式大会堂,1506年拆毁后重建,于1626年完工,历时120年, 先后经过勃拉芒特、米开朗基罗、拉斐尔、小桑迦洛等10位建筑师之手,其工程前后协调的难度可想而知。

从策划、设计到建筑施工、验收使用的过程中,建筑师对外联系着使用者、投资者和建造者, 对内协调着结构、水暖、电气各专业,承担着核心和纽带的作用。建筑师要组织各类人员的协同工作, 同时必须协调众人之间不可避免的矛盾。使用者追求高标准和投资方追求低造价之间的矛盾, 高质量设计所需时间和甲方缩短设计周期要求之间的矛盾,建筑造型变化与结构简捷实用之间的矛盾, 如此等等。组织协调能力对于考量是否称得上成熟建筑师尤为重要。

作为一个优秀的项目负责人不仅要主持设计, 还要在建造过程中与人协作,学建筑和设计的人应当习惯横向的思考, 这就意味着要管理和协调建筑师、结构工程师、景观设计室、设备工程师、开发商、业主代表、施工项目经理、技术人员等各类人员的工作, 通过这些具有不同才能和擅长的人在一起通力合作, 共同完成建筑工程。建筑师要协调各个方面的工作,即使施工图完成, 项目开始招标,建筑师还要出席答疑会议,施工期间还要向业主提供说明、指导和变更, 确保工程的顺利完成。这些工作占用了建筑师除设计外的大量的时间,日复一日的工作虽然辛苦但是也充满乐趣, 因为建筑师有机会发现不同领域的精彩,接受不间断的挑战。

◎ 与业主沟通的能力

有经验的建筑师都知道和业主沟通的重要性，在项目进行的全过程都需要与业主良好的沟通：尽量全面的了解业主的需求和方案的限制条件，尽快利用图像和模型充分表达你的方案构想和设计特色。

业主的范围从小企业家到开发商到政府机构五花八门，有的经验丰富老道，有的从没涉足这个领域。良好的沟通首先要明确业主对设计行业了解多少，与建筑师合作的经验是否丰富，以此决定设计方案表达的方式和水准。针对业主不同的经历和风格，你和他沟通的方式可能迥然不同。在和对方沟通时要注意使用一定的专业用语，并适当加入能引起共鸣的语言，你要让业主感觉设计方案是根据他的需求量身而做，根据对方的思考模式引出的设计构思，让对方感受到你的方案始终关注他的感受和利益。

给业主一定的机会参与你的方案，是获得彼此关系良好运行的关键。正确的甲乙方关系应当是建立在充分认知的基础上，从经济、建造、形象等方面全方位的展示可能遇到的问题与方案的构思，设计的过程也是充分交流和挖掘潜在问题与对方兴趣的过程，保证最终形成的方案建立在有效交流的基础上，共同创造一种产生成功设计的氛围，提高建筑师和公众的合作能力。

从始至终，不断地修改是设计过程中的一个重要组成部分，业主的想法随着政府职能部门的参与、价格因素的影响、细节构造的调整似乎总在改变，建筑师的思路随着设计进展的展开也在发生着变更和调整。方案设计过程的挑战之一可能就是业主对阶段性成果的否定：建筑师为方案的突破而欢呼雀跃，为施工图绘制的呕心沥血千折百回，由于与业主沟通不畅，大家的努力都付之东流，否定、修改、否定、再改、否定、再修改、否定、无休止的修改……结果是淡忘了最初的构想，泯灭了创作的激情。所以，一个成熟的建筑师在全面提高专业能的同时，构建创作和沟通两个桥梁，才能让优秀的专业的设计作品真正建造起来。

◎ 表达和阐述的能力

语言是建筑师表述建筑设计信息的重要方式，成为优秀的建筑师，除了能够设计好的作品，还需要对设计进行充分的表达和讲解，争取设计作品的实现。

无论多么优质的方案都需要用图像和语言的共同表达，面对激烈的竞争，再好的方案也需要通过直观、完美的设计表现渲染方案，同时保证思路清晰、富于感染力的语言介绍方案，这样在竞争中才可能获胜，最大限度的保障设计的品质和经济利益。

将建筑师对空间和形态的设想用图的形式反映为具体的形象，是建筑师的表达基本功。表达和沟通合称"交流"，是说明自身意图，进行讨论，并接受反馈意见的过程，包括建筑和思想两方面内容。建筑师良好的思想交流能力有助于理解业主需求，提供更好的服务，交流过程中充分的表达也使建筑师自身思想的实现成为可能。

精彩的图像是建筑方案的基本语言，高效的讲解可以让设计理念得到更好的传递，建筑设计的表述与交流，利用图示的专业技巧、陈述设计构思中复杂的想象力。解说的重点不是你说的如何动听或如何能够吸引观众，而是如何传递你的信息。

图6-6　阐释方案

对于设计方案，也许你能够做的很好，有创意有思想，但如果不会表达就是件尴尬的事情。所以在平时要注意锻炼这方面的能力，学会阐述设计方案，适当的时候多表达观点，多说专业用语，要清晰、有重点的阐释设计理念（图6-6），否则可能好的创意也被忽视。

◎ 团队合作和专业配合能力

建筑工程设计牵涉到众多专业的合作，只有相互协调、加强配合，才能使设计项目更好的实现；才能提高综合设计水平，保证设计质量；否则会造成人力物力的浪费、设计工期的延误，甚至造成严重经济损失。在建筑方案确定和设计过程中，既要满足建筑的使用功能要求和立面效果要求，又要满足结构专业和设备专业的基本技术要求。一个好的建筑作品，是各个专业密切配合，共同努力的结果。一栋高质量、高标准的建筑工程，工程设计阶段各专业之间的协调与配合至关重要。

在建筑行业中，建筑师作为"自由职业者"，工作有艺术性的一面，比较容易注重个人价值，而忽视团队精神。事实上，作为生产行业，建筑从设计到建造的复杂分工，严密的团队协作十分必需。大型事务所的常见架构是在公司内部分为不同的设计小组，比如根据不同建筑类型将各类公共建筑设计团队划分为商业、住宅、学校、办公楼小组等。小组一般由资深建筑师带领，小组成员互相协调配合，不能一味追求个人表现而不讲团队精神，建筑师的合力代表团队的水平。各专业都有各自的设计规范和设计思路，如果前期对其他专业考虑不足，势必造成后期施工过程中的交叉和矛盾，或者是施工会审后的设计返工。搞好各专业协调配合，熟悉各专业图纸、图纸内部会审、专业技术协调等关键环节，才能提高整体的设计水平。

目前国内的大型设计企业大多是综合性的设计院，众多企业在同一平台上进行不必要的竞争，不利于专业水准的提高。在世界范围内，专门化创作已成为习惯。随着设计企业的专门化，为了提高竞争能力，公司间的协作将成为必然趋势。建筑设计行业不断进行结构调整，要求企业间的合理协作。国家政策也在鼓励专业化趋势，据了解，设计方面也要出台类似的政策。

◎ 旅行和交流

学建筑的应该多外出旅行以增加阅历，应该多接触建筑实际建造和材料使用，克服当今信息时代与物质时空的疏离，当然更重要的是他们对建筑的情有独钟和挚爱。

旅行既是一个观察、体验生活的过程，也是一个理解不同观点、不同东西的最好的机会。交流是另一种形式的旅行，即与不同行业的人相接触，了解不同的世界。

"强烈推荐旅行，旅行能将所学的东西变成自己的东西。我在旅行中获得的知识，要远比在学校中的所得到的要多。但是要从旅行中获益，就必须先学好历史。如果你不了解文艺复兴的历史，或者是当你去雅典的时候，却不知道希腊的帕特农神庙，你就不能看到那些你本该看到的东西。但是如果你研究过文艺复兴的历史，当你去佛罗伦萨的时候，你的眼睛就能告诉你很多东西……而旅行是比教室中学习更能开阔自身的方式。"——贝聿铭

"在促进学科交流的同时，也在某种意义上使学生们产生了一种一体感，共同经历了同一件事情，这种共同的体验对学生来说非常重要。这种交流还应该向更广阔的文化圈和不同

流派的建筑师扩展。不同的东西相互碰撞交流才能形成一个有活力的场所。""使用自己的身体进行调查和思考这一点非常重要。在欧洲有些学校的毕业条件之一就是必须进行一年或半年的实习。这一点非常的好。以前，有学生在巴黎工作半年，然后去柏林，再去洛杉矶，这样巡回一圈也就是"旅行"了，也开阔了视野。"——安藤忠雄

◆ 注册建筑师考试相关

注册建筑师是依法取得注册建筑师资格证书，在一个建筑设计单位内执行注册建筑师业务的人员。根据考试内容分为一级注册建筑师和二级注册建筑师两种，不同建筑师的执业范围不同。我国1994年9月开始执行注册建筑师执业制度，2014年11月24日国务院发布《关于取消和调整一批行政审批项目等事项的决定》，将其作为管委会管理典范取消行政审批，进一步简政放权并与国际接轨，由全国注册建筑师管理委员会接管。

由于管理方式的变化，2015年注册建筑师考试工作暂停，2016年人社部的考试规划上也没有一级注册建筑师的计划，但是这只是取消一级注册建筑师资格的行政审批带来的短期影响。作为建筑学专业的从业人员，必须通过注册建筑师考试的方式取得建筑师资格。

◎ 考试的内容和形式

建筑知识就像人体一样，有骨骼，有肌肉，有血液，有皮肤，还有各种神经系统。结构体系宛如建筑的骨骼，外装饰恰似皮肤，给排水和通风管好像是血液和排泄系统，强弱电好比神经系统。在学习的过程中，把各种专业知识融会贯通，成为一个整体去认识，而不是把一个个专业割裂开来学习。具体的学习方法市面上的参考书很多，但是万变不离其宗，考试要用的教材是基础也是重点，一系列的规范尽量牢记，难免某一年的考题过偏，遇到有深度的问题（图6-7）。

图6-7 注册考试

因为建筑是门综合性强的学科，各科之间都有较强的联系，况且考的科目也有类似的内容，所以一二级考试可以同时报名，穿插着考，如果同时报一级和二级，以一级的难度来复习二级，通过的概率肯定大的多。工作和考证应该相得益彰，工作中注意积累，考试就不会过于紧张和专门复习。

二级注册建筑师包括4个科目，4年循环：场地与建筑设计（作图题）；建筑构造与详图（作图题）；建筑结构与设备（知识题）；法律、法规、经济与施工（知识题）。一级注册建筑师考试8年循环，9个科目（前6科为知识题）：建筑设计，建筑经济、施工与设计业务管理，设计前期与场地设计，建筑结构，建筑材料与构造，建筑物理与建筑设备，建筑方案设计（作图题），场地设计（作图题），建筑技术设计（作图题）。

◎ 如何看待注册考试

刚开始复习的时候都会觉得要复习的知识太多，但不要还没有尝试，就先把自己吓倒。真正复习下来，但是只要能静下心来，你就会发现获得知识的时间和能力比你原来预想的要短得多，强得多。再难的一门知识科目，哪怕是原来没有学好的，掌握正确的方法和要点，一到两周的时间集中精力复习就完全可以顺利通过。以建筑结构为例，大多数学建筑的设计师认为在客观知识的六科里最难，但建筑师考试的题目不可能太深入，大多是一些基本的结构概念和基本的力学计算，真正复习也会比较轻松地通过。

好好复习，放平心态，不要单纯以考试为目的，复习这些知识对建筑设计有很大的帮助，真正用心你会受益匪浅。

考试的局限性： 所有的考试都有局限性，这是没有办法避免的。一分辛劳，一分收获。没有通过考试只能说明两个问题：一是功夫没有下到，二是复习的方法有误。复习时候要把记忆的时间定远一点，不要只把时间定到考试的时候，这样你遗忘的时间会大大延长。注册考试的时候和平时做工程有很大区别，考试都有评分标准，开始复习要对评分标准深入分析，答题时才能切中要害。另外就是考试的时候不能轻易地放弃，刚开始个别科目可能因为没有复习到位不能通过，但是只要坚持下来，一定能够通过所有科目。

坚持就是胜利： 不管考试时的状态如何，不管复习过程中遇到何种情况，你一定要坚持！

复习时的心态应该平和一些，目光放远一些。凡是平时不了解的知识复习都要先理解和分析，逐渐就能融会贯通。注册建筑师复习不单单是为了考试，通过复习能够建立一套完整的建筑知识体系，使专业知识结构更加完整系统。

◎ 合理的计划和方法

根据自身的情况制定一个合理的计划，安排好复习的时间，每个科目的复习程度，想要达到的效果，都要在计划中标注清楚。平时大家上班都很累，闲余时间很容易放松懈怠，所以考生要制定一个复习计划表来约束自己，做好注册建筑师考试的备考工作。

围绕大纲：考试大纲是考试的方向，考生应该按照大纲展开学习。复习每个科目前都应该先看一下大纲要求，这样心中有数，学习的过程中就会更有针对性。大纲中要求的知识点要仔细的理解记忆，大纲中没有要求的知识点，或是不重要的知识点没有必要花费太多的时间复习，了解即可。

理解记忆：注册建筑师考试的知识点比较多也比较散，但是各个知识点之间是有关系的。考生在记忆知识点时，要做到分门别类，归纳相关知识，对比记忆，这样不但能够提高记忆速度，而且记忆也比较深刻。记忆某个知识点前，考生还要注意尽量先理解理论，结合工作实践，这样会大大提高复习效率。

模拟试题：在复习完教材后，应该适当做些模拟试题，以此来加强对各科知识的进一步理解，检查出记忆不深刻的知识点，做一些练习题和有代表性的模拟试题。大家对历年真题一定给予足够的重视，一方面利于你熟悉题型和要点，另一方面注册考试的题目有一定的重复率。

选择辅导班：单纯依赖辅导班学习通过考试根本不现实，辅导班的作用一个是提供一个互相交流经验和信息的机会，另一个就是针对自己确实薄弱的科目，尤其是作图科目通过辅导老师穿针引线，总结经验和方法，消除这些科目的神秘感，避免走弯路。

◎ 考试经验分享

一注的九门科目相互间有区别，但也有着紧密的联系。建议考试的年轻建筑师，第一次考试最好全部报考，各科都要复习，能把这几门融会贯通，即是最高境界。比如：结构、设备和技术作图；场地知识与场地作图，建筑施工与建筑构造等。有时考试时你会发现，复习A科目的知识点出现在了B科目的考题当中。

复习要有条理：建立一个知识框架，对各考试科目进行梳理，保证所学知识全面系统。复习的时候有两种方法：一个是通过记忆，二是通过理解。注册建筑师主要考察的是你对知识的理解和融会贯通的能力，特别是作图题目，考察的知识更综合，更灵活。仅仅靠记忆很难取得好的成绩。

复习的时候，应该通过理解来获得知识，复习一个知识点，就要彻底明白个"为什么"，弄清来龙去脉，而不是敷衍了事。看起来一个一个问题都要理解是很费时间的，要查很多资料，要问别人很多的问题。但是实际上总体来讲这样做反而节省时间，而且效果更好，可以复习一遍就基本掌握主要知识点。

资料的选择问题：不要过多地选择复习资料（图6-8），注册管理委员会出的一套复习教材就已经足够了，只要你能够融会贯通，对相关的法律规范理解和记忆，通过考试完全没有问题。规范可以说是注册考试的重点，尤其是选择题的考试科目。复习规范时，要特别注意规范的时效性，丛书中的规范最好不要看，因为书中有错或是过期规范你不一定知道，千万不要复习过期的规范。

作图科目复习：作图科目复习主要抓住两点：平时动手、考场动脑。方案作图更多的是考察你实际操作的能力。说白了，就是要练习，每科都要做模拟题，计时

图6-8　资料的选择
图片来源：www.pyiyw.com

打分，找到薄弱环节，考前解决手生的问题，不能到考场上去试笔是否好使，尺是否好用。

三个作图科目的考试都需要理解出题人的思路，在考场紧张的气氛下容易智商降低，沉着冷静的分析考题的主旨尤为关键。场地设计作图是一门很有考试技巧的科目，首先必备的知识要掌握牢固、系统；其次考试的时候做题要有正确的思路，理解不同题目的考点；场地设计作

图的要求并不难，只是由于平时对场地设计接触的较少，多分析，多比较才是上策，不要看到题目很简单，提笔就画。

建筑方案设计作图首先要分析总图、功能和流线，最重要的问题就三点：一是不同大小空间如何组织在一起的问题；二是建筑流线和防火疏散的问题；三是指建筑面积和技术指标的核算问题。

技术作图的剖面图和节点详图部分大家都很熟悉，但是也往往得不了高分。原因主要是因为平时太依赖绘图软件和标准图集，没有真正理解建筑构造。造成你对构造虽然熟悉，但缺乏深入理解，考场上受时间和条件的限制不能达到考试要求。技术作图的结构作图一般不容易掌握的很好，比较难复习；建筑设备作图题相对简单，理解主要系统的基本原理可能就得到一定的分值。

再次相信自己：注册考试的目的是考察你有没有达到一个建筑师的最起码的合格标准，而不是选拔优秀的建筑师。所以大家复习迎考的时候要更多地把握一些相对理性的知识，平时工作侧重方案设计和施工图设计的建筑师，想尽快通过注册考试，一定要在考前针对工作实践中较少接触的施工图和建筑方案有针对性的练习，尽快提高应试的能力。

通过注册建筑师考试复习了解知识和技能需要提高的地方，最大化的利用学习资源，以考试大纲为核心，利用考前辅导班提高薄弱科目，通过复习资料和历年试题梳理不同科目的主线，抓住重点，勤动手、多动脑，有计划、有节奏，把通过注册建筑师考试当作自己职业生涯中的一个阶段性目标去努力。建筑师注册考试，没有你想象的那样难。只要坚持和行动，你一定能通过！

◎ 自我教育与终身学习

有建筑学本科的专业教育经历，会用CAD画图，进入设计院工作没有问题；在设计单位工作后能否有出色的发展，取决你的工作态度，而不是念书时的成绩排名。学建筑、搞设计的不怕自我感觉差，就怕自我感觉良好。这个行业里，眼高手低、自我感觉还不错的人占了大多数，缺的就是踏踏实实、谦虚务实、乐于学习的人，务实的精神对于建筑师十分重要。

从事建筑设计，大学阶段仅仅是一个门槛，工作后你对这个行业才开始真正的了解、入门，成为一名出色的建筑师必须做好终身学习的准备，你还有很长的一段时间要走，想要更加出色的发展，持之以恒的学习与积累必不可少。继续教育有很多方式，你可以选择出国深造，体验另外一种文化下的教育，也可以考虑在其他类似的领域工作。

自我教育： 在日常的工作中你要可以结合自身条件，选择多种学习方式：尽量做到每过一段时间，就到大学或国外短期进修和学习，吸收新鲜设计和经验；通过参加行业会议或职业群体聚会开阔眼界，结交同行建筑师；找机会以委托方、监理方的角色体会专业问题，或者通过与委托方的交流沟通，了解不同委托方对于建筑设计的思考和需求；通过阅读专业书籍等方式丰富知识结构，了解新兴建筑技术和材料知识、掌握各种建筑法规、学习积累国内外新设计手段。

> *每个人知道的越来越多，但同时理解的越来越少。我认为太多的信息就像毒品一样，慢慢你会因为毒品而形成依赖性。因为你的需求会越来越大，最后你会不由自主的停止思考。*
>
> ——伦佐·皮亚诺

终身学习： "活到老、学到老"的古训，对建筑师保持更长的职业生命力显得尤为重要。建筑师是少数可以工作一生的专业，也是少数越老越吃香的职业。但现在的情况是，年轻建筑师很容易陷入职业枯竭感，往往等不到自己"风光"的那一天就已经转行了。强调终身学习，目的是掌握更多的专业知识与技能，提升自我的综合素质与能力，跟上时代发展的潮流，避免职业枯竭感的产生。

目前国内的继续培训体系和机制很不完善，建筑师更多的依靠自身思考寻找资源，可以通过游历考察、读书深造不断前行（图6-9）、注册考试和参加设计竞

图6-9　不断前行

赛等方式实现继续学习，做一名有社会责任感和使命感的建筑师。

学校是最初学习专业的场所，设计单位是把知识、理论转变为现实的基地。设计院的实践锻炼和注册建筑师考试制度的要求，让你在职业之路上不断前行，在理想和现实间进行着创造、抗衡与妥协，逐步成长为一名优秀的建筑师，为未来的专业发展奠定坚实的基础。

"你们必须具有旺盛的求知欲。我的意思是，当你们成长壮大时应该如此。当你们30，40乃至50岁时也是如此。等到你们60岁时就不需要了。因为你已经真正成为具有旺盛的求知欲的人了。"—— 伦佐·皮亚诺

（二）缓冲就业——选择读研

考研好，还是直接就业好? 即将走向社会，生活真正向你展示了它的宽广和驳杂；建筑学专业就业的选择似乎出现了无穷的可能，多元的呈现在你面前：机遇、诱惑和风险并存，哪条道路更加平坦? 那个方向更加正确? 人生没有回头路，你无法预知另外一条道路上的风景如何，错过就错过了，领略就领略了，一切只能通过实践和探索去把握! 从社会大趋势和企业需求来看，本科生的总体就业形势不及研究生，研究生更好就业。建筑行业与经济发展的关系比较密切，就业形势会随着经济走势呈现上下波动的状况，本科毕业直接就业还是考取研究生，应当从个人情况出发，结合社会需求和职业规划进行选择 (图6-10)。

图6-10　考研还是就业

作为读研深造的目标院校一般应该高于本科所在学校，当然如果本科是清华大学、天津大学、东南大学、同济大学这类高水平的学校，更多考虑的是选择心仪的目标导师。

三年的研究生生活很快就会过去，既然选择读研就要让这段时间过得充实无憾，无论在学

术上、实践上还是知识储备各方面都要有所提高，就像是一个蓄满电的小电瓶，储备好能量，做好学问的同时，进一步明确未来发展路径，提早考虑好就业的方向。

◆ 读研动机分析

要想清楚考研的目的再决定是否读研：你是把建筑设计仅仅当作一个工作和谋生的手段，还是热爱建筑希望继续深造？你考研的目的是想要深入学习建筑设计，还是不喜欢本科专业，希望有一个重新选择的机会？

◎ 为什么读研：

第一提升自我：你的专业知识和技术水平都学得非常好，是同学中的学霸，老师眼里的骄傲，找到一份令人羡慕的工作不在话下，但还是觉得有提升的空间，想在专业学习的道路上进一步学习，做出了"我要读研"的决定；回首几年的往事，让你感觉本科时耽误了好时光，没有将专业的基础知识打牢，还有很多欠缺和不足，以这样的状况应付工作心有忐忑，想通过读研进一步学习和提高专业知识和能力水平。

第二学历要求：作为即将毕业的大学生，你的理想职业至少需要研究生学历，否则很难胜任。例如职业理想是高校教师，那首先要读取研究生并继续深造才可能走上梦想的讲台！

第三逃避就业：喜欢单纯的校园生活，衣食住行高枕无忧的生活还没过够，对于离开校园后高负荷的工作和复杂的社会关系没有充分的思想准备。你考虑读研不仅可以深造，还可以继续轻松自在三年，何乐而不为！

第四改专业：不喜欢你目前学习的专业，更不想从事这方面的工作，想通读研这条路来改变方向，跨专业考取建筑学专业的研究生，希望通过三年的学习，为将来从事建筑学行业的相关工作做好专业方面的准备！

第五盲目跟随：其实你并没有明确的主见和想法，看周围的人都想读研，既然大家都说读研好，还有伙伴们的陪伴，那就试试自己的能力和运气，向考研进军！

每个人的想法、情况和出发点不同，无法简单的判断选择考研道路的对错，但读研基本的原则可以归纳三点：考取比本科专业排名靠前的上一级学校，并选择适合的导师；无论初衷如何不能虚度三年的时光，被动的研究生学习注定是失败的阶段；读研不是最终的目标，读研期间高质量完成论文的同时也应当注重实践的学习。

◎ 读研与就业的关系

　　近年各大设计公司录用新人的"门槛"越来越高，就业的压力也越来越大。读研学历高，相对的工作好找，工资待遇也高，很多人受此影响，争相确定了考研的方向！

　　探究读研动机的同时不要忽视这样一个问题：工作能力和学历到底哪个更重要？学历是门槛，能力更重要！一个刚毕业的研究生A和他当年的本科的大学同学B到设计院面试，B本科毕业，已经工作了4年，完成了很多工程项目，积攒了足够的工作经验，对设计院的工作得心应手，而A读了三年的研究生，有实习一年的经验，和老师做过科研项目，对某项具体的课题进行过深入的研究，而且有较强的方案能力，但实践能力还很欠缺！表面上看研究生的能力一定会比本科毕业的学生能力强，但是先就业的同学也从没停止过努力，这四年的时间他在工作岗位用实际行动打好了基础，积累了丰富的实践阅历和工作经验。那么A和B两位同学到底有没有高低之分？暂无定论，就要看下一步的能力之争。

　　既然选择了研究生这条路，就要"未雨绸缪"——考虑好未来的可能，在研究生学习的过程中，制定合理的学习计划，在进行理论研究和学习的同时，应当在导师的指导下参与一定的实践性活动，比如：设计竞赛、工程实践，同时要和参加工作的同学保持更多的联系，从而达到理论与实践齐头并进！如果把研究生生活简单的看作大学生活的延续，毕业后你一定会怀疑当初的选择！

◆ 酝酿抉择读研

　　目前很多高校都有一定的保研名额，保研考验学生的专业素质、工作能力和竞赛水平等多方面因素，保研的核心问题是提前了解、知己知彼，争取年级靠前的排名，有针对的制定科学的策略和实施办法。国内不同高校保研的要求各有不同，一般依据综合素质测评，其中学习成绩占80%，由于各学校综合测评实施细则不同，因此保研方面的问题应该根据不同学校情况进行深入研究。

如果没有保研的机会，只有通过考研实现读研的目标。在选择报考的学校和专业时，考生应该结合自身的意愿、条件以及将来自己的发展方向来考虑好考研志愿，毕竟专业的确定在很大程度上会决定未来的职业和前途。

◎ 学位类型

我国学位类别分为学术性学位与专业学位。学术性学位按照学科门类授予，分别为学士学位、硕士学位、博士学位。专业学位虽也分为学士、硕士和博士三级，但一般只设置硕士一级。各级专业学位与对应的我国现行各级学位处于同一层次。专业学位按照专业学位类型授予，专业学位的名称表示为"××（职业领域）硕士（学士、博士）专业学位"。

学术型硕士与专业型硕士的区别：二者均属于国家正规的硕士研究生培养。从培养模式看，前者注重学术的研究，后者注重应用，一般的专业型硕士都需要实习一年；从难易程度看，专业型硕士的录取分数相对低一些，而学术型硕士的要求要高一些；从考试区别看，学术型硕士和专业型硕士的英语试题或成绩标准不同；从学费方面看：专业型硕士学费较高。

◎ 确定专业

专业和招生单位的不同搭配形成了报考的4种基本模式：本专业本校报考，本专业跨校报考，跨专业本校报考，跨专业跨校报考。不同报考模式复习备考的工作量和难易程度各不同（图6-11），以下是建筑学研究生的相关专业及院校和相关专业的就业分析，考生在选择专业时可以进行一定的参考：

建筑历史与理论：作为建筑院校必开设的专业，建筑

图6-11 选择专业

建筑师起点
——从岗位实习到职业规划

历史与理论已有近百年的历史，堪称"长老级"专业。这是一个要求较高的综合型专业，学生不但要掌握建筑知识，还需要掌握许多中外历史知识。考试科目一般包括中外建筑史、中国古代史、建筑设计等。以清华大学该专业每年入学试题为例，建筑历史与理论分为"建筑历史"与"建筑理论"两部分，各占75分。历史部分分为单选(20分)、作图(10分)、填空(15分)、简答(30分)，其中单选题部分各高校要求都差不多，只要考生对建筑史比较了解，再多看看参考书，一般问题不大。作图题的要求则比较高，一般是画1～2个世界著名建筑物的平面、立面图，这要求考生不但要有丰富的世界建筑物知识，还要有很好的记忆力和徒手画功底。填空题的特点是内容覆盖面较广，知识点多。简答题考的是硬功夫，一般可在参考书上找到相关的论述或通过资料总结出答案。理论部分一般题目不多，但每道题的分值都很大，建议考生对"思想"、"风格"、"精神"、"主义"、"影响"、"方向"等关键点多理解多记忆。

准备这类考试时有一个比较突出的技巧：考前一定要多关注你报考院校所在城市的著名建筑(及历史)、该校的建筑历史以及校内的著名建筑，考题很可能都出自这些。 建议考生多看看《中国建筑史》、《清式营造则例》、《外国建筑史》、《外国近代建筑史》、《公共建筑设计原理》、《建筑空间论》等参考书。建筑历史与理论虽然是老牌专业，但由于其偏重文科，所以就业情况不是特别理想；然而比较综合的专业知识使得毕业生就业面相对较广，考古、古建筑复原、建筑论证、建筑评价等都可以成为该专业学生的就业方向。

开设院校：清华大学、同济大学、东南大学、哈尔滨工业大学、西安建筑科技大学、浙江大学、昆明理工大学等几乎所有设有建筑硕士专业的高校。

建筑设计及其理论：作为最能体现建筑学技术含量的专业，建筑设计及其理论专业在各高校不但具有普遍性，而且也有着深厚的历史积淀。该专业毕业生是建筑设计方面的专门人才，也是考注册建筑师的主力军。专业入学考试注重设计能力的同时，构造、原理、法规，等也是该专业的基础要求。考试科目主要包括中外建筑史、建筑构造、建筑设计(连续考试6～8小时)等。建议考生多查阅《中国建筑史》、《外国建筑史》、《外国近代建筑史》、《公共建筑设计原理》、《建筑空间论》、《建筑构造》、《房屋建筑构造》等参考书目。

该专业的毕业生以其深厚的设计功底赢得大多数设计单位、地产单位的青睐，就业情况是建筑专业里最好的，大多数建筑类高校招收该专业的考生相对人员比例较高。开设院校：几乎所有设有建筑硕士专业的院校。

建筑技术科学： 建筑技术科学主要研究的是现代科学技术在建筑中的应用，属于一门新兴专业。该专业以较高的社会科技发展水平为依托，一般包括生态建筑、人居环境保障、建筑节能、智能建筑、特种建造、绿色建筑等建筑技术的研究。尽管目前高科技的建筑数量不多，但它是整个建筑行业的发展方向，也是人类未来居住环境的发展要求。由于开设时间较短，该专业的就业优势还没有充分体现，但潜在的政策引导和社会发展要求，使得整个社会越来越关注建筑技术科学的领域，因此该专业具有广阔的发展前景。

开设院校：东南大学、哈尔滨工业大学、河北工业大学、湖南大学、华南理工大学、清华大学、山东建筑工程大学、太原理工大学、天津大学、同济大学、西安建筑科技大学、浙江大学、重庆大学、沈阳建筑大学、华中科技大学、河北工程大学、深圳大学等。

◆ 准备充分迎考

考研是一件艰辛的事，耐不住寂寞的人往往不能把全部心思放在复习上，虽然他整天口口声声说在复习考研，但复习时常常趴在桌子上睡觉，结果可想而知。既然选择了考研，唯一能做的就是好好备考。

◎ 考研障碍

三心二意： 考研首先要解决的还是一个心态的问题：三心二意、心猿意马、心浮气躁是考研最大的障碍。在学习与工作之间徘徊或者由于个人感情等原因无法专心学习都是考研大忌，如果选定了考研的目标，就要全力以赴。

动机不当： 有的人只是为了一个名校梦，有的人把考研当成一种与他人抗衡的途径，有的人觉得无所谓，把考研当成了水平测验，这些都是意气用事的表现。这些考研的动机往往造成主次不分，没有发自内心的学习目的，成功的概率也不会太大，即使成功了也缺乏后续的动力。

信心不足： 不是因为做不到而没有信心，而是因为没有信心才做不到。其实考研并不难，难的是如何相信自己有绝对实力。还没有考试心已胆怯，那样失败只是早晚的事情。

没有良伴：考研需要花费很长的时间，中间还要承受很大的压力，有时你会很烦躁，好伙伴可以不断提醒你曾经定下的目标和当初的梦想；遇到困难时伙伴与你并肩作战，增加必胜的信心；伙伴和你在比较中前进，更易接近预期的目标。

消息闭塞：考研实际上也是一个信息战争，得到一些确切的"相关情报"不仅可以节省你的时间和精力，而且还会事半功倍地得到一个理想的结果。有的人喜欢埋头苦干，以为功夫下到，自然水到渠成，事实上我们应当首先掌握信息，再埋头苦干。

◎ 考研良策

制定并执行合理有效的学习计划是考研成功的保证：把考研时间划分成不同阶段，针对各阶段的特点有所侧重地安排任务，根据整体复习与阶段复习、单科复习相配套的原则，结合实际情况，制定出全面兼顾，有的放矢的计划并加以实施。

精选资料：首先查看所报院校的研究生院网站，上面会发布该校的招生简章和考试信息，将所考专业的考试科目以及历年真题尽量下载，然后尽快找全参考资料；可以通过求助学长找到详尽的资料，并了解报考学校更多的考试信息；了解当地的考研辅导机构，确定补习科目和辅导班；关注当年的考研信息，多上一些考研的论坛，在交流考研的心得和共享资料中收集信息和复习资料（图6-12）！

图6-12　精选资料

考研时的复习资料很多，但是没有一个人可能把所有的资料都看完，更何况也没有必要，买过多的参考书不但浪费，而且还会造成心理负担。一般说来，不同科目每科固定一两本书就可以，不能贪多。

合理计划：考研是场硬仗，要有计划性，做到心中有数，在收集完资料后，首要的任务就是制定作息时间表和学习计划，作息时间表就是你这一天的学习时间和休息时间的安排，考研时间紧，任务重，但是也要留有一定量的休息时间，"既想马儿快点跑，又不想给马儿吃草"是不可能的，不吃饭不睡觉是多了一些学习的时间，但是学习的效率一定是不高的；考研是个持久战，要少则半年多则一年的时间，不能还没等考上研，身体就垮了，一切也就没意义了。制定学习计划，它包括一个小计划，一个大计划，小计划就是：每天的学习计划，将所要复习的科目：英语、政治、专业课（中外建筑史、构造或者建筑原理的综合）、快题，按照自己的学习习惯分配到一天中的不同时间去复习，并且要把每天要完成的量定下来；大计划就是：月的学习计划，每个月下来，各科的复习达到怎样的程度，不能保证每天要完成的学习量都能达到已定的标准，但是取长补短，一定要完成大的计划。制定合理的计划并坚定的走下去，已经成功一半了！

你要和时间赛跑，要和其他的考研同学赛跑，你要放弃玩乐的时间，面对更多的孤独时刻，利用一切时间，忘我的复习，相信只要合理利用时间，辛苦付出之后一定会有回报！

方法技巧：考研中除了勤奋用功、坚持不懈以外，复习方法也非常重要。如果法不得当，就会不得要领，做出舍本逐末的事情。复习时就要抓住考试的根本，从分析考试大纲和真题入手，确定复习重点，将重要的知识点和题型搞透，不要妄图面面俱到。复习时要注意把握记忆规律，平时不会做或做错的题要特别注意，最好隔段时间就要重做一遍，否则考试时你就会觉得许多题都似曾相识，却不能交出完美的答案。

掌握记忆规律很重要，但更重要的是对知识的理解；不提倡题海战术，但做题要有一定的量，不能只看例题，不动笔练习；要学会与人交流，学会归纳总结，分享和借鉴好的学习经验和记忆方法；要重视基础知识，明确主次，不要舍本逐末；还要做到持之以恒，无论怎样，坚持到考试结束。

适合自己：别人的经验可以用来借鉴而不可以生搬硬套，没有一个人的经验可以完全适用于其他人；不要过分依赖学长的笔记，迷信前人的经验，每个人的情况都是不一样的，要找出适合自己的学习方法；复习过程中要静下心来慢慢地理解不同科目的知识框架，要根据自己的情况制定计划书，不能盲目跟从别人的经验和进度；不要被辅导班的广告所迷惑，多向学长请教，选择口碑最好的辅导班。

虽然计划赶不上变化，但制定了计划就要最大程度的发挥作用，在必要的灵活变通情况下坚决执行，不要随意的一变再变；有了计划可以保长补短，避免外界的干扰；通过计划可以更合理地学到考试要点；循序渐进，肯定能高效率的达到目标。

准备充分： 虽然有的人在很早之前就声称考研了，可那也是雷声大，雨点小，没有什么实际行动。到了关键阶段有了行动，也不是很投入。等到幡然悔悟时，离考试也就没多少时间了！每年号称有数十万人报名考研，但真正坐到考场上时就少了一小半，等到真正坚持考完而且有信心者，数量更少。大多数考生考完后的感觉是：题目不难也不偏，只是复习准备不足。

准备考研不在于开始的早晚，而在于是否真正用心。一般情况下系统的复习可以在大五年暑假（七月份）开始，此时距考试还有半年，时间足够了。甚至也有人在9月份决定考研获得成功。但千万记住：一旦开始动手准备，就要全身心的投入，不要让任何事情打扰复习的过程。

◎ 科目复习

建筑学专业考研的考试科目通常包括专业课、外语和政治，根据报考专业和报考院校的不同，专业课的考试科目和复试科目都各有侧重，一般包括快题、中外建筑史、理论综合（公建原理、建筑构造、建筑规范）等科目。

快题考试： 每个学校对于快题要求不同，有3小时快题和6小时快题，有的初试要求快题有的复试要求快题。对于图纸的尺寸要求有A2和A1，图纸有绘图纸和硫酸纸，复习初期就要将报考学校科目要求弄清楚，然后按照不同情况进行有目的的复习和练习！

挑选文字讲解清晰、表现简洁精彩的快题技法书，体会快题表现的训练方案，学习快速设计的方法，考前进行反复的模拟训练，尽量形成自己的绘图模式！（图6-13）：

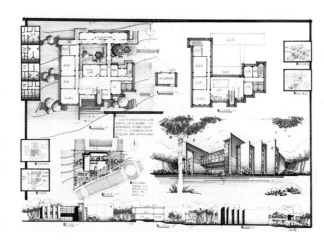

图6-13　快速模拟练习

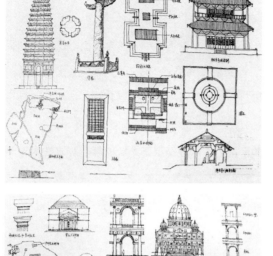

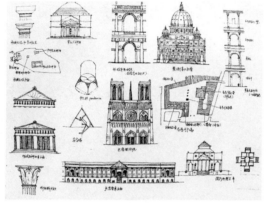

专业理论课：建筑学的专业理论课主要是记忆性的，参考书拿到手后，首先应该进行概括性的复习，多次记忆；看书的同时，多写多画，以便印象深刻；如果记忆力不是很好，应反复阅读，对书的脉络和内容才有了基本的掌握后集中记忆，如果你的理解能力和记忆力足够好，一般两遍就可牢记！然后就要进行重点复习，将专业课历年试题收集好（5～10年），将每一道题的知识点都在参考书上找到，并标记下来，两三套真题之后，就会发现，好多知识点都是重复的，也有新增的，几乎不会有过大的变动，书上的标记的重点内容要重点去复习，包括它的出题形式也要尽量考虑到，自己进行部分资料的整理（图6-14），最后把整个知识体系进行一下穿线整合！

图6-14　典型建筑手绘

英语：英语与政治不同，它需要扎实的基础，不是一朝一夕就可以有显著的提高的，每年都有一部分的同学因为英语不过线而落榜，对于英语不好的同学来说，可能这一个科目就成为不可逾越的鸿沟，让你对考研望而却步！目前来看，无论从事什么行业，英语好都是一个有利的条件，一定不要放弃对英语的学习！在复习的时候，建议首先要掌握考研英语的词汇量，单词量过关之后，再来攻克阅读，因为从试卷的分数比例上可以看出，阅读题的比例很大，难怪有人说"得阅读者得天下"。苦练阅读的同时，完形填空、翻译和作文也在同时提高，在复习阶段的后期，再将不同类型题做一下系统的练习，最好的资料同样是历年的考试真题，仔细透析不同类型题的考点，收获一定会很大！部分同学对自己的学习方法不太自信，那就报个辅导班，跟随老师，系统有层次的复习英语！

政治：政治的考试内容多与实事有着紧密联系，考生要高度重视，要充分发挥政治时事部分复习资料的作用。如果觉得心里不踏实，可以报个辅导班，跟着老师的脉络结构进行复习，从事辅导考研工作多年的有成熟经验的老师，会合理的安排考生的学习进度，由始至终的陪伴你考研的全过程！

◎ 轻松应试

复习的时间结束了，即将进入考场，有的同学复习得很充分，将可能考的知识点都熟练掌握了，基本没有留下死角，那么考研应该对你来说可谓胜券在握！有的同学感觉复习的不是很充分，时间来不及，内心十分忐忑，甚至想临阵脱逃！无论复习的如何，考前更应该做的是调整心态，轻松应试，复习得怎么样已经不重要的，重要的是调整心态，考场上好好地发挥，将所复习的内容淋漓尽致表现出来，争取得到最好的结果，这样就无愧于心了！

◎ 复试准备

初试顺利过关，最大的难题已经过去了，成功离你只有一步之遥了！复试包括笔试和面试两部分内容。

笔试：一般学校的复试笔试科目就是英语和快题！笔试科目和初试基本大同小异，还用之前的方法巩固练习即可，加重砝码的是英语听力部分，复试的听力比重会加大，所以要集中进行一下训练！**面试：**在面试时要注意一下仪表及礼貌问题，给老师一个好的印象，面试是综合素质的展现，多年的积累在短时间内展示出来，只要能付出辛苦考研，而且初试也能顺利通过的同学，专业知识方面的储备一定不弱，但能否从容面对老师提出问题，还需提升自信有备而来！遇到不会的问题就抱有谦虚的态度当面请教，不要给自己过多的压力，面试就是展现最好的自己！

◎ 导师沟通

发表考研分数后，要依照近年来报考院系的复试分数线初步估测一下是否能够上线。如果有希望上线，建议你立刻行动起来，准备复试的同时和导师进行联络。和导师联系的目的是让导师熟悉你，对未来的学生有一个初步的印象。复试的过程可以与导师进行面对面的交流，有可能因为紧张等原因无法完全展示出你真实的学术水平，如果提前联系导师能在一定程度上减轻你的紧张情绪，进行更好的展示和表现。

尽管和导师联系的目的并不是获知复试题目，然而考生通过采取有效的表达方式，尽可能多地从导师那里得知复试的相关信息是完全有可能的。如果在考研初试时联系导师还有些避嫌的想法，那么发表成绩后联系导师就显得理所当然了。

如何联系： 联系导师的途径有很多，比如登门拜访或电话联系，或者发邮件等。通过E—mail和导师联系是一个较好的方法，有的导师在复试前不接受考生的联系，但是并不拒绝发邮件的方式。你的第一封邮件内容主要是自我介绍，目的为了让导师对你有所了解，所以一定要表达坚定的报考意愿和对导师研究领域的浓厚兴趣。

如果你的学术功底比较扎实，可以尝试在邮件中跟导师探讨一两个学术问题。建筑学专业研究生阶段对于研究方向的选择可以有很大的差异，可以在邮件中表达对导师研究领域的兴趣和想法。导师的研究方向反映了这阶段他关注的焦点，面试的时候他的兴趣点，也很可能与他的研究方向有关。

考生平时要多看相关专业领域的一些权威期刊，对报考导师的学术观点、论文、专著应有大体的了解。这些文章在中国期刊网上一般都能找到，找到最近几年导师发表的文章，对他的近期研究方向进行一定的思考。如果你能在面谈时对导师研究方向表述观点，那他一定会对你留下深刻的印象。

给导师的信中，可以包括以下内容：你本科期间的学校和成绩；你的考研分数；说明你联系这位导师的目的：是想调剂，还是想询问一些关于复试的问题，文字要简单明了。还可以简单介绍自己的擅长和特点：比如，是否过了六级，是否发过论文等。其他的无关信息，如与专业无关的奖项不宜涉及，导师对此不感兴趣。

文字表述礼貌是必不可少的，要告诉导师你从哪里得到他的邮箱，是在某个期刊或者学术著作，或者是学校网站。能在信件上说明到这一点，导师会觉得你很细心，懂得尊重人。始终以一种谦虚而又不失自信的态度向导师表达你写信的目的所在，再次强调，文字要简单明了，以300字左右为宜。

有一点必须说明，导师回不回信，不要花太多的心思去揣测，如果回，说明你很幸运，没有回信也不要影响心情。与其花太多的时间去琢磨导师的想法，不如脚踏实地地准备复试。

注意事项：导师研究领域了解不深入的情况下，不要夸夸其谈，可以选择从其他话题入手，比如对学科的兴趣、自己的优势等。介绍自己时应扬长避短，以正面介绍为主，不要过多暴露自己的缺陷。

和导师联系之前，尽量多方打听导师的爱好、性格、学术风格等细节信息，可以先和导师的研究生取得联系，做好充足准备，做到有备无患。沟通过程中注意言谈举止大方得体，不要不切实际地赞美导师，同时也不要过于拘谨；通过互联网找到导师最主要的著作或最有代表性的学术成果，联系之前多读几遍，尽量理解并记住其中的主要观点，和导师谈话时做到有备无患；不要直接询问导师关于招考人数、参考书目、历年试题等招生简章上已经有明确说明的问题，导师的工作也很忙，解释这样的问题会让他觉得考生依赖性太强。

初试期间联系导师应保持一定的时间距离，不要太过频繁，复试期间可以加强联系，导师分配期间也应增加联系。平时可以利用节假日给老师发个电子邮件或短信，保持联系的同时也能获得导师的好感。

一般导师比较看重学生的第一选择，认为这样的考生对自己的研究领域热情很高，以后指导起来比较轻松；和导师取得联系并不意味着导师和考生之间有了某种承诺，导师在复试成绩没有出来之前，对学生不甚了解的情况下不会轻易做出许诺的；考生应该端正和导师联系的动机，加强联系的目的在于让导师熟悉和了解自己，同时也让自己更多地了解导师。导师一般不会透露关于考试题目的关键信息，抱着这种目的和导师接触的考生千万要慎重，往往会适得其反。

◎ 如果失败

考研就像一场战役，有胜必有败，也许你会觉得不公，也许你无法接受这个现实，但是，事实不容许更改，只能正确的面对。站在原地，再回头看看，过去的一年，用尽了心力，付出了全部，为了考研的目标，别人看电视的时候，你在复习；别人逛街的时候，你在复习；别人睡觉的时候，你在复习；别人在吃大餐的时候，你舍不得时间吃了一袋泡面，还在复习！日子一天天的过去，你顶住了压力，耐住了寂寞，直到最后一刻。如果这样的情况下考研失利，其实，你并非一无所获，你的内心变得强大，你将考研这条路有始有终的全部走完，你体会到了前进道路上的艰辛，你懂得了追逐梦想的辛劳，这种失败并不遗憾！

正确面对

对于已经不能改变的事，要学会正确面对，错过考研这一站，还有人生的下一站，什么事情没有绝对的好与坏，考研也就是人生的一个过程，结果有时并没有那么重要，给自己一个小长假，放松一下心情，调节整理一下思绪，给这段经历画上一个句号。

建筑师起点
——从岗位实习到职业规划

重新确定方向

调整心情之后，还要整装待发，继续往前走，如何抉择未来的人生方向，又是一个急需解决的新问题。

继续准备"二战"：经过一年的复习，这次考研失败对你的伤害很大，但是不一定是坏事，因为你对所要考的内容已经有很深的了解了，也知道自己哪部分知识不足，接下来的复习就会更有重点，为报考名校增添了信心，在这一有利条件下，重新安排一下复习时间，调整心态，继续考研之旅，通过前一年基础上的努力与付出，你可能会考上更加理想的学校！

直接工作就业：考研这条路没有取得成功，不想再重复备考的痛苦，一年的时间就这么过去了，年龄也大了一岁，毕竟读再多书的最终归宿还是工作，还是及早地投入到工作中，尽快让自己成长为一个优秀的建筑师，开始新的人生旅程！抓紧时间准备作品集，熟练画图软件，再做一个完美的简历，之后充满着自信去面试，应聘工作，开始职业生涯！

◆ 研究生阶段探析

读研之后你会发现，研究生的学习模式和学习目的与本科阶段有很大差异，此刻你会了解到什么是研究生，"将自己置身于大海中，远处有信号塔，自己想办法，怎么才能游过去"——探索性学习。老师不会把所有的问题都给你解决掉，而是通过课下查阅搜集资料，最后给自己一个答案！研究生阶段更注重培养学生自主学习的能力和学术研发能力，研究生阶段不是只要一纸文凭，而是要全面提升学术水平和科研能力！

◎ 严谨的学术要求

上了研究生之后，无论是学习还是生活管理上，学校都是相对放松的，但是你不能放松自己，要保持严谨的学术要求和良好的学习态度！在这短暂的三年里，全力来充实自己！导师会制定根据对学生的培养方向制定相应的学习计划，研究生在老师的指导下进行选课，并修满学院规定的学分，将所选的科目定下来之后，你就要用心学习了，不要只是为完成学分而学习，能有真才实学才不愧研究生的称谓！

◎ 研究生学习规划

第一学年除了以课程学习为主外，还应该参加一些建筑设计类的竞赛，增长设计的能力，和增强团队合作精神；还应该积极阅读文献，并开始尝试写出1－2篇文献综述报告；同时，一些基本的画图软件也必须逐步学习、练习、熟悉，以便日后研究工作的需要时不至于还需要大量的时间去学习工具的使用。

第二学年一般采取定期学术研讨会的形式学习，学术研讨是训练科研和教学能力、训练表达能力的重要途径，要有意识地尽快适应这种新的学习形式。主要学习任务是在导师指导下查阅论文研究方向的新近文献，研读有关的论文。按照通常的要求，这一年你必须要开题，在本年度是你完成论文重要研究内容的一个关键阶段，切勿放松。应该将研究成果整理出来试着投稿。争取能够参加一些国内外的学术会议，认识和你从事相同或相关方向研究工作的研究生、学者和知名专家并与他们交流，这对开阔视野，改进你的研究思路非常有意义。

第三学年工作重点应放在研究工作上。在选定的学位论文方向上，完成学位论文，发表小论文，完成学位论文答辩。工科硕士论文的工作应该以应用或应用基础研究为主，强调研究过程中对基本技能的训练和分析解决问题的训练能力的训练，要提前考虑好毕业后的去向，并做好相应的准备。不管是去工作还是考博，通过研究生阶段的学习情况你要对自己做出客观的分析和预测。

通过研究生阶段的学习和研究工作训练后，你会进一步掌握如何学习并提高独立思考的能力，为分析解决未来面临的各种实际问题奠定基础。

不要指望一离开学校就才学兼备，一切成功都源于坚持长期不懈的努力。人的一生能有几个三年？拿出你们的干劲、拼劲来，沉下心来，研究生的这段校园时光难得而又美好，读更多的书，交更多的朋友，实现更好的梦想（图6-15）。

图6-15　更好的梦想

（三）远方的梦想——出国

图6-16　出国深造

出国留学的细则在许多网站、留学机构及培训机构都可以看到，关于留学的要求和条件都十分专业，以下内容侧重强调建筑学专业出国留学和工作需要注意的主要事宜。

建筑学专业出国留学，主要是为了学习不同的工作方式，接触前沿的设计理念和设计手段。虽然通过在外企工作或者通过设计院与外方合作项目也能得到一些这样的机会，但是通过出国留学和出国工作的方式进行学习和实践会得到更多地锻炼和启示（图6-16）。

◆ 留学前期判断

很多留学培训机构的广告语都十分诱人，比如"给你一个更好的明天"之类，这些宣传都会潜意识中给你造成一种假象，把留学想象得过于轻松和美好。其实，目前国内经济建设和社会发展迅速，建筑学专业就业优势明显，反而是选择留学的道路有很多未知和不确定的因素。所以选择留学的方向，首先应该进行前期判断：对于建筑学子，留学到底意味着什么？

◎ 目的分析

由于建筑专业的特殊性（工作实践很重要）出国留学是否是最好选择？针对已经完成的建筑教育方式，选择出国留学的意义何在？

镀金：不管对建筑学专业还是对其他专业，对于出国而言，很多人都认可的原因之一就是"镀金"。他们认为留学可以为人生增加一个光环，事实上这个看法对于不同专业的判断存在一定的差异，建筑学专业和一些商业相关专业就有所不同。

许多成功的建筑师并没有出国的经历，同时由于现在出国留学过于普遍，也导致一些国家甚至是一些学校已经不被国内用人单位认可，这些情况让以"出国镀金"目的的想法变得尴尬。例如深圳大学建筑系提高了任教者的要求，要求归国留学生应为美国主流大学的博士，从这个角度可以看出目前留学的价值已有所降低。

追求梦想：有一部分学生因为喜欢建筑学专业就想出国留学，但单单从"喜欢"能得出"留学"这个答案吗？当然是不够的，出国留学对于大学生来讲多半是去攻读研究生，留学与国内的区别在于国外的研究深度不同、视野更广，所以留学更适合有一定研究能力和热情的学生，尤其要求你热爱研究、热爱设计，能够投入更多的时间和精力在专业学习的方向。

在许多国家，研究生被分为教育型研究生和研究型研究生，要客观的看待两者的区别：教育型研究生的培养时间要比研究型研究生时间长，相对来讲要求较低，教育型研究生可以转为研究型，并且可以继续攻读博士。所以说，这两个学位的设置针对不同的学生的不同学习目的的，因此教育型研究生可以看作过渡的学位。

当然对于真正致力于研究建筑设计的同学，出国留学确实是一个很好的途径。华侨大学建筑系一名优秀学生小陈，通过自己的努力申请到了爱丁堡大学的建筑学专业的硕博连读，研究方向是自己定的，对于这样的学生，出国实现了他的初步梦想，留学对他来说就是很好的选择。

成长：在国外留学过的学生都有这样的体验：出国留学是一个成长过程，这个过程可能要比学到的东西更重要，很多留学生都自信地说："你再把我放到任何一个国家，我都能生存下去。"通过留学的过程，他们的独立性发生了质的改变，学会了如何更好地适应新环境、如何避免可能的危险、如何在陌生的国家学习和成长，如何与其他留学生、建筑师合作。有一些家长把孩子送到国外也考虑了这个因素，但并不是每个学生都那么积极向上，也有一部分学生离开父母和熟悉环境的监管挥霍了宝贵时光。

曾经有朋友的孩子在澳大利亚留学，到国外没有约束的情况下将学业束之高阁，读了两年后实在没法继续，后来只好回国重新考取了一所很普通的学校，因此，自制力不强的情况并不合适出国过。然而还有另外一种情况，部分学生的自制力在国内的时候很一般，出国后成长和进步飞快，这样的学生多半自尊心较强，在国内原有生活条件比较安逸舒适，出国后客观条件的改变激发了他们自身的潜能。是否决定出国，应当从学生自身的态度出发，结合个人能力、所学专业、留学国家等多方面原因进行客观的判断。

理智面对留学：如果把留学以看作是一项投资，关于时间、机会、资金和成长的投资。以家庭的资金实力为源头，计算一下这个发展方向的投资，初步预想一下可能的结果，如果资金允许，出国后会有等价或价值更高的发展，那么出国就是很好的投资，否则就是相反的结论。虽然未来的回报只能预想，但前期的判断是十分必要的。

◎ 自我剖析

出国留学首先应该是主动的，有自我意愿的。如果自己不愿意出国留学，无论是出于什么原因，那出国对你来说都不是一个明智的选择，所以不建议你选择这条道路。自愿这不仅仅是出国的前提，也是做任何事情的前提，意愿至少要超过对这件事判断的百分之七十，这样才能保证成功率，否则，在你没开始就预示着失败。

客观分析：出国需要一笔不小的开销，这个开销需要家庭的支持，否则你难以完成学业；出国留学，远走他乡会让你感到很孤独，有了家里的支持才会减弱孤独，来自家人的精神鼓励也是十分重要的；家人的关爱和支持作为强大的后盾，能让你拥有精神上的安慰和物质上的无忧，更加坦然地面对新的环境和学习生活。

决定之前还要理智客观的分析是否真的做好各方面的准备，是否有独立处世的能力，是不是仅仅是一个冲动。出国需要投入很大的精力和财力，所以要真正认识自我才能做出正确的判断，知道出去的真正目的，预想将来需要独自面临的可能，做好应对。

判断误区：有人觉得其他方向发展都不好，所以决定出国。其实方向不明确时最适合尽快工作，在实际工作中才能逐步建立起明确的价值观与人生方向，如果想在建筑行业快速成长，实践一直都是建筑学专业最好的老师。

选择哪个国家：分析不同国家建筑学专业的特点，根据兴趣进行个人判断：比如有的学生喜欢研究建筑学专业某方面的知识，例如建筑的结构与构造，那么可以选择去德国，这是一个严谨有序注重细节的国家，比如慕尼黑工业大学，或者选择去美国去攻读一些建筑技术的专业，那里有最好的老师和设备。还可以选择去日本留学，日本工程施工技术在全球一直是赫赫有名。

有的时候你的兴趣和决定可能来自一次阅读的经历，比如有个同学偶尔读到牛津布鲁克斯大学一名教授编写的《生态建筑设计》，就有产生想申请这个教授研究生的想法，通过一系列的努力并真正实现。所以，可以兴趣出发进行初步判断，最终的决定可能还会被一些偶然因素所影响。

适合哪类学校：国外的很多学校都有architecture专业，但是它们背后却是不同的世界，同一个国家不同学校的教学风格和方式都有很大差异，这样的不同将会影响来毕业后的发展方向，例如英国AA建筑学院与英国谢菲尔德大学，它们的教学风格完全不同，AA偏向于概念建筑的设计，应用的软件也与其他学校不同，该校用展示性编程软件processing，而谢菲尔德大学则是传统的教育，更注重建筑空间的推敲。

◎ 留学费用：

选择不同国家、不同城市及学校，留学产生的费用都不相同，具体学校和城市可以通过网络也可以通过中介咨询详细地了解。一般出国除了需要准备留学所需的生活费和学费，还要准备出国保证金。

不同的国家：美国：一般学校生活费和学费一年要30万人民币，对于名牌大学，在比较发达的城市的学费和生活费的费用会更高；英国：以AA建筑学院为例，由于校区在伦敦，按16个月的一年半的研究生计算生活费加学费要45万人民币左右，包括20万左右的生活费。比如在苏格兰留学，一年的费用大概25到30万人民币，相对英国就要便宜一些；德国：德国一部分学校学费是免费的，现在慕尼黑工业大学每学期要交550欧元学费，生活费大概一年是5万人民币。但如果在德国上语言课，一年要10万人民币，在德国三个月的合法打工可以完全满足生活的开销；日本：学费在5万到8万人民币，生活费在10万到12万人民币，在日本留学通过打工也可以解决生活费用。

保证金：以加拿大为例：需要至少十二个月资金累积历史的证明，最近两个月内的显示现有可用资金的存款证明原件；存单原件及/或存折原件。资金要求一直都存在银行，已经存满12个月；存款的金额，一般需要保证能支付学生在加拿大期间所有的学费和生活费用。来源的书面说明：一般情况下，资金的来源存在以下几种情况：如果是资金一直存在银行的，那么担保人一般都是有定期存款的习惯，可以追溯更早以前的定期存款记录，找到资金累积的历史，会更有说服力，向签证官说明，这笔资金是为学生留学而专门存下来的。如果找不到十二个月之前的历史记录，那么，可以解释为资金由担保人的收入所得，并务必要保证金额与收入相匹配。如果是从股票基金账户转账或者固定资产买卖所得，需要提供相关的交易凭证，而股票或基金账户则需要提供过去12个月或更久的交易记录。如果担保人是公司股东，资金由股东分红而来，则需要提供分红和转账记录，以及公司的各项材料。如果是固定资产买卖所得则需要提供商业交易文件及房地产交易文件。若无法提供文件证明，申请人也可以提供一份书面说明。

在所有的资金材料中，最中心的就是现金存款，而其他材料无非就是围绕这个存款来说明，这笔钱是"合理"的收入，不可能是通过非法手段获得，也不是借来充数的。

◆ 留学申请过程

出国准备是个先计划后实施的过程，这个计划要打出提前量。首先，建筑专业的学生出国需要准备：作品集，学校官方盖章的成绩单，英语成绩证明（不同国家和学校所需不同，一般指雅思成绩或托福成绩和GRE）；两到三封推荐信；还要出国签证（图6-17）；一定期限的银行

建筑师起点
——从岗位实习到职业规划

存款证明，学位证书复印件等等，如果申请PHD（博士学位）要有字数要求的英文论文用来说明你的研究方向。

图6-17　出国签证

◎　时间计划

有的学生将出国计划的战线拉的比较长，还有人选择先工作几年再出国留学，这也和选择的国家不同而有所区别，比如有的学生想去德国留学，那么德语需要进行系统性的学习，很多学生从大一或大二就开始提前准备德语了，这个是很有必要的，因为德国的建筑专业授课都是用德语，还要提醒要去德国留学的学生，德国的研究生一般需要三年，他们的毕业要求也比其他国家（英国）要高一些，也就是所谓的入学容易毕业严格。根据语言学习的程度，和个人兴趣无论是去德国还是英语国家留学，大家都要有一个针对自己的学习计划，这些都不应该影响专业课学习以及作品集的准备。

一般来讲，如果你2014年毕业，那么在2013年9月份左右就可以投作品集、简历、成绩单和推荐信了，英语成绩如果不够好可以再考两次，也可以晚一些提交英语成绩，如果分数不够又来不及考试，那么你还可以在国外读相应时间段的语言，来弥补英语成绩，但是在国外学语言学费会比较高。

◎　申请渠道

可以在网页上按流程直接申请，广投学校，也可以通过中介进行申请。无论你要申请哪个学校，都要去该学校的官方网站亲自看看，这是必需的环节，因为这样你才能确定学费、专业还有开学时间等事宜。有些同学找了中介，但也不要过分依赖他们，中介的主要作用是帮你琐碎的事情，比如翻译成绩单，给简历提意见，作为参考，有出国经验同学认为中介价格过高，一般收费都是几万元，而且并不一定专业，如果需要翻译不如直接找比较专业的外国人，这样既专业价格也不高，按一个小时1000元算，也用不了一万元。

现在很多同学都是自己申请，因为在每个学校的网站上都有申请通道，按照上面的要求一步一步操作完全可以完成，通过申请的过程也能得到很多锻炼和提高。

◎ 学校成绩

对于在国内学习期间的成绩，国外学校也是很看重的，如果有出国考虑你要在每个学科上的学习过程中十分努力，一方面可以提高学习成绩同时也给未来出国打好基础，平时多和老师讨论问题，包括询问出国的事情，让老师知道你的规划方向，得到他们的认可与支持，同时也充分调动起你学习的积极性，促使你保持一个持久的学习习惯。

好习惯对于出国留学大有益处，将来你会发现它对出国后的学习更加重要。对于成绩的要求一般绩点要在3以上，专业课当然要更高一些。如果觉得自己之前考试的科目成绩不好，那也是有办法的，你可以选择在不忙碌的学期选择重修这门课程，努力争取得到一个更好的分数。

◎ 外语考试

这里说外语学习，而不是英语学习，因为还有去德国或者其他国家留学的学生，先说小语种，一般来说建筑专业学生学小语种主要是去荷兰，意大利，德国三个国家，当然还有日本、韩国等，而荷兰和意大利这两个国家有的学校也提供英语教学，所以大家在申请的时候要针对不同学校的要求进行准备，每个学校对于外语的成绩要求都不相同。

成绩要求：对于英语，去欧洲一般要准备雅思考试，去美国要准备托福和GRE考试，但也不是绝对，也有用托福去欧洲的，但是这种情况较少。一些名牌学校要求GRE考试成绩，普通学校可能也会要求，但是对于建筑专业的学生要求不会太高，因为建筑专业更注重实践能力，英语学习能力达到要求就好。对于想申请奖学金的同学来说，好的英语成绩是必不可少的，如果你想申请全奖的话，托福至少要过100分（满分120），雅思至少要过7，所以英语成绩对于申请留学十分重要。

培训班与外语学习：根据个人程度学习外语，有必要通过一个比较有经验的外语班进行系统的认识与进一步的提高，在外语班的学习时间并不一定长，但你会学到比较好的学习方法，获得更多的学习热情。可以通过一段时间的学习得到老师的建议，然后开始执行自己的学习计划，后续一定要按照计划实施，不要一曝十寒，英语的学习主要在于精力的长期投入，每天都抽出一定的时间，要用大量时间去练习自己薄弱的环节。

外语培训班会介绍很多方法，你可以都普遍的尝试，然后选择适合的方法：例如用卡片法，随身携带卡片，正面英文背面中文。对于英语的学习，最好的方法就是重复与坚持，记住这两个原则，再加上适合的方法，你就成功了，有一点是值得一提的，由于建筑系学生都会比较忙碌，也可以利用工作的同时来学习英语，比如一边做模型的时候一边听听英语，这样的训练对于英语学习很有帮助。

◎ 作品集

建筑学专业的作品集十分重要，很多人的作品集都准备了很长时间，有望留学的你平时就要把作品不断的整理细化，对于竞赛，如果有时间和兴趣能参加更好，但不是必需的，如果你平时把学校的设计做得很完整、很有想法同样很有意义。

作品集的风格：一个好的作品集要有一个整体的风格，不同的作品放在一起要有一种和谐感。但也不是一直用一个色调，颜色整体要稳重，有局部的亮色，当然也有的将作品集做成黑白色，为了突显建筑的结构和空间，弱化色彩的作用，这样的作品集，有的时候更令人刮目相看。

如何快速提高排版水平：排版水平想要提高是需要时间的，快速有效地提高的办法就是多看，参考和模仿一些好的作品集，这样提高较快，也节省时间。

作品集的风格选定需要你分析目标学校的特点，是偏于学院派的还是比较前卫的，例如英国AA建筑学院与英国谢菲尔德大学，它们的教学风格完全不同，AA偏向于概念建筑的设计，应用的软件也与其他学校不同，它们用展示性编程软件processing，而谢菲尔德大学则是传统的教育，更注重建筑空间的推敲，更注重手绘与模型的推敲，作品集的风格和你选择的学校密切相关。

实体模型：建筑设计中的实体模型十分重要：一方面因为实体模型可以让我们感受到建筑

和地段比较真实的体量感和空间感，同时，实体模型也是你对建筑设计的态度体现，能体现你的研究能力，看你作品集的老师们很看重这一点，所以在建筑设计的过程中要十分重视这方面的学习和实践。

作品集与实习：有的人说要为了准备作品集而放弃实习，这是完全错误的，实习的同时可以充实作品集，实习时的工作效率一般要大于在校的效率，而且对于一些比较偏于重视实践型的老师来说，实习经历十分重要，不但应该参加实习，甚至应该有意识的去一些比较著名的建筑事务所完成实践的经历，有时候可能会有意外的收获：比如可以得到负责人的推荐信，实习对于作品集的制作起着非常重要的作用，可能会给你的事业道路增添更多的机遇。有些学生在实习后可能决定不出国了，或者还有其他选择，所以应该正常完成学校的学习任务，通过岗位实习你会对出国等问题做出新的判断和选择。

注意事项：英文整体要找专业人士翻译，或者经过自己严格的审核；作品集在压缩后要保证在电脑上能看清；实际作品集排版打印后要进行校对，发现没有错误再邮寄；不要过早的定下作品集，你会发现你总会觉得有需要更改的地方。多参加一些合作项目也是充实作品集的好方式，毕竟一个人的精力是有限的，这样也能体现出你具有团队精神。

◎ 推荐信：

一般来说需要三封，最好是学校的老师一封，院长或副院长一封，然后第三封就是在业界比较有分量的人，当然这并不是固定的，但这样的搭配比较合理，首先是老师对你的认可，然后学院院长对你也有一定的了解，另外就是你在实习时或通过参加比赛等实践活动时得到的资深建筑师认可，前两封可以只要一封，但社会人士至少要一封，有两封更好。一般来说，去两个比较有名气的建筑事务所实习是比较花费精力和时间的，要根据实际的情况而定。

推荐信有时是自己写好请老师修改签字，这种情况应该提前和老师沟通，推荐信可以酌情找专业翻译或者自己翻译，国内人士的推荐，英语要求不高，只要没有语法的错误就可以了。然后将其扫描，多打印几份，有的学校需要你的实际资料包，你要邮寄原件。

◎ 个人陈述

也就是个人简历，这项内容同样重要，对于一个人来说，你的经历一直在增加，所以说你要把一个对生活充满热情的你展示出来，在简历上要有照片，你参加过活动的照片，配上合适的文字进行细心的排版，比如参加过的辩论赛，唱歌大赛，学校的各种活动，如果有公益活动当然更好，还有一些志愿者活动等等，这样一个完整的你才会被对方更多的了解。比如你比较喜欢小动物，也可以把和宠物的照片放在简历上面，通过这种方式展示专业以外的自我。

◎ 时间流程：

例如申请2015年9月开学的大学：

2012．06～2013.07：托福或雅思培训班（在此之前一直在学英语）、搜集留学资料；

2013.08～2013.09：读英语、继续搜集留学资料、选学校；

2013.10～2014.11：英语冲刺，选时间考试次数可以是3次，或根据个人情况而定；

2014.12：准备资料包；

2015.01：通过网申端口正式申请，并寄出材料包；（这个时间刚好，可以提前）；

2015.02：等待telephone interview（电话面试）；

2015.03：等待offer（录取通知）；（不同学校都有所不同）；

2015.06：办签证；（可以提前并同时进行）；

2015.08：准备开学。

如果英语基础很好，时间可以缩短为一年半左右。准备材料的时候，有的人选择一稿多投以量取胜，有的人倾向于仔细斟酌精选目标，建议两个观点结合，确定目标的同时给自己多一些机会和选择。出国令人羡慕，但不要盲从，否则其中的滋味你将欲说还休！你已经决定出国，了解各种攻略和方法后关键是要付诸行动，枯燥的记忆和准备申请的过程都在不断的考验你的耐心，如果你目标明确，就会以苦为乐，否则就是得不偿失！

◆ 出国留学实例

下面分享两名建筑学专业留学生的经历和感悟，希望从不同角度给有留学意愿的你以启发：

◎ 孟锦

University of Wisconsin—Milwaukee，建筑学本科。我是通过中介申请到另外一所学校然后自己申请转学到University of Wisconsin—Milwaukee，申请材料与如上讲的基本相同。个人陈述，推荐信，成绩单，作品集。通过学校网站上的申请需要提交相应的申请材料，有一些不太清楚的地方随时打电话与目标学校联系。

教学差异：由于是从国内建筑学专业转学到University of Wisconsin—Milwaukee，可以较清晰地感受到国内建筑学教育与国外的很大不同。在国内让同学来讲解自己的设计的机会很少，大家基本很少有交流，只有在交成图的时候才会在图纸上写出相应的描述或者概念。然而在国外，老师会经常安排大家坐在一起，将设计图纸贴在墙上，然后讨论设计的过程，老师和同学会给出相应的建议。大家可以从每个人的设计中学到很多，因为可能老师给别人提到的问题自己也会遇到。

学习心得：于我来讲，我在国内是很少与同学交流设计的，每次方案多是老师给一些建议。刚开始并不擅长在大家面前来讲自己的设计，并且是用英文，我便更不知道该如何组织语言。经过一次一次这样的交流与讨论，我渐渐懂得该如何讲述作品，并且敢于在人多的地方演讲。对我来说，这是考验自己表达方案的一种锻炼。因为这种讨论在设计阶段会经常发生，我会经常讲出设计的概念与过程，所以在最后写出总结时思路会非常清晰。

另外，我感觉与国内不同的是模型问题：在国内时，模型方面的训练很少，大多数设计都只是画在图纸上或通过电脑软件实现。到了这个学校，老师在每一个设计阶段都会要求学生做模型，从提出概念到最后的充满细节的模型都会要求。建筑设计的James Shields老师认为模型是比任何其他的图更重要的工具来表现自己的设计。一开始我觉得做模型是非常困难的一件事，不过经过一次次练习也慢慢熟练了起来。慢慢的我理解通过模型可以很好的表达空间，从中去感受到真实的空间比例，选择最适合人们活动的空间大小。国外的设备也非常先进：学校有镭射切割机器和3D打印机。建筑系的同学们可以用这些设备来完成自己的模型的全部制作。还有一个Woodshop，专门提供给同学做模型的小工厂，里面有很多专业的工具，比如电锯。钉子，锤子等等，同学可以在这里做出大型的建筑模型。木头等等材料需要自己购买，然后可以用这些设备进行加工。

未来规划：关于未来规划分为两部分，一部分是继续学习，申请其他院校的研究生或博士生，另一种是在美国申请实习工作。我认为在这两部分中作品集都很重要，所以一部好的作品集是非常重要的。对于建筑学高年级想出国的同学，我建议融入同学的圈子，多交流，多讨论，放开手大胆地去做，其实并没有想象中那么难，会是非常有趣的学习过程，并且受益良多。

◎ 张梦窈

2013年毕业，学校：UNIVERSITY OF LIVERPOOL。留学的过程是一段难忘的经历，一年多来的成长让我体验到妙趣横生、繁花锦簇，也有激流险滩。不想融入太多感情来表述，但是留学的经历确实让我变得愈发感性。

个人经历：我是一个很普通的女孩子，在同一座城市生活与学习了二十四年，可能唯一比较幸运的就是将要从事的事业是我一直热爱并正在学习的专业——建筑学。抱着热情与执着完成了五年的建筑学本科的学习，又怀有期待到英国完成了一年的建筑学研究生的学业（图6-18）。

图6-18 获得学位

先谈一下在英国学习和生活的感受，在这里可以引用DOWNTOWN ABBEY里MARRY的一句台词，中文是"我们都是靠继承下来的，而只有商人才会用买的"。这句话反映了典型的英国人骨子里的继承传统，他们的学术界都是"站在巨人的肩膀上"，所有拥有的东西都是靠长年累月几代人的积累所换来的，没有中国的奇迹和快速发展。从学术方面来说，我就读的学校是一所以研究型为主导的大学。因此无论是论文还是设计都需要遵循很强的逻辑性来完成。教授和导师们不喜欢空穴来风的东西，只要提出一个观点就要给出一个支持他的理由，这点尤为重要。

学习心得：主要还是方法和思维模式不一样，用剖面图，草图，实体模型已经成为表达设计想法的一种共同语言，会把一个设计从CONCEPT 完成到DETAIL，不让整个建筑失控。中国同学常常喜欢在平面图和效果图上下很多功夫，就算画到了施工图深度，建筑空间上和图纸表达的准确度上还是有很多问题。令我印象最深的是，常常在进行个人辅导的时候，会被导师问的讲不出话来，他们的一语中的，让自己觉得很羞愧。这也许就是我们中国式建筑学教育和欧洲建筑学教育的差异所在。还有更重要的一点，过程往往比结果来的更为重要。他们从来不会相信突击出来的东西是有价值的。我们会有设计日志，要不断地网上更新，老师会给出反馈意见或评语，如果没有这个过程，再美的结果对于他们来说也毫无意义。而这点中国学生经常忽略，因为赶图已经成为习惯。

教育方面：一年的MASTER OF ART，我个人觉得在英国每个学校的差异不是很大。而两年的MASTER OF ARCHITECTURE确实还是有很大差别的。在这里建议如果真正对建筑设计有所执着的人尽量在英国完成三年的本科，再读两年的研究生，这样不但可以在英国正常的教育体系下完成皇家注册建筑师的第一部分及第二部分，还可以更好的适应他们的思维模式和生活方式。

留学感悟：从生活方面来说，出国就是一个成长的过程，有很多事情我们不再有父母的庇护，更多的时候需要自己想办法解决问题。客观地说，英国有很多事情你可以把他想得很理想化，也许在中国行不通的，在这里只要你理由充足，就可以扭转乾坤。而在中国可以随随便便越规的行为，在这里想也不要想。这里相对公平，每个人都在从你的利益出发，帮你解决问题。走过一年多的时光，慢慢觉得这个世界可能会与之前所认定的那个世界有所不同，但是不管怎么样，坚持自己的梦想是一件无上光荣的事情。在这期间，不同的人会收获不一样的东西，跟校长握手的那一刹那，我就在思考这一年多收获最多的是什么，只想说我失去的都是侥幸，收获的都是人生。另外，在国外过得怎么样很大程度取决于你的朋友圈，这几乎是个真理，所以出国留学请慎重交友。

理想和工作： 最后想谈一下关于工作和理想的思考，这是一个贯穿学业始终的问题。我怀着理想而出国，现在又不得不怀着理想做着回国的准备。我的理想很简单就是想以建筑师的专业精神做一些城市设计能解决的社会问题，或是盖一些更坚固的房子解救生存于危难中的平民百姓。听起来好像有些超脱，但这是我一直以来对建筑的理解，也是我对建筑原始意义的认识，不喜欢建筑成为炫技的舞台或者赚钱的手段。

最初，我怀着这样的期待来到了英国，想用这一年的时间来思考接下来的路要怎样走，也试图在英国找到工作，但是一次次的石沉大海让信心受挫。总体来说英国建筑师空缺的职位的确很少，比想象的还要不景气，再有他们有明确表明要RIBA PART1 OR PART2的毕业生，这点卡死了一大批中国留学生。英国正在限制移民，他们不希望中国学生跟他们的学生竞争工作，因为他们的失业率已经很高了。当然也不排除奇迹的出现，在读书期间可以多参加一些竞赛或者找一些实习，这都可以使你变得更加优秀，也许会有公司给你两年的工作签证。

梦想寄语： 大多数在英国留学的中国留学生都选择学成回国，更多地考虑的是工作、家人和情感等问题，这也许就是成长的代价，总要在得到和失去之间进行平衡！因人而异，看你更在乎什么吧。我总觉得应该抱有对生活的热情，勇敢地走下去，有时候尝试一下不同的路，会让人更清楚地知道怎样前行。GOOD LUCK！

◆ 出国工作解析

虽然各国有许多文化上的共同点，但是在建筑的风格上和思想上却存在着很大的差别，不同国家事务所的差别也比较大。 随着中国越来越国际化，越来越多的建筑公司来到了中国，同时，也有许多中国设计师有机会走出去。怀有出国梦想的大多数中国学生会选择出国留学的方式，有少部分的学生会选择出国工作。国外每个事务所有不同要求，通过前期申请联系，对方给邀请就去可以去往不同的国家。

◎ 为什么要出国工作

第一、现代建筑学起源于欧洲，是以欧洲的哲学为基础，所以想理解西方建筑，就要理解西方的哲学思想，理解西方的思维方式。所以出国真正对大家的帮助，可能在于在国外生活，逐渐熟悉另一种思维方式。

第二、西方的建筑发展历史悠久，也相对成熟，在国外能见到许多前卫的建筑实践。同时，国外的建筑完成度相对较高。如果能完整的接触建筑的整个过程，对于今后的建筑设计实践很有帮助。

第三、国外的建筑设计量比较小，速度相对比较慢，这样就有更多的时间深入地做设计，不断的修改和讨论，这个过程对于年轻建筑师的方案能力增长很有帮助，同时也有更多的时间反思和体会建筑设计。

第四、未来的建筑设计，国际的合作越来越多，拥有不同的文化背景对于后续的个人和专业发展很有优势。

◎ 不同的发展方向

出国工作的要求：出国工作要先根据自身特点确定发展方向，然后再做相应的准备，国外建筑师公司的工作主要有三个不同的发展方向。

option 1：architectural technologist — job captain (technical supervisor)

option 2：architectural designer — design architect

option 3：project coordinator — project architect

如果详细设计能力强，施工图节点清晰，建议选择option 1，这个职位偏向于建造师。首先，要对建筑技术有很好的掌握，建议学习一些钢结构和木结构的构造节点。因为国外是以钢，木结构为主的，当然语言及团队工作能力是必需的（不过这个选择是对语言要求比较低的）；如果方案和表现能力比较强，建议选择option 2，这个职位偏向建筑设计，这个职位是通过与甲方的沟通，提出设计想法与方向，语言尤其是听力一定要好，要能很好理解甲方的设计意图。另外对当地法规和规范要有能力在短期内理解（要求外文阅读能力），国外的设计师对建筑概念要求很高，所以设计想法要新颖，独特；如果组织，协调和沟通能力特别强，可以考虑选择option 3，这个职位相当于项目协调人，对个人综合能力要求最高的，要求具备前两个选择的能力外，还要有很强的书面表达和口语能力。

◎ 国外事务所的工作模式

重视设计的逻辑性：许多西方国家对逻辑思维能力十分重视，哲学也是他们从小的必修课。所以在设计中，他们更加重视建构的逻辑性。一些中国学生过分的重视建筑形体的表达，来到国外发现很不适应。

重视概念的延续：在国内很多设计师对概念的认识不足，许多人觉得建筑设计是一个噱头，甚至是方案做完以后再安上一个概念。在国外，设计的概念是贯穿始终的：从空间形体，流线组织，甚至建构的逻辑都与概念息息相关。想出国工作的同学应该重视概念设计，学会如何将概念延续在整个设计过程中。

重视模型的制作：模型的制作贯穿于设计的整个过程，从初期的概念生成，形体分析，这个阶段常常是一些草模，表现大的形体关系。其后，会有一些建筑空间，功能流线的模型。随着建筑设计的逐步深入，需要做一些较为精细的模型，这个阶段需要的模型要求质量较高，不仅要表现空间关系，很多还要表现出材质之间的关系。最后，还会有一些细部节点的模型，这类模型要求的模型的精准度最高，很多可能是1:1的模型。

重视参数化的使用：参数化设计作为一个现如今比较新潮的设计方向，已经越来越多的被一些国外的设计师应用于建筑设计之中。最常用的软件是Grasshopper。这个软件对逻辑思维能力和数学能力要求较高，但确实为建筑设计提供了很大的帮助。准备出国工作的同学要对这个软件的使用有所了解。

◎ 不同事务所的设计风格

荷兰的事务所风格以库哈斯（OMA）为代表，这是一个充满思想的建筑哲人，近些年在全世界范围内拿到了许多设计项目。他的巨构风格更是独树一帜。库哈斯早年从事记者工作，对宏观的把握很到位，很有远见，他的事务所是当今最炙手可热的事务所之一。

丹麦最著名的事务所莫属BIG，设计风格独特，有许多独特的想法。做分析图的手法为人称道，现在许多的中国学生都在学习BIG的分析图画法。BIG的成长不同于其他事务所，许多事务所都是从小项目做起，但是BIG从一开始就接触大的项目，BIG也做了很多探索性的项目，适合有创造力的年轻人。

德国的设计偏向工业感，德国设计深受包豪斯的影响，设计简洁，大方，具有很强的逻辑性。代表事务所是GMP，形成了自己独特的设计体系，体系也很成熟。GMP近年来在上海，北京都设计分部，但方案还是由德国总部在做，在国内的事务所多数负责方案的深化。

美国的事务所许多以做超高层为主，例如SOM。事务所的规模很大，人员很多，产值也很高，基本做的都是大型公建与超高层建筑。这种大的事务所能得到的锻炼也是非常多的，毕竟在许多方面都十分专业。

日本建筑风格很有东方禅意，SANNA事务所，藤本壮介事务所等都以做白色的纯净的建筑为主，空间的渗透性很强，这种风格也越来越被世界接受。

◎ 出国工作的准备

语言过关是前提：出国工作相比出国留学，对语言的要求有所不同。出国留学一般要求看托福或雅思的成绩，因学校不同，要求的分数也有所不同。而出国工作没有明确的英语成绩要求，没有分数，证书的限制。但是你的语言能力，要能流畅的与人沟通，表达出你的设计想法。说得简单一些，出国留学要求听、说、读、写都要好，出国工作只需听、说、读，对写的要求不是很高。

设计常用的软件：对软件的使用中西方的差别不大，不同的是中国学生常常会很多的软件，但是对单一的软件使用不精，西方由于软件很贵，很多学生甚至只会使用一种建模软件。绘图软件：主要以Adobe公司的软件为主。图像处理Photoshop，分析图绘制Illustrator，幻灯片版式编辑Indesign；建模软件：SketchUp、Rhinoceros、3Dmax、许多外国建筑师还喜欢使用Maya；图纸绘制：AutoCAD，REVIT；办公软件：Word，Excel，Powerpoint。

熟悉相应国家的文化：对于文化，中国与西方国家在某些问题上的差异还是十分的明显。充分了解外国的文化，尤其是文化上的禁忌，这对出国是百利而无一害的。对他国文化不了解，触犯别人的信仰造成麻烦的例子很多，希望大家在这方面做足功课。

做好吃苦的准备：身在异国他乡，会遇到很多的不习惯：文化背景的不同，会遇到一些交流的障碍；饮食习惯的不同，会在吃上很不习惯；出门在外，应该做好吃苦的准备。

◎ 出国工作的流程

第一将自己的简历与作品集发往心仪公司的邮箱；

第二待对方确认后，接到工作邀请；

第三办理签证。

◎ 简历与作品集的注意事项

简明，清晰，格式正确，无错别字。许多同学在简历与作品集的制作时，过分地追求形式，忽略了这些基本的原则——表达清晰。往往一些好的事务所一天会接到很多封求职信，所以停留在一封求职信上的时间很短。你要充分利用这一带而过的时间，把你最想表达的东西表达出来。把闪光点突出，尤其是你的经历，取得的成绩。千万不要小看格式正确，据统计，许多的求职简历都存在格式错误的问题，在一些格式有问题的简历中，一封格式正确的简历还是很吸引人的，千万不要小看细节，往往细节决定成败。

与国内找工作作品集的不同：中国的建筑发展迅速，但设计费较低，许多的事务所都要靠做更多的项目得以生存，所以国内的事务所更希望看到一些可实施的方案，很实际的方案。国外的事务所可以拿到相对高的设计费，对建筑精细度要求高，所以出国工作的作品集更要注重建筑理念和你独特的想法的展现，如果有一些绘制详细节点的能力，还会非常吸引人。

宁缺毋滥：作品集是要充分地展现你的设计思想和能力。作品集的编排应该很有逻辑，每个作品应该有你最想表现的能力，不要出现重复的表达；如果你既想表达做曲线建筑的能力又想表达做直线建筑的能力，那就尽可能的放一个曲线建筑和一个直线建筑，不要出现重复的表达而且毫无新意；很多人认为作品集要表现你的成长，可以把一些自己不满意和满意的作品都放进去，通过对比见证你的成长；作品集宁缺毋滥，一个差的作品会大大降低你的竞争力，作品集中的作品不在于多，而在于精，不仅作品要精，排版也要精。

信息清楚：很多学生的作品不错，投过去对方也很欣赏，但由于信息不全，或者没写清楚可以开始工作的时间，和你期待的薪水，这样用人单位无法做出准确的判断，导致求职的失败。文件尽量压缩小，尺寸适合屏幕查看。许多公司在官网上有明确的作品集大小和格式的限制，因为没有公司会花时间去下载你的作品集，都是在网页上直接点击查看，这样就要求作品集足够小，使其能够快速打开，并且方便在屏幕查看。

◎ 王雪

工作单位是 Fluor Canada Ltd，2013年创立自己的建筑师事务所：Sharon Wang Architect。加拿大注册建筑师，皇家建筑学会会员。1994年建筑学专业本科毕业。同年进入吉林省建筑设计院工作，直到2003年移民加拿大。作为负责人主持设计的项目曾获省优秀设计二等奖。2003年3月登陆加拿大卡尔加里市。

移民之初： 2003年初北美经济还没有从大萧条中恢复，新移民要找到专业工作很难。我非常幸运，在市政府的英语测试中成绩超过了参加工作经验班的要求，并通过面试被录取。十周后被安排在一家仅十人的小建筑师事务所实习，并成功留在那里工作。尽管一直认为自己英语还不错，然而语言的障碍还是超乎想象，特别是对设计规范中专业术语的理解。在小设计公司的工作从最初的帮助建筑师绘制简单的图纸开始，逐渐到独立承接设计任务。

就职经历： 2005年跳槽到BKDI Architects 的工作。一家大型的建筑师事务所，以便接触大型及多种工程。这是卡卡尔加里排名前十的建筑师事务所，业务包括建筑，规划，室内设计及景观规划。在这家公司我有幸得到了老板和总建筑师的赏识和帮助，从一名普通的设计人逐渐晋升为项目经理。在此期间，我是这家公司唯一的没有本地研究生文凭的项目经理。在总建筑师的鼓励和督促下，我也开始准备注册考试。

持有国外学历的人要在加拿大注册建筑师需要一个比较漫长的过程。首先，要经过 CACB (Canadian Architectural Certification Board) 的学历认证；需要递交的材料包括：申请表、学校信息、详细课程表、课时等；毕业证公证；所有英文翻译的公证；学校教学大纲原件及英文翻译的公证；在校期间每年的课程设计及英文说明。

拿到执照： 认证结束后，CACB要求我根据课时数补修几门课程：建筑师职业规范、外国近现代建筑历史和环境设计。补课完成后，准备另外一分申请表详细说明在加拿大的工作经历。包括在不同领域的小时数：前期、扩初、详细设计以及施工阶段。所有材料要求要有两个领导签名，必须都是注册建筑师。达到建筑师学会的要求后，我终于收到一封信允许参加考试。目前考试有两种，一种是延续美国的考试以前是9门，现在是7门，和国内的考试基本一样。还有一种是加拿大新成立的一种考试制度，把原来的9小门合并成4大门。两种考试都是允许5年内通过。我参加的是四大科的考试，70分以上合格。非常幸运，我一次就通过了考试。考试通过后，又参加了建筑师学会的面试。面试合格，终于成为有执照的建筑师了！

职业梦想： 拿到建筑师执照后，我又开始考虑进入卡城的主导行业——石油工程。从2008年起，先后就职于两家世界排名前十的工程公司——Worley Parsons 和 Fluor，这两家工程公司在中国都有分公司，中国总部分别位于北京和上海。移民至今已经10年，当年主观上不愿意放弃国内已经小有成绩的工作和环境，主要考虑家庭的因素确定了移民的方向。在异国他乡考取建筑师更不在当初构想的范围，一路走来，付出了很多，收获的似乎更多，不断的挑战让我发现生活有更多的可能，也让我相信未来会有更多的精彩！

◆ 小结

由于发达国家的城市化进程基本已经结束，建筑行业的市场在中国以及其他尚未完成城市化进程的国家，同时国内专业学习条件不断改善，留学回国后就业优势亦不再明显，出国留学已然褪去华丽的光环，成为建筑学专业本科生和考研、就业并列的选择之一，留学一方面需要花费大量的时间准备托福、雅思，申请学校的作品集要求更高难度更大；同时还要面临地域文化等陌生环境的考验和不菲的费用，所以决定留学方向时一定要考虑好前因后果，如果你不知道为什么出国，留学只会让你浪费时间，未来将更加迷茫！

出国留学也好、国外就业也罢，作为年轻建筑师以游学深造为目的，选择出国可以作为近期目标和方向，未来的发展应当进一步思考和选择。如果你已经预想到留学会伴随很多艰辛的努力，你明白留学要求较高的独立生活能力，你具备很大的抗压能力并耐得住寂寞！如果你留学最主要的目的是想在一个不同语言、不同文化、不同思维方式的世界中体验生活，如果你长久以来一直想体验建筑学专业不同的思考和学习方式，那么就向远方的梦想出发吧！

（四）多元化就业与职业规划

在保证社会对建筑职业人才需求的同时，建筑师的成长应当兼容对多元化方向（图6-19）和自我个性发展的肯定。能够从事自己热爱的职业是多么的幸运，完全听从兴趣又是何等困难？你可以试着从以下几点考虑：兴趣、特长、喜欢的领域能够提供给你的机会以及自我期许。特长是你在某个领域成功的最大资本，专业在一定程度上决定你可以获得的资源，以及他人对你能力的基本判断，为了避免你在职业选择上走弯路，在认真进行自我分析的基础上，挖掘关于职业发展的期待，期待是内心美好的向往，是心灵深处的声音，满足自我期待能让你感觉到职业的成就感和生活的更加美好。

图6-19 多元化方向

为了掌握建筑学专业毕业生就业状况，我们针对三所不同高校的建筑学专业毕业生目前就职情况进行了数据整理，按照毕业年限5、10、20年划分三个阶段，从就业方向、职位薪金、不同方向就业比例和注册建筑师通过情况等四个方面进行对比分析。以工作15年左右的毕业生为例，只有65%左右的"建筑专业学生"还在从事主流的建筑设计工作，其中的50%同学成为一级注册建筑师。另外的5%转行成为承包的项目经理，3%成为房地产开发商，7%成为高校教师，5%从事城市建设管理的领导，还有10%在房地产设计部或项目部；当然，5%左右的同学因为某些因素或机会选择移民、自己开店或者当了会计师。

通过这样一个虽然不全面但也有一定代表性的统计可以得出这样的结论：建筑学专业的毕业生未来发展既有基本规律又包括多种可能；有理由认为建筑学教育为大家提供了多种多样的职业道路，而不仅仅是传统意义上主流建筑设计工作，姑且可以称为"多彩的建筑师"。

◆ **主要就业方向解析**

毕业生就业情况与社会行业经济、政策发展密不可分，渗透着强烈的时代特征，进入信息化时代，社会一方面需要综合性建筑人才，另一个方面不断的造就更趋精细化的专业人才，所以当前各专业就业从事的具体工作都呈现多元化的态势，对于高校的建筑学子来说，毕业后潜在的发展方向大体是：①直接工作，到设计机构从事建筑方案设计，这主要针对为数不多的、建筑学造诣较高的学生；到设计机构从事建筑施工图设计工作，针对绝大多数的学生；②继续到国内外高校深造，读研、攻博，搭建更高的职业平台，然后从事教学、科研或生产工作；③通过考取公务员等方式到城市建设管理部门，从事相关工作；④直接工作，到地产公司从事设计管理或项目管理，随着中国地产公司的逐步成熟和正规，对学生的需求也在逐步加大；⑤改行，包括在国内或到国外从事其他行业的工作。

◎ **建筑学专业高任课教师或教学管理**

目前的高校教师任职一般要求第一学历毕业院校排名靠前，至少具有硕士以上学位；热爱教育事业，具有强烈的社会责任感与敬业精神；为人正直、诚实，具备良好职业道德和操守；具有良好的团队合作精神，有较好的表达能力和沟通能力；具有扎实的建筑学或城市规划专业基础知识和基本技能；具备承担建筑学专业教学、科研任务的能力；基于建筑学专业的特点，有一定工程实践经验的"双师型"人才独具优势。高校教师的就业选择可以大体总结为三个主要原因：热衷建筑理论研究、喜爱高校人文环境和工作环境或者自身学历较高对工作稳定的期待值较高。

教师的职责是研究如何带领学生进行知识的深层次探讨和创新，因此对于从业者的综合能力和个人素质总体要求很高：持续的学习能力、严谨的科学态度和不懈的专研精神缺一不可。高校教师的工作时间相对从事建筑设计自由宽松，弹性较大，但教学仅仅是工作内容的一部分，且包含大量的学术研究和一定的工程实践活动。教学评估、专业排名、实践经验等等工作要求大学老师必须花费大量的时间去从事科研工作、发表论文和参与实际项目，工作后也要常年坚持阅读大量的专业书籍，提高理论素养（图6-20）。因此，

图6-20 大量读书

为了把专业知识系统地持续地教授给学生，教师在不断提高理论素养的同时，应当根据个人的擅长、能力和兴趣确定自己的研究方向，参与一定的社会实践内容，在教学、学术与设计之间找到一个平衡点和重点发展领域，以下是三位建筑学专业老师的职业发展实例：

2009年研究生毕业后我就和高校签订了就业合同，但直至4年后上课的总学时还十分有限，因为主要精力还在准备博士论文答辩的阶段。看到年龄相仿的同事都在教学、科研等方面如火如荼的进步和成长，我知道自己未来的路还很长。

作为大学毕业就留校任教的专业教师，我已经任教近30年，虽然现在担任了领导，但从没离开过心爱的教学岗位，时代在发展、个人在提升，无论在学识学历和还是专业水平方面我从没停止过学习，高校教师的岗位让我见证了高等学校建筑学专业教学的长足发展和不断革新。

我曾经有8年甲级设计院工作经验，在全国高校成立二级学院的热潮下受到董事长的邀请，被聘为主管教学的院长。由于学生时代就担任学生会主席，在专业能力高和组织能力方面都略有优势，担任该学院教学院长已经10余年，负责招生、管理等工作，目前该学院已经升级为独立学院，事实证明，学术管理方面的工作适合我的特长和兴趣，选择这样的道路也获得了一定的成功。

◎ 城市建设等管理部门

选择城市建设等管理部门的公务员作为就业方向主要基于三个原因：求稳定、就业难和官本位。一份关于就业意愿的调查显示，在"稳定的工作和较高的社会地位"、"高薪和自我发展的机会"、"就业压力大社会责任高"以及"公平和公开竞争和考试"四个选项中，79%的人都选择了"稳定的工作和较高的社会地位"作为选择工作的主要原因。建筑学专业同学就业机会较多，因此，多数选择管理部门作为就业方向是认为公务员工作一劳永逸。

虽然国家在不断加强对公务员的考核与管理，也建立了公务员退出机制，但与其他职业相比，公务员仍然是风险系数较低、抵御风险能力较强的职业，一般也不会有失业的担忧。中国是一个具有"官本位"历史的国度，"官本位"文化充斥社会生活的各个角落。中国人的内心深处都希望成为官场的一员，一旦考上了公务员，就不用担心饭碗，它代表着一定的社会地位。公务员考试是政治制度改革中一项值得肯定的措施，它为普通大众进入官员队伍开通了渠道，给有这方面意向和擅长的建筑学专业的同学拓展了就业渠道。

城市建设等管理部门贯彻执行国家、省市有关城市市政工程、园林绿化、市容环境卫生、风景名胜区（以下称城建行业）和城市管理行政执法方面的方针、政策和法律、法规、规章；拟订有关地方性行政法规、规章并监督实施，制定行业作业标准、管理办法、操作规程并指导监督实施；负责城建行业的规划、建设、管理工作和城市管理行政执法工作；负责编制城建行业和城市管理行政执法工作的中长期规划和年度计划，并组织实施；编制城建行业有关的年度建设项目、维护计划和资金使用计划并组织实施等方面。选择考取公务员作为发展方向，可以从事城市建设、发展规划等与建筑学相关的管理工作。公务员岗位上聚集着社会管理的精英，但专业价值、学术价值和创新价值不会得以充分的施展和发挥。

　　公务员作为一条就业渠道，是一种相对比较稳定的职业，但应当理性抉择，不适合特别热爱建筑学专业、热衷从事建筑设计工作或者具有创业意识的人才。同时，好的公务员应该对基层生活有深刻的体验，积累经验，有了一定的工作能力后考取公务员也是一种选择。

◎ 地产公司从事设计管理或项目管理

当前房地产企业中大多设立了规划设计部或者研发中心等部门，一般是由具备专业设计能力和技术经验的设计师组成，其主要职责和工作内容就是与设计公司或设计院对接，在项目前期，根据项目规划指标和要求，确定建筑设计方案，并进行报建；综合销售部、成本部等部门的意见，形成系统的设计任务书，传达给设计公司，设计出相应的产品或者是作品；在项目实施过程中，再根据工程部、采购部的意见和疑问，联系设计公司，出具变更和函件，以保证施工的顺利进行；最后在交房阶段，依据客服部和物业管理公司的需要，对业主意见较大的问题进行一些必要的整改，由此完成一个项目开发的全过程。民企和房地产开发公司对于建筑学专业人才需求可以划分为三个层次：毕业生新动力、三到五年设计人员和10年以上具有设计及相关经验的建筑师。

设计部负责开发项目的工程设计工作，建筑师一般负责建筑设计专业的设计管理工作，确保各设计阶段中本专业工作的顺利开展，确保项目设计按期、保质完成，并达成项目成本控制目标要求。负责设计单位和专业技术咨询公司的选择、委托。负责配合项目规划方案招标和评选工作；负责组织初步设计、施工图设计会审，协助工程部进行施工图设计；在施工过程中根据具体情况与设计方协调设计变更的组织工作。

产品研发部负责组织开展对拟开发项目的地块分析、投资分析、开发思路等作为决策依据之一；负责组织项目建筑策划等项目开发的前期规划工作，提出项目总体开发策略；负责组织概念规划设计，提出项目开发的具体实施步骤，并组织相关部门讨论；负责拟定项目设计任务书，组织项目的总体规划、单体建筑、环境景观的设计，主持方案评审，并对设计单位的规划图纸组织本部门和相关部门讨论、论证、上报和实施。

新毕业生在房地产公司主要工作是作为联系设计院和房地产之间的媒介，到设计院交代设计任务，比如交代任务书的地形地貌，各种设计指标等等一些设计必要的条件，掌握设计进程，以及把房地产方面的要求转达给设计院等。三至五年的应聘者要求岗位经验，更有利于研发部或设计部的具体工作：常用办公软件及建筑设计相关软件的掌握；良好的沟通、协调能力，能够组织协调解决现场的专业技术问题；良好的建筑规划、结构设计专业管理能力，突出的创新能力和严密的逻辑思维能力；房地产开发行业相关管理知识，房地产开发流程；工程设计及建筑流程、成本管理知识、工程管理知识、项目管理知识；材料和设备知识等。

地产公司的研发设计部经理一般由大型设计单位10年以上工作经验或多年地产公司经验的建筑师担任，全面负责产品研究与设计管理，通过产品研究策划、方案设计、初步设计、施工图设计和产品实施，确保实现公司项目定位，提高项目综合效益，建立公司在产品设计上的核心能力。负责部门相关管理流程、工作标准及操作规范的建立、完善和执行监控；根据公司战略规划和运营目标，编制本部门的业务规划、工作计划，并组织实施；拟定本部门的人力资源规划需求；负责下属员工的工作安排，并对下属进行工作指导、监督；组织开展本部门的绩效管理工作等。设计部经理的工作内部需要联系公司各部门，外部需要联系国土、规划部门、审图公司、设计单位、施工单位、监理、材料供应商、消防、景观、绿化单位、政府职能等多个部门，对建筑师的专业能力和综合素质要求很高。

民企和地产公司对于从业者的要求更加多元化，个人能力培养比较全面，在房地产公司工作更多的是团队合作和资源的整合，设计部门工作积累对于地产工作有很大的帮助和积淀，因此，建议喜欢地产工作特点的年轻人在设计院工作3年左右的时间进行专业积累，把职业生涯规划目标分阶段实现。

◆ 不同类型的建筑师

工作中的设计实践相对在校学习，是规模上的扩展和功能上的拓宽：一个很小的项目，从立项到投标，再到报批、开工一直到最后结束，都要经过两到三年的时间，经历一个项目的周期，你会对项目设计产生较为全面的认识，完成两个以上的项目，你的思路才会比较清晰。参加工作以后，可能有很快做大项目的机会，但也可能连续几年都接触小项目，因此，在学校学习以理论为主，增长经验必须经历工作实践。根据建筑学专业的特点，作为一个专业负责人至少要经历三到五年的过程。

◎ 建筑师工作范围

建筑师工作范畴的角度一般分化为建筑策划（概念）、建筑设计（方案设计）和建筑实施（施工图及服务）三个方向。建筑策划在建筑师的工作中是非常重要的环节，建筑师和开发商或业主共同提出设计理念和项目构想，从建设项目的源头上执行建筑师的创作权。目前国内出现专职策划师，由建筑学专业以外的人担当建筑策划部分的工作，伴随建筑师自身的觉醒和能力提高，这种局面必然会有所改变，逐渐形成职能回归的态势。

建筑方案阶段的日常工作就是根据项目的要求，向业主展示设计方案，通过竞争赢得项目设计。任何方案的最初阶段都要通过必要的分析和文案形成初步概念方案，经过几轮修改和完善形成包括能够表达建筑功能、建筑造型和结构、材质等方面的设计，一旦方案获得认可，就可转入建筑施工图的设计阶段。

建筑施工图阶段包括了施工图设计和后期服务，施工图设计阶段的工作包括与建筑方案的衔接和建筑专业与结构、水暖、电气、工艺等多专业的配合，构造详图和材质选择等方面的设计深度在一定程度上决定了图纸整体的水平。许多方案建筑师不参与施工图设计阶段的工作，施工图常常由设计单位专业的施工图设计人员完成。从产业化的角度来看，这种方式一方面提高了设计效率，另一方面也似乎做到了人尽其用，但对于个人发展而言，可能会因此造成对专业理解的狭隘。

◎ 独立建筑师与团队建筑师

独立建筑师是指受过系统的专业训练，同时也有从事建筑方案创作的实践经验，没有单位或是背离单位的建筑师，他们接收业主的方案设计业务或代表某家单位参加设计投标，收取价格不等的方案费。这类建筑师或者没有职称或者没有注册，但他们却并不缺少设计的智慧；他们或直接为业主服务，或为设计单位（团队建筑师）提供服务。这并不是中国特有的现象，许多国家的设计精英开始阶段都是走的这条道路！

团队建筑师，或者说职业建筑师是社会中建筑师群体的主流，他们供职于一家设计单位，或是合伙开业，从事建筑设计工作，侧重方案或者施工图不同阶段。

◎ 管理型建筑师与技术型建筑师

管理型建筑师善于掌握建筑项目的整体运作，从项目的洽谈、业主沟通，到设计人员组成、设计计划和配合施工等。技术性建筑师特擅长于建筑的技术环节，从建筑的设计构想到与各专业的技术衔接等均能做到井井有条。这是两类建筑师，也是能够促使建筑设计很好实现的必须人才。建筑师的再分工是一种社会变迁、技术进步和经济发展的必然结果，认识到这一规律，可以使建筑设计从业者自觉地参与到适合自身发展的领域，从而为建筑的发展做出更多的贡献！

在业主至上的市场经济环境下，真正得以实施的建筑方案常常是政府职能部门或者业主的概念或构想，作为建筑师常常感到自己是在传承业主和策划师的概念设计，进一步规范化、工程化、技术化，使之成为可以通过审批的方案文本。究其原因，建筑师自身也有不可推卸的责任；一部分建筑师开始时是不屑绘制施工图，久而久之就变成不会了，另一部分建筑师专职设计施工图，时间久了，熟练了施工图设计而丧失了对方案设计的创造感悟！施工配合更是如今的绝大部分建筑师拱手相让的，业主、监理或是施工人员都可能在施工中改变建筑师在方案中的创意。要想逐步改变这个现象，必须通过不同类型建筑师的共同努力和协作。

◆ 第一个三年（五年）

第一个三年（五年）是你初入职场的阶段，由于年轻，精力旺盛，加班加点，偶尔熬夜通宵也能胜任；由于年轻，敢于创新，不墨守成规，对工作充满激情；由于年轻，不懂就问，长者包容，同龄互勉，专业方面不断成长逐渐成熟；由于年轻，拥有太多发展的可能和机会，未来的空间似乎无限广阔。但强者愈强，弱者愈弱。一个人长远的发展和作为多半取决于年轻时的关键阶段如何度过，所谓当立则立，不立则废，我们都要力争上游（如图6-21）！

图6-21　力争上游

◎ 找到理想工作

找工作一方面取决于综合的能力，同时要求要有良好的心态和竞争意识。要以正确的心态面对就业、面对竞争，不要局限在周围有限的就业机会，通过更广阔的范围争取机会；多向他人请教，吸取成功的经验，改善自己的不足；同学之间互帮互助，协同为战，分享信息并共同发展。

调整状态： 找工作是你踏入社会面临的第一个重大挑战，一定要抱着对未来负责的态度，认真的对待。踏实开朗、精神饱满、信心十足、机敏干练、坦诚相待这些都是很好的状态。如果你发现自己从前很迷茫，或者紧张不起来，或者不够主动，或者不够乐观，那么，从现在开始，改变心态，以更加积极、更加主动、更加乐观的心态去面对当下的重大责任，相信你很快会看到自己的变化，那么接下来的事态发展也会随着你心态的改变而发生改变。

搜集信息：你应该主动出击，发动你周围所有的关系，充分利用所有的信息渠道，在积极心态的推动下，尽最大努力搜索更多的招聘信息，而不应该等着别人告诉你信息。这时你会发现，原来还有很多非常好的就业机会，以前都没有发现，还有很多非常好的单位，以前都不知道。实际上，机会每时每刻都有很多，只是消极让你错过了机会。

争取机会：有创意、有活力、有青睐，观点鲜明，主旨明确，论证有力，方能脱颖而出，展现自己，不要放弃每一次可能的机会。如果某个单位你想去，或者感觉会有机会，那么，一定要努力去为争取。如果你被淘汰，而这家单位你又非常想去，那么，不要犹豫，再尝试着挖掘一下资源，也许你的诚意和毅力会打动某些人，化不可能为可能，争取到机会。切记：每一个机会一定要尽力争取，这是对自己负责的表现；明显不属于自己的机会就要放弃，这是对他人负责的表现。

面对每一次机会做好充分的准备，尽力抓住。要把每一次机会当作最后一次机会去认真对待，在每一次笔试、面试前做好充分的准备，不要寄希望于不作任何准备、凭运气就能通过面试。找工作绝对不能心存侥幸，要脚踏实地，依靠自身实力去赢得竞争，通过面试就是竞争的目标所在！

相信自己：很多同学最大的问题是不自信，觉得能力不行或有自卑心理，更不敢跟别人竞争。不可否认，天资高成绩优异的建筑学专业学生有很多，每个学校也都有佼佼者，但那毕竟都是少数，大多数人的能力并没有太大的差别。是否自信，是否能充分地表现出自己的优势和亮点，是否能从容地面对竞争和挑战，这些都是个人成功的关键。

下面和大家分享一个毕业生找工作的经历：

◎ 张翰元

2013年3月，随着在三方协议上郑重签下自己的名字，我的求职历程终于画上了一个圆满的句号。在这半年漫长而艰辛的过程中，付出了很多，经历了很多，也收获了很多。把找工作积累的经验和大家分享，希望能对他人有所帮助。

为了拓展知识面和实践能力，我从大三暑假开始，就到深圳一家设计院实习，积累了一定的经验和实践工作能力。学校安排的正式实习阶段，选择北京一个合资企业设计院实习，期间认真工作，任劳任怨，加班加点，由我主要负责的两个小项目都成功中标，因此得到公司领导的表扬和认同，还得到不菲的奖金。通过实习经历，开阔思想，拓展思维，见多识广和社交方面的能力，提高阅历可谓受益匪浅。在得到了单位领导和同事好评和认可的同时，也增加了自信心和能量，毕业应聘工作时明确了留在北京的想法。

找工作过程中辗转了很多设计院，参加过很多公司的面试和笔试，总体感受不是单纯的失败或成功，而是觉得自己有一次次的提升，每次都伴有惊喜和挑战。后来我到中国建筑集团下的一家设计院投简历，二所希望短期实习生做一套方案设计，也算对我的一次考评。我欣慰的抓住这个机会，在接下来的几天里，尽快完成了任务，负责人总体评价还很不错，和同事之间相处也很融洽，所以单位的招聘考试很荣幸的接到了通知。

考试题目不大也不是很难，但是竞争对手都很强大，多数都是名校的研究生，当时心理压力确实很大。考试前也做了很多准备。由于考题要求很具体，楼层要求必须三层，很多考生没有审好题目做了两层，最后我在五十多个竞聘者中以第十名的成绩进入到了面试环节。

终于到了最期待的部分：面试，这是找工作过程中最重要的一个环节，因为它直接决定了你被录取还是被淘汰。还记得在第一家设计单位应聘面试的时候，我紧张地握紧拳头，全是汗水，表面上很淡定的样子，问题回答已经语无伦次。后来通过一次次的反思、总结经验教训，不断改正，才逐渐对面试更加有信心了。中建的这家设计院算是比较晚的面试了，"久经沙场的"我应对起来比较得心应手，整体表现很不错，各位考官都比较满意，顺利通过！

回想找工作的这段时间，经历了太多的酸甜苦辣，在这个过程中，花了大量心血，遭遇了无数拒绝，好多次想要放弃，但是还好坚持了下来，这个过程让我成熟了很多，成长了很多。现在的我已经满腔热情的投入在工作中，把五年多学到的知识与实践结合，祝愿大家都能找到一份理想的工作！

◎ 确立短期目标

美国注册建筑师协会在借鉴医学实习生轮换实习的理念下，建立了一套增加建筑学专业学生从业经历的实习生发展计划（IDP），目的是最短通过三年的时间为实习生提供一个获得实习经验的广泛而良好的基础，内容包括16项与建筑学相关实践中获得的经验。我国目前没有相应的工作经验要求，但教育部颁布的"卓越工程师培养计划"通则中强调校企联合培养的必要性，在总结工程教育专业特点和借鉴国外成功经验的基础上，从本科阶段的教学目的出发进行教改的研究和实践，提出不同类型的高校应根据本校的人才培养目标和定位，结合行业优势和专业特色，大学生在相应企业接受工程实践教育累计一年的要求，强调了工程实践的重要性。一二级注册建筑师考试针对不同教育背景和不同学位，结合工作年限提出了三到五年的报考条件约定，因此，可以将年轻建筑师入职后的第一个三到五年理解为职业生涯的起点。

毕业后最初工作的这几年，重要的不是你做了什么，重要的是你在工作中养成了哪些良好的工作习惯。每个人心中都有一个长远的目标，可能清晰也可能模糊，长远目标确立后，还应当确立一个三到五年的短期目标。第一个三年（五年）你就要胸有大志，不要放弃自己身上的某些坚持，你很难预测到将来真正能有多大成就，但踏踏实实的从现在做起就在一步一步接近心中的目标。

◎ 在实践中学习

在实践中学习，在实践中积累，培养各种能力，加上敬业精神和职业责任感，喜爱建筑的你一定会成为优秀的建筑师。很多人不在乎年轻时多付出多实践，很多人在日常的点滴工作中循序渐进的累积，因为他们明白这些实践中的学习将成为今后各自发展的分水岭。

创造力是建筑师必要的品质之一，它贯穿于你日常工作的很多环节：调研、方案、绘图；建筑师虽然不必像画家那样表现自己的作品，但能把设计想法简单快速的表现出来是十分必要的，这种能力便于快速的与业主和其他专业人员进行交流和沟通，计算机表达的方式越来越多的替代了手绘方式，无论怎样，图示语言对于建筑师至关重要；成为优秀的建筑师，语言表达能力也是必不可少的，语言的表述使你的建筑设计表现更加充分，良好的语言表达赋予建筑方案更多的灵性和与业主展示的机会；设计说明、书面文案、会议记录、签订合同，作为一名建筑师，你的文字能力会对设计有很大的帮助，可以为你争取更多的优势；良好的工作习惯，扎实的工作作风，学会用最快的时间接受新的专业知识，并且发现知识的内在规律，比别人更短的时间内掌握这些规律并且处理好它们。

◎ 一切刚刚开始

根据目前高校就业情况分析，建筑学专业就业率较好，三年到五年后总体薪金水平较高，选择并从事这个专业的虽然常常加班加点，十分辛苦，但你的付出总有收获，学习建筑的你是幸运的也是快乐的。

设计一个建筑、经营一个公司所带来的压力超出你的想象，大部分建筑师真实的工作和他们在校园里的想象是完全不同的。纯粹的建筑设计是稀缺的，这个职位需要激情、才情和不懈的努力，建筑行业的创业需要勇气、技术、天赋和关系等等多种因素，建筑师需要学习和掌握的知识似乎没有尽头：建筑方案、建筑构造、建筑管理、人员协调，当你成为一名项目负责人白天几乎没有时间考虑设计，大量的协

图6-22　辛苦工作

调、配合和交往占用了建筑师的工作时间，所以即使是年纪很长的建筑师也常常加班到深夜（图6-22），但是和身边一些学习建筑的朋友和同事交流，他们对自己专业虽然也有所抱怨，但更多的是热爱和不舍，大家都在坚持和不懈的努力。

下面通过几位年轻人的工作和学习经历，感受一下就业初期和高年级学习的状态。

◎ 杨乐

2011年工作，现就职于北京清城华筑建筑规划设计研究院。近三年的时间完成了海口大洋酒店、迁西县中医院和富士康鄂尔多斯成汗厂区厂房改造等多项工程的方案和施工图设计，个

人成长受过挫折也逐步在走向成熟。

个人优劣：反观两年多的经历现在觉得工作要干好主要看两点，一个是情商水平，一个是知识储量。如果这两方面都比较强，工作的优势会很明显。对我个人来说，知识储量在同龄人中略占优势，反观情商，差了很多；因此，发挥优势是一定的，弥补劣势更是必要的，例如团队内的交流方面，谨记四个字：吃亏是福。抱着这样的态度处事，可以和同事交往的更愉快，同时得到更多的帮助。

就职单位：曾经在北京中元工程设计有限公司实习半年，毕业后就职于北京中冶设备研究设计总院有限公司，一年前调入现在的设计院。目前设计院划分为15个所，每个所承揽的项目和工作模式有所不同，所在的部门管理趋于人性化，成员集体观念强，大家相处很愉快。

职业目标：未来得到业内同行更多的认同，建立属于自己的设计团队，用团队协作模式，实现对建筑设计理想的追求。

自我认知：我是一个善于思考的人，能用独特的角度看问题；在各种陌生、复杂、紧急或危险的情况发生时，能照常发挥个人能力；协调能力强，反应敏捷迅速；动手能力强，对于细小事物能快速而正确的操作；在其他方面，语言表达能力较强，善于与人沟通，逻辑清晰；社会适应能力较强，可以快速适应社会环境；具有很强的集中力，思想缜密，讲究方法。

职业认知：（包含地域分析）北京是个多源的城市，加之政治中心的地位，具有很多其他城市没有的优势，但是也有一些无法回避的问题。单从建筑设计领域来讲，对建筑人才的发展有有利有弊：机会多，设计人才需求大，节奏快，培养方式多样，选择面广等这都是好处。但我想多说说不好的方面：当工作单位的选择的面多，大家自然就会更愿意比较薪酬，比较工作环境，比较发展模式。可往往不同的招聘单位，每个所，每个部门的工作模式都不一样，大家开始盘算好的假定情景，当你真正入职后可能会完全颠覆；快节奏的生活模式，披星戴月的上下班，项目的紧凑，无序的生活状态，这些都会对刚刚毕业的求职者造成致命的心理打击；很多人都会在刚刚工作的一两年中变得很浮躁。

在这样的城市工作和生活，更要坚持理想，坚持信念，才会渡过难关，一旦你习惯了这种生活模式，烦恼就会逐渐减少，越来越趋于安定。

近期规划： 努力成为项目协调人，协调团队的发展，能够将团队整合成一个有凝聚力的团队。为实现近期规划（三年），一方面要钻研建筑类书籍，增加建筑领域各类知识；拓展自己的知识面，增加沟通类、项目管理类书籍；在日常工作中，积累经验以实现与甲方更顺畅的沟通，团队间顺利合作。另一方面要多与前辈及专家学习交流，汲取精华。

远期规划： 尽早成为国家一级注册建筑师。组建自己的设计团队；职务目标是项目总工程师或建筑设计事务所老板。通过多结识业界精英，提高专业水平和境界，抓住机遇，并敢于承担风险。

职业发展路径： 从基层做起，多观察多学习，虚心请教。随着知识的增长，经验的积累，承担起项目经理、总工程师、所长的职责，管理好团队，协调团队协作，完成各类项目，按照规划轨迹达成最终目标成为一名出色的建筑设计师及管理者。

内部因素分析： 吃苦钻研能力，洞察力，对周围事物变化的敏锐思考，加上对建筑设计的热情，有了这些，你能够得到多数人的认可，得到同事领导更多的信任。

外部因素分析： 机遇对谁都是重要的，不仅仅是要自身能力强，也需要有好的机遇才会让人迅速实现规划目标甚至超越，机遇在我看来也分两种，一种是靠着逐渐积累起来的人脉，通过得到的认可吸引给你机会发展或者寻求共同发展的人，借助这个机遇达到自己的目标，另外一种机遇是那种从天而降的，我说的并不是天上的掉馅饼，而是一个偶然的机会，让你遇到一个人或者一件事，恰好有你需要的资源，或者这个人有意愿帮你到达目标。机遇对一个成功的人来说是改变命运的转折点，对一个还未成功，并未失去信念，依然在努力等待成功的人来说，机遇就意味着转折点，甚至是救命稻草。

职业路径评估： 变化是人生的一大旋律，环境、心境都在变化，一切都充满了不确定性，规划也不可能是一成不变的。我们应该及时调整、完善职业规划及实现规划的路径，并朝着既定的目标奋发图强，未必能够尽善尽美。不过追求过的人，回头来再看时不会觉得荒度余生吧！

梦想寄语： 每个人都有不同轨迹的生活，只要你能坚持理想、坚定信念，你就会找到属于自己职业梦想的那份心满意足，这样的生活足够你为之自豪，为之奋斗！

◎ 王技峰

2012年工作，现就职于杭州市建筑设计研究院土建所。参与并完成以下项目：温州市南汇街道东屿村城中村改造的方案和施工图设计；温州牛山国际城市综合合体三期方案设计；交运集团汤家桥公交总站综合体一期项目方案和施工图设计等多项工程。

不同的单位：工作后成长还是有的，不过理想很丰满，现实很骨感，与毕业之初的预期有一定的差距。个人认为在一个单位工作是职业生涯的开始，单位本身具有的特质和所擅长的项目类型在很大程度上决定了你成长的方向。不同的设计单位侧重和擅长的项目不同，个人所学习和感受到的东西也不同，无形之中影响了思维方式和知识层面。

以我们单位为例，建筑设计盈利的目的性较强，当然这也是国内多数设计院的现状。大型批发市场和医院建筑属于单位的两个强项，设计批发市场的商业利益很高，但对建筑师的发展而言，做市场这类项目学的东西相对单一，可以大面积的拷贝复制；医疗建筑是所有公共建筑中最比较复杂的类型，有很多建筑师可能一辈子没有机会设计医院，真正经历一次医院项目从方案到施工图的设计，对于一个建筑师的职业生涯会有很大的帮助。

不同设计院的企业文化不同，这很可能会影响你对生活的态度。规模较大或者品质较好的设计单位，对于企业文化特别重视，优秀的文化可以调剂你的生活，同事之间的相处也更加愉悦。

地域的选择：以前在上海实习的时候，学长对我说过一句话，"像我们这种设计类专业，还是在北京，上海，深圳这三个城市发展比较好，其他很多二三线的城市，虽说业务量也很多，但是理念和体制方面与这样城市之间的差距还是很大的"。在杭州工作近两年，个人感觉和上海整体的设计氛围、设计环境和基调，甚至于工作的机会，确实有所不同。当然我说的是整体的氛围，二三线也有很多出色的设计机构。当然，工作毕竟不是生活的全部，说到底在哪里都可以提高和成长，只要你能明确自己的生活方式。

关于建筑师：读大学时我对优秀建筑师的理解仅仅局限在建筑外立面设计和造型推敲，从实习到工作看到和参与了一些作品产生到完成的过程。对作品设计感尤其重视，对模型近乎苛刻的推敲，让我深深地感受到建筑的博大与精细。同时我还想说明把握一个建筑不仅仅需要对艺术的追求，还需要对整个工程的深入分析，对于年轻的建筑师刚开始的几个项目，能从方案一直跟到施工图结束，是很好的锻炼方式，之后再根据自己的特点和期望去选择侧重的方向，因为以前曾走过弯路，在此提醒大家。

职业发展： 着眼于最近的目标，尽快能胜任项目负责人的工作。

关于跳槽： 工作之后，更应该追求稳重求胜，除非这个单位确实与你的预期差距过大，否则不要轻易更换单位，每个单位在你刚进去的3个月会感到新鲜，之后在本质上都是枯燥的学习过程，任何一个地方都可以学到东西，工作之后再换单位代价很大，先把自己打磨成熟了，肯定会有更好的机会等着你。当然不是完全不应该跳，而是别太着急，各方面了解透彻再做决定。

关于赚钱： 建筑学这个行业技术性很强，只要你把本事学会，赚钱的机会有很多。之前找单位的时候总是在乎年薪能有多少，后来渐渐地明白，刚毕业去不同的公司，第一年再多能多到哪里去呢，关键是要挑选有锻炼价值的单位，寻找一个好的平台。等你能力逐步增强的时候，不同的平台接触到不同的项目，这个时候才是利益高低的关键点，所以应该把目光着眼于未来。

梦想寄语： 记得有人说过这样的话："不管你在哪个行业，只要你能坚持十年，只需要十年，你都可以从一个底层的成员变成一个专家。"刚开始工作的阶段，有一种重新站在起跑线的感觉，不管你现在的工作状态怎么样，不管你有过怎么样的过往，只要从现在开始懂得坚持，就会有回报。不要中途放弃，相信自己，坚持下去，你就可以！

◎ 关博华

2012年工作，现就职于上海集合建筑设计咨询有限公司，参与完成了山东园博会主展馆、南京新港科技园区和千岛湖东部小镇度假村等项目，从前期的规划整体分析，到后期的扩初施工图设计的全过程。性格比较安静、内向、爱玩。一直比较有耐心的做好手头的工作，也积极的面对不擅长做的事情，主要问题是专业方面需要补强的地方很多。

职业目标： 可以独立完成一些建筑设计，最终建成并得到使用者的喜欢，也表达一些自己对于建筑的理解和思考。

自我认知： 刚起步阶段，对行业和自己都处在不太清晰的定位。觉得还算是个比较喜欢创作的人，很喜欢建筑设计行业，有热情来做好相关的工作，专业方面还需要很多的积累和学习。

职业认知：在上海一年半了，工作和生活都已经开始习惯，压力和快乐都有。工作并没有特别的繁忙，觉得强度适中这点很适合我比较慢的性格。一直觉得建筑学不是一个速成的专业，需要时间、耐心和坚持，积极的学习和熟悉不会做的新东西是我们需要面对的主要困难。就上海来说我很难做一个大的总结，不同类型的公司很多，相同类型的公司的工作方式也不一样，不敢以偏概全，可能需要大家通过不同的途径去了解、认识和感受。但无论怎样，首先认识到自己需要什么样的公司是最主要的，然后去找一个自己喜欢的就好，有时候适合别人的不一定适合你。

近期规划：三年内的规划来说，就是踏踏实实做好分内的事情，等待好的机会，多和同事以及合作公司的成熟建筑师接触，学习他们的优点，补强自己基础的弱项，多接触实践，自己在业余时间参与一些小型的建造或者加强一些动手的能力，争取在三年以内可以踏踏实实的进入这个专业领域，成为一个比较称职的年轻建筑师。

远期规划（十年）：对于未来十年，行业的方向转变和发展都会很快，整体的形式也要在实际工作中慢慢体会，看清大的方向。个人来说是尽快地让自己变好，可以多学习尽快达到独立完成项目的能力，也有过一些比较理想化的想法，比如去做一些公益性质的项目，去完成一些建筑师的社会责任，做一些实实在在抛开利益因素的项目，完成心里的一些自己的想法。希望可以在未来工作稳定成熟后去国外多一些的考察和学习交流，慢慢接近预想的建筑师的样子。

◎ 潘龙飞

2012年毕业，现就职于大连城建设计研究院有限公司。

工作感想：就职的单位是大连的前三甲设计院，无论从规模或是公司构架上都很成熟。工作范围方面设计院以施工图为核心，同时配合部分方案设计，目前在大连市及其周边地区已经有很多知名作品。参加工作时间虽不算长，但还是愿意和大家分享一些工作感悟和经历，希望能给大家带来一些启发，提供一些思路。

入院以来就开始从事施工图工作，主要因为实习期施工图方面得到过锻炼。工作开始到现在也经常和一些同事交往心得，比如同一年参加工作的孙工，他是大连理工大学的建筑学研究生，在院里所做工作多为方案设计。不同工作范畴带来不同的感受，有时我们彼此羡慕，有时又庆幸没有在对方的岗位上。虽然我们都希望能成为一个面面俱到的优秀建筑师，事实明证这也是可行的，但是你首先要先从方案或施工图某一个方面专一起来，坚持做到优秀，然后再把另一方面做到更好。

生活感悟： 在20多岁的年纪总是会有太多想法，想赚钱，想要工作经验，想要爱情，想要自由，想要去旅行……当然，这些想法都是美好的，我们需要。但是，前提是要做好自己应该做的工作，随后才能有更多的自由。适当的加班，适当的压力，适当的自由放纵。工作支撑我们的生活，欲望支撑我们继续工作。年轻的时候不可能兼得安逸与金钱，否则内心或许又不安稳了。在我看来，身体上的疲惫总要好过心头的不安。

职业规划： 职业规划关联着人生的规划：做好所要工作城市的调查，户口的问题，五险一金的缴存额度，社保与购房等因素的关系，别因为多拿到了一点钱而失去更多的社会保障，详细的不赘述，但这些是你必须了解的部分。专业职称、国家一级（二级）注册建筑师也是职业规划中的一个重点；毕业后也别放弃学习，本科毕业生可以在参加工作三年后报考在职研究生（注册建筑师考试本科生在毕业三年后的五月，研究生考试在十月）；工作后杂七杂八的事情会慢慢多起来，很多人都因此失去了继续深造的信念，但每个人的追求都不同，凡是能达到我们最想要的生活状态的方法和途径就是最棒的职业规划。

职业评估： 入院面试时院长曾问我："今后想做技术还是想做管理，你只能选择一条路。"真正工作时发现摆在我们面前的选择并不太多，但是没有足够的技术积累，选择那条路都是空谈，在哪里都不会受到重用，所以基础很重要，无论在哪里，无论做哪行，都应该先打好基础。

感想寄语： 多画图，敢实践，凡事努力。工作给什么就做什么，做什么都要做到最好，做不好就加班；少去问为什么，学会自己寻找答案，多看规范、图集、考证过的资料，问出来的都不叫经验，经验是悟出来的。

压力要适当，不要疲惫和忙乱的生活，再忙也要健身运动，有好精力才能更好的工作。学会攒钱和理财，慢慢实现自己买房子，车子和旅行的梦想，努力的人运气都不会太差！

◎ 王博然

2012年工作，现就职于同济大学建筑设计院。主要参与完成了西宁市公安局办公楼、北京密云云溪花园小区、舟山普陀全民健身中心等项目的扩出以及施工图阶段的设计，对于方案到施工图的过渡阶段及施工图设计的普遍性问题有了一定的认识。

工作感想： 由于工作环境的原因，有幸接触到很多赢在起跑线的高才生们，他们大多来自老八校，曾经很羡慕那些每天都有大师给讲课的同学，确实，他们有先天的优势，但假如你不是出自名校，也不要自暴自弃，自觉低人一等，因为，主宰你未来的除了出身、机遇，还有个人的拼搏，假如平台一致的话，相信我，很多年后，勤奋的你一定会弥补很多先天的不足，能力、水平以及成就会各有高下。

如果有在大院实习工作的机会一定要把握住，因为在这里有机会接触到一些大型重点的公建项目，更可以接触到更多的优秀的人才，接触到更多挑剔的甲方。这些都是你将来发展不可或缺的。当然，有些人喜欢小的设计公司，比如一些明星事务所，他们所做的项目主观意识很强，尊重自我创作，很能表现建筑师的设计理念。选择大院还是小院一直是困扰应届毕业生的一个难题，谁也不能说选哪个是对的，最终你要根据自身情况进行选择，适合自己的就是最好的。

职业认知： 工作也好，上学也罢，永远要记住，一定要主动！真的没有人毫无理由的对你好，教你知识，用生命去工作的建筑师更是如此，大多数人白天黑夜都很忙，哪怕他是老总指派负责带你的导师，他们也没有义务去教你画图，所以，一定要主动，主动去找活，主动去找资料，主动去看规范图集，主动去向比厉害的人请教，只有这样，有一天你才能在井喷式增长的建筑师当中脱颖而出。

不要满足于现状，我觉得现在的单位能学到的知识已经越来越少，大院就有这样的不足，核心的难点不会找一个刚来不久的菜鸟来做，所以，当你觉得知识储备远远不足，短期又得不到改善，并且你在一个单位付出远远大于回报的时候，那么就可以下一步做打算了。

工资待遇： 很多人曾经跟我说过刚毕业不要在意能够拿到多少薪资，当时不服，我踏实肯干，凭什么赚的比别人少。工作一段时间才渐渐明白这句话的意思。大学同学有月薪过万的，而我每个月不到七千，不要和他人做这种无谓的攀比，许多人在各自的单位待上一年半载，感觉有能力了，就会因为薪资没达到理想值的关系，选择出走，跳来跳去，普遍都去了那些比原来单位薪资高很多的单位，但因为不熟悉新单位的工作模式，工作上畏首畏尾，影响了产值。结果真实收入甚至拿不到原来单位的薪资，姑且不论将来发展如何，这种攀比的心态可能就会毁掉你原本更好的发展。

梦想寄语：在很多方面，做好自己就够了，做一个和自己赛跑的人，你才能快乐才能知足才能健康的发展。这些是工作后心底最真的话，祝福，将来洋溢着成功幸福笑容的你们！

◎ 郭苏林

2013年哈尔滨工业大学建筑历史研究方向毕业，吉林建筑大学签约就业。

学习经历：在建筑学本科学习五年以后，我选择直接考取硕士研究生。实际上，这是一个艰难的决定。毕业之际，大多同学都选择了就业，从此开始了一个全新的生活方式，并且拥有了自给自足的生活能力，这对于生活在父母庇护下成长了二十几年的大学生而言，是一个极具诱惑的转变。曾经想象的硕士生活，不外乎是每天上上课，考考试，日子乏味又平淡。然而，当我真正走进了硕士的生活之后，才发现，这一段生活经历十分宝贵，对未来的人生将产生深远的影响。

关于读研：大概总结出硕士研究生阶段两方面的重要意义：一方面在考研和读研的全过程学习能力有了极大的提高；另一方面，研究生阶段的学习让我对工作和生活有了更多的感悟和思考。

第一、硕士研究生备考阶段，培养了学习中"坚持"的能力。考研的同学在备考期间要承受来自方方面面的压力——学校课程作业的任务，实习时间与备考时间的冲突，身边同学找工作或者出国的干扰等等。这就要求考研的同学坚持自己的想法，不受外界干扰，在纷扰的大环境下做到心无旁骛，坚持到底。

第二、硕士论文创作期间，培养了学习中"阅读"的能力。在硕士论文方向确定之后，每一位硕士研究生都要就研究题目进行大量的阅读。这个过程不仅提高了个人理论水平和专业深度，同时提高了个人阅读能力，让硕士研究生练就了对于重要知识点具有灵敏感知力的本领。

第三、硕士论文写作过程中，培养了学习中＂归纳总结＂和＂研究＂的能力。论文的创作过程中，一定要思路清晰，通过章节和要点的划分，将一个研究领域的研究结果逐一分点，清楚地归纳、总结，形成一个明确、清晰的文章系统。因此，在硕士论文完成以后，每个人的归纳和总结能力会有一个明显的提高。研究是一个主动学习的过程，当获取大量资料以后，必须将这些资料透彻地分析和理解，经过自己的思考，让这些资料与论文思路充分地、系统地结合起来，最终形成一个结论。主动的思考过程，会让你养成深入思考的良好习惯。

攻读硕士的这一时段，可以拥有充足的时间对今后的生活和工作方式进行思考。在这段时间里，硕士研究生通过身边就业的同学了解各大城市和设计院的现状，以及建筑行业的发展走势，通过思考，确定未来的人生目标。因此，利用好这宝贵的时光，会让接下来的生活和事业步步稳妥，井井有条。

关于就业：本科和硕士两次毕业，让我拥有两次就业的机会，同时也身处两次就业的环境。纵观身边的同学，在毕业以后大抵选择以下几个走向：设计院，地产公司，事业单位，公务员，继续深造。大家背景不同，需求不同，人生理想不同，因此就业的选择各有不同。无论最终选择怎样的工作，只要坚持自己的理想，不要轻言放弃，相信同学们都会有一个良好的职业发展。

梦想寄语：苏格拉底曾说，世界上最快乐的事，莫过于为理想而奋斗。我相信，只要心中有梦，并且为之奋斗和坚持，每一个人最终都会离自己的理想越来越近。

◎ 李翰朝

在读研究生，论文开题后，兼职设计院工作。

工作感悟：在一年的课程学习之后，进入专业硕士的实践阶段。步入工作岗位，首先感到自身与专业设计人员的职业素质差距，以及对未来成为专业设计人员的憧憬。

有几点感触：1) 刚进入设计院，领导对你的能力把握不是很有度，首先会给你难度适中的工作，限定时间，查看你的工作能力；2）设计院中各专业有自己的主要负责人，专业中的大事小情，负责人可以帮助处理，建筑学专业负责人一般情况下既要处理好建筑学专业内的各项事宜，也需协调各专业的合作沟通及交圈工作；3）对于新人，一言一行都会引起同事的注意，大家都在看你的表现和潜力，新人所能干的工作不仅仅只来自于所在专业负责人那里，机会很多，但前提是要让自己在工作中成为一个可以值得信赖的新人；4）人们的性格相异，你不可能被每个人喜欢，但在公司中，起码你要做到不被领导讨厌；5）保持体育锻炼是很有必要的，画累的时候出去散散步，慢跑都是缓解压力，放松身心的良好选择。

现就职单位：吉林绿地兴合建筑设计有限公司，属于吉林省内建筑设计行业中排名靠前的设计院。院内分6大所，景观所、方案所以及四大设计所，所与所之间既独立行事，也彼此联系合作。我有幸进入设计所，既能参与方案设计，也能体会到画施工图的滋味。在这里可以感受到所内之间的小合作，以及院内之间的大合作。

职业目标：提高自己的专业技能和思想境界，早日考取一级注册建筑师，带领自己的团队更多地参与到建筑创作与设计中。

自我认知：我是一个对工作充满热情的人，对待上级交代的每一个任务都本着全心全意态度，尽力而为之；抗压能力强，设计中途遇到问题时，喜欢自己埋头研究，独自思考，找到解决途径；在遇到棘手的问题时很容易被外界的意见所影响，很多时候更愿意听取别人的意见和建议。

职业认知：刚从学校生活过渡到社会工作中，想想每月一领的工资，想想办公室里舒适的环境，感觉工作是无限美好。但进入公司后，工作的责任和压力就接踵而至。对于工作目前有以下认识：工作中的心态很重要；选工作不仅仅要看待遇，更重要的是选择生活品质；在感兴趣的环境中再辛苦也高兴，工作有干劲；根据领导对员工的态度，也是了解不同单位工作环境的一种方式。

大型设计公司和小型设计单位在所能承接的项目以及员工福利方面都会差别很多，在大型单位中可以学到更多的设计理念和作图技巧，当然机会更多的同时，压力和竞争也会相应加大。对于刚毕业的新人来说，在设计院中学习知识的过程，主动是基本前提，时机是获取知识的条件。

近期规划：将自身专业技能强化，先满足温饱，在设计院中学习锻炼，与师父、同事交流和学习，完成每一项工作任务。

远期规划（十年）：将自己的专业技能加以精化，并向专业相关方向扩展，达到小康水平，即提高生活品质。远期目标是"活的精彩"。通过自身对学习的热爱和执着，加强自身能力建设，拓宽眼界，在完成所需完成的任务下，多为自身补充知识能量，蓄势待发。

职业发展路径：员工——成手——稳定——注——（公务员、设计院领导或开发公司）

发展因素分析：不断提升自身的学习能力和工作效率；人生中的好的机遇并不多，做好准备，抓住机会。

职业路径评估："打铁还需自身硬"，提升学习能力和工作效率是争取进步的最佳砝码；"机不可失，失不再来"，外部因素也是取得进步的重要途径；人生中的机遇可能会很多，但要注意观察才能抓住好机会。职业路径可能很普通，但真实贴切；职业路径可能不荡气回肠，但需脚踏实地；评估职业，首先要学会评估自己的特点，懂得自己所追求的目标，了解自己所能达到的高度。

梦想寄语：青春年华，不容虚度；找好位置，不急不躁；天高海阔，任鸟飞鱼跃；成功指日，愿青春无悔!

◎ 张博

2010级学生，目前在台湾文化大学交流学习阶段。

专业理解：建筑学是一门综合的学科，每个人都有自己对于这门学科不同的理解和学习方法。在大学的这几年时间里，除了本专业——建筑学专业的学习，我同时选修了本校的国际工程管理专业的双学位课程，以及后期作为台湾中国文化大学交流生的学习。因为在我看来，专业的学习不仅仅在于本专业知识的积累，更重要的是在于综合能力的提升和眼界的开阔性。

学习心得：我所选修的双学位班集中了学校内部建筑相关的各专业同学，多元化学习在这里也就变为可能，个人认为本科阶段对于其他专业方面的大体了解是相当必要的。由于双学位班的老师有着多年的国际工程带队经验，因此对于现在工程方面的理解和研究也很深远，能够抓住专业的学习和实际工程之间的联系，提出围绕BIM（Building Information Modeling 建筑信息模型）展开的综合性学习。将不同专业的学生集中在一起完成综合课业的学习，同时参加相关竞赛。通过这种学习环境下，了解不同专业之间的关系，自己专业所处整个行业的位置，以及怎样协同大家一起完成建设项目。在老师的指导下，我们获得了BIM竞赛的全国二等奖，参加竞赛的同时也了解到BIM在未来工程项目中的发展潜力。

这种学习机会是我在大学期间始终希望抓住的，因为不同的综合性的学习能让我们的知识架构更加完整，清楚地看到专业的发展潜力，最重要的是能够逐步明确将来的发展方向。

国际交流： 作为交流生，大四期间有幸来到台湾学习。台湾的教学更倾向于理论的研究，通过各种文献和书籍的阅读来了解建筑学以及建筑所在城市的发展脉络，从而能够从一个更高的角度来理解建筑学专业的发展，理论的学习会在课程设计中得以应用和展现，同时还学到很多关于理论对于实践的指导。以史为鉴，用理论来指导设计，是在台湾的学习当中最深的感受。

另外，社会的责任感也被老师们时时提及，作为城市的建造者，建筑师身上应当肩负起更多的社会责任，台湾的城市发展正是由于这些有社会责任的设计者才得以健康和繁荣。

梦想寄语： 大学是我们对于专业初步的理解和学习的阶段，不同的经历决定着我们的眼界，也决定着未来的选择。通过在台湾的学习和经历进一步完善了知识架构。通过进一步学习更好的认识自己，找到擅长的一方面，结合着专业的理

图6-23　进取中成长

解和能力做出权衡。开阔的专业眼界，丰富实践经历，在选择和进取中不断成长（图6-23）。

◆ 多元化发展的可能

建筑学教育为培养学生创造性解决问题的能力提供了丰富的机会，这种能力在很多领域都是十分重要的；大学是一个专业技能培训的阶段，但是并非建筑学专业培养出来的人才只能做屈指可数的几种工作类型，相关的工作方向都可以拓展；你了解到的工作种类远远小于这个社会中存在的数目，并且这个数字还在不断刷新。

◎ 多彩的建筑师

建筑专业的毕业生都有哪些其他的职业选择？美国建筑师协会曾对建筑专业毕业生的职业选择情况进行了以下归纳：

建筑评论家	建筑摄影师	渲染工程师	建筑软件设计师
建筑监理	建筑修缮师	CAD协调员	景观设计师
制图员	城市规划师	土木工程师	建设项目经理
承包商	企业咨询师	开发商	家具设计师
图形设计师	室内设计师	市场调查员	模型制作师
画家	资产评估员	建筑书籍出版商	房地产项目经理
舞台布景设计师	科技专栏作家	建筑法律	视频动画制作

我们统计的数据显示学长学姐和同行们的就业同样也有多种可能，并各有成就。

大多数学建筑的都以自己的专业为自豪，所以不妨把他们现在从事的职业定义为"多彩的建筑师"。选择哪一条都可以取得所谓的成功，只是成功的方式不同而已。在做每个选择之前都要清楚自己要的是什么，喜欢的是什么。但有一点是肯定的，取得成功的关键是个人素质，是金子总会发光的。毕业后可以在建筑设计单位、企业从事建筑装饰设计工作；可以在建筑装饰公司从事装饰设计、装修施工技术与管理等工作；可以能在建筑公司、房地产企业从事设计咨询、技术与管理工作；能够胜任室内外建筑设计师、建筑工程制图、虚拟现实制作、建筑模型制作等岗位。

做甲方，或者在施工单位工作，只要你在建筑圈里，无论从事哪一行，建筑知识都用得上，策划、设计和管理，即使在行业内部也可以换行，建筑体现的是综合能力。因此，在校期间打好基础，未来你的发展才会有各种可能性。建筑市场的好坏是与经济形势密切相关而成浮动状态，不要因为房地产市场一时的冷热而改变就业方向。在校期间，每个学生都要树立人生的大观念，培养自己独立思考的能力，掌握分析问题和解决问题的方法。在学校的时候，把眼前的事做好，踏踏实实地过好学校生活，工作以后你会发现社会那么渴求建筑学专业的人才，无论是否从事主流的设计行业，只要你对工作投入足够的时间和精力，你就会足够优秀（图6-24）！

◎ 业主建筑师

这里所说的业主建筑师是一个整体概念，下文并未按照不同层级（助理建筑师、主管建筑师、设计管理部经理、设计总监）来分别阐述。根据工作职责，将业主建筑师的具体工作梳理为"纵向"和"横向"两条线索。

图6-24　努力投入
图片来源：www.baike.com

"纵向"工作： 是指沿着一个房地产项目生产流程的各个环节中都有建筑师的职责所在。

1）在一个项目尚未开始、准备获得土地的阶段，建筑师就要和市场方面、财务方面、成本方面等多个业务版块的专业人员共同对这个项目的可操作性及经济收益进行测算，以帮助决策层决定是否竞投这块土地以及用多大代价来竞投。

2）在获得土地后的前期策划定位阶段，建筑师还要和上述人员共同对项目的商业模型进行定位，对项目中各类产品的租售比例、预期售价、成本限额、产品标准及竞争力、销售策略、开发节奏、税务筹划等方面，进行研究并对下一步的设计工作提出要求。这个阶段最重要的是市场研究和项目地块特性研究，市场研究又分为目标人群的研究、市场竞品的研究和市场环境的研究，项目地块特性研究主要是分析地块周边影响项目的各种因素以及地块自身的特点，趋利避害，以使产品产生最大竞争力。

3）下一步就是设计阶段，将在"横向部分"详述。

4）设计阶段之后是生产阶段，业主建筑师在这个阶段的工作主要是协调设计单位为施工生产提供技术配合，例如图纸的交底及解疑、技术难题的处理以及设计变更等。

5）在销售阶段业主建筑师要配合销售部门制作销售道具并进行审核，例如沙盘模型、各种宣传品、合同附图等，还要针对项目特点对销售人员展开培训。

6）最后是验收及物业移交阶段，业主建筑师要配合规划、消防、人防等各类行业主管部门对项目的验收，并负责项目移交时各类技术资料的审查。

"横向"工作：是指设计阶段业主建筑师要进行的各类管理工作，注意是"管理工作"，这是业主建筑师与设计院建筑师的最本质区别。管理的对象包罗万象，规划设计公司、方案设计公司、施工图设计公司、景观设计公司、装修设计公司仅仅是大家日常接触较多的，还有大家想不到的很多单位：结构顾问、机电顾问、照明设计顾问、标识设计公司、幕墙顾问、电梯顾问、基坑支护顾问……总之，越高端、越复杂的项目所要聘请的设计及顾问单位越多，分工越细。这些单位既是业主建筑师要管理的对象，也是把产品做好所依赖的资源。

　　在设计版块之外，还要经常与市场及成本的人员研究阶段性的设计成果，研究如何最大限度地提高产品竞争力及附加值，最大限度地控制成本。

　　之所以用"横向"来描述上述这些管理工作，是针对前述"纵向"而言。"纵向"的开发工作流程是工作一件接着一件做，例如桩基础没设计完是无法打桩的。"横向"的设计管理工作一定要多个工作并行推进，互提条件及要求，例如住宅项目的规划方案设计、单元套型设计以及景观设计，一定要同时推进，每一种套型的面宽、进深大小甚至层高的细小差别都会影响到规划方案布局的变化，规划设计单位不听取景观设计单位的意见，闷头做规划的话，给后期景观设计所留的发挥空间很小，效果就不会理想。

　　业主建筑师或者代理人与建设项目的关系是一个全新的视角，当建筑师由于工期太短项目过多等原因不能拿出精品，或者设计初期的方案难以真正实现，或者业主反复修改直至面目全非，设计建筑师和业主建筑师之间会产生很多抱怨、矛盾、甚至诋毁，如果有一天你的身份由设计单位转为业主，你会重新审视曾经的想法和感受。

　　曾有一位朋友给我讲述这样的经历："毕业八年的时候，我曾经遇到一位经验丰富的工程师，他对于成本控制和建筑细节的要求超出我的能力和想象，对于坡道的曲率和宽度这种细节也不放过一次次的调整，几乎每天和我一起，工作项目进行到后期我感到自己对专业有了全新的认识"。

　　当下一位著名的建筑师吴刚先生，毕业于同济大学，留学德国，就业于德国西门子公司任业主建筑师，后创办德国维思平（WSP）建筑设计公司，近年在中国有非常多的优秀作品并获得了相当程度的行业影响力。这种例子非常多，大量的优秀建筑师在业主建筑师、设计公司设计师、大学教师等各种职业之间转换身份，甚至同时身兼数个身份。

◎ 建筑师创办公司

大多数毕业生感觉创业之路比较遥远，但梦想和行动同样重要，现在小有成就的公司经理，当年可能也是三五人起步，年龄也仅仅27或28岁，甚至有的前辈在大学期间就开始创业。新公司的起步和成长一般从小项目开始，通过朋友、亲属和以前的业主圈子提供机会，完成这些项目力争建立良好的信誉、坚实的基础和稳定的客户，慢慢地实现公司的良性循环，逐步签订更大的合同并且获得更多的客户。

很多年轻的建筑师倾向于开展自己的事业，创业是一个很有挑战性的计划，同时要考虑到强大的关系网、足够的资金、清晰的公司发展计划。小型公司一般采用合伙制的方式，两个或多个人共同拥有一家公司，合伙人之间需要达成一个合法的协议，协议中应当明确一下六个方面的基本问题：如何投入资本，如何承揽任务，如何分配利润，如何管理公司，如何承担风险，如何解决合作关系等，合伙人可以共同决定公司的合同、利益等决策，当然还包括办公场所租用、企业资质办理等重大问题。你可以通过一系列的计划和步骤逐渐实现自己的职业理想，但创办公司更多的需要勇气和梦想，当机缘临近，你的公司就横空出世了（图6-25）！

图6-25　伙伴共赢

启动创业之旅

1）确定恰当的合作伙伴，伙伴之间的关系应当是相互欣赏和各有所长的；

2）拟定公司（培训班）名称，确立形象标识；

3）准备将公司确定为法人实体的所有资料；

4）申请营业执照并进行适当的对外宣传；

5）建立公司的银行账户；

6）购买计算机、打印机、投影仪和办公设备等；

7）注册一个域名，在因特网上建立相关信息；

8）招聘公司专业成员和文职人员，初步运行工作……

很多人在设计院做了短则三五年，长则十余年后转向去了开发公司。当人到了一定的年纪后有很多选择都是局势所定，多少都有些不由自主。个人建议，两条路都很好，各有利弊，但是想从做技术（设计院）转向做管理（开发公司）做好要有足够多的积累，否则进入到一种尴尬的地步对个人而言是非常不利的。

从前期策划到建筑落成是一件极其复杂的事，其中掺杂着经济、政治和个人喜好等等因素。政府机关的审批、甲方与规划局的制约；建筑设计过程中不同专业的协同和配合；效果图公司、施工单位、材料厂商的不同阶段的介入；建筑师身处其中需要调和各方面利害关系，并且不断积累经验和提高能力。下面列举几名不同发展方向的成熟建筑师成长之路：

◎ 赫双龄

1989年7月建筑学专业本科毕业，同年进入设计院从事建筑方案创作和技术设计工作，2011年被评为吉林省青年建筑设计大师。

工作经历：1990年参编《建筑设计常用数据手册》，1991—1993年间分别有三项工程设计在全省投标竞赛中中标并成功实施，其中之一被收录到《二十世纪中国建筑》，成为设计院的业务骨干；1995-2002年间，曾有五项建筑作品分别被评为省优秀设计一等奖、二等奖，赴日本、欧洲等地进行建筑考察调研；2003年当选为所在设计院总建筑师。

2004-2009年间前往北京两家著名大型综合甲级设计院从事建筑设计工作，并担任设计所副所长及总建筑师之职。作为设计项目中方负责人有机会与德国、丹麦、日本、美国等设计师合作，开阔了视野，积累了合作设计经验的同时设计管理组织能力得到提高；国外设计师的创作过程，进一步激发了自己的创作热情，开始对建筑有了新的认识和理解，设计理念和创新能力得到提升。根据工作需要，2010年又重新回到吉林建筑大学设计院工作，致力于"超高层建筑""保障性住房""建筑的精神"等专项设计理论研究和应用工作。出版保障性住房设计标准、图集，并发表相关学术论文等，担任吉林建筑大学客座教授。

专业感悟：建筑设计是一项艰苦的创造性劳动，只有真正热爱并全身心投入和长期坚持，才有可能设计出优秀作品。一项优秀作品的诞生还要受到政府规划部门、建设单位品质追求、投资状况、施工单位专业技术水平、材料设备选择、施工监督等多方面制约，因此仅有好的设计是远远不够的；高品位的设计作品依赖于设计师的建筑素养和对建筑的深刻理解，需要不断学习、研究、理解建筑，不断更新所掌握的设计理论知识和技术，要善于总结前人和大师的作品和创作手段，在总结中提高，在理解中创作；通过对某一专项领域的研究，以点带面、触类旁通，逐步形成自己独特的建筑设计观，并在实践中检验和完善；创作只讲形态，不研究空间、技术、材料的做法，必然会形成无内涵的作品，是经不起时间考验的，永远不会成经典作品。

专业寄语：未来的建筑设计，需要建筑师参与到前期策划至建筑投入运行维护的整个生命过程，这也是作品成功实现的前提条件，因此我们还必须练就综合管理组织协调能力，需要在平时的实践中有意识地进行自我培养。

◎ 王科奇

1971年出生，吉林建筑大学建筑与规划学院，教授，硕士生导师。吉林建筑工程学院建筑系本科，哈尔滨工业大学建筑学硕士、工学博士。国家一级注册建筑师、一级建造师。吉林省"建筑设计及其理论"优秀教学团队成员，省重点学科"建筑设计及其理论"团队成员，省级精品课"建筑设计"系列课主要成员。主持或参与完成、在研省部级和地厅级教科研项目多项；参编教材、教学参考书共3部；发表论文30余篇；指导大学生在全国和省级建筑设计竞赛中多次获奖；主持或参与多项建筑设计和室内设计项目。

职业认知：作为高校专业教师，教学、科研、实践、继续教育四个方面要兼顾，如何合理分配时间，理顺不同阶段的主次矛盾，实现四者的协同发展，需要做好阶段性的职业规划，确定各阶段目标和节点，然后按照既定目标逐步推进计划。

个人经历：回首成长经历，毕业于建筑行业快速发展的时期，当时建筑学专业毕业生数量严重不足，考研和出国的人数相对较少，大多数都是选择到设计院工作。由于自己性格内向，也觉得应该到设计院工作，几家大型设计院也乐于接纳，然而阴差阳错，却留校任教。既来之，则安之。毕业的前4年基本以教学为主，学习如何教好学生和提高专业素养。但当时教师的工资实在是捉襟见肘，在教学工作之余，苦练基本功，靠画效果图提高收入，水粉、喷笔、马克笔、电脑绘图技法成了自己阶段性的追求。可以说毕业后的前4年是在为自己在这个城市立足而拼搏。4年后，生活稳定了，又重新燃起了读研的梦想，于是，推掉一些业余工作，学外语考研！考入哈尔滨工业大学后进一步领会大学的学术氛围。硕士毕业后又投入注册建筑师考试准备中，拿下注册建筑师资格的同年，有幸考入哈工大攻读博士，经过5年艰辛，辗转于两座城市之间，转换身份于学生和教师之间，转换工作于教学、设计、科研、写作之间。虽然有些疲惫，但彩虹终现，顺利完成了学业。

专业体会和感受： 高校的专业教育是面向大多数人群的，培养的内容是今后工作所需的基本原理和规律，不可能满足每个人的需求，与社会的需求也存在一定的脱节现象。因此，对于每个建筑学子，应该在经历2-3年的迷茫和过渡期后，尽快理清和调整自己的心态和态度，确定切实可行的发展方向，然后选择性地攻坚。用自身的努力弥补、完善和修正教学环节中与自己目标不适应的内容，以便尽快实现既定目标。

梦想寄语： 在这里给年轻建筑学学子的说几句话：不同的阶段要确立不同的目标，不要迷茫地活着，而要有意义地生活；没有目标就没有方向，人失去方向，就会失去自己；确定目标与自身条件、能掌控的资源、自身喜好要息息相关；没有可能实现、不喜欢的目标就是不正确的选择。

如同对幸福的理解难以有统一的观点一样，对于成功与否不同的人也会有不同的认识。爱因斯坦说："不要努力成为一个成功者，要努力成为一个有价值的人"。回首这些年的职业生涯，自己远远算不上成功人士，但觉得正逐步实现人生价值。借用哲学家萨特的一句话结束："我们的决定，决定了我们"。

◎ 张弓

1994年毕业于吉林建筑工程学院建筑学专业，国家一级注册建筑师。十年的甲级设计院工作经历，2004年进入房地产业，现任长春国信投资集团房地产事业部的副总经理，主管设计、计划运营、行政人事工作。

职业感悟：和大家分享一下近二十年来走过的"路"，特别是在路上的收获。本人走上业主建筑师这条路，起因是感到在原来的路上已无路可走：十年的甲级设计院工作经历，在经验和水平上稍有收获的时候，突然对上班时间的常规设计工作感到越来越乏味，也厌倦了业余时间的炒更，更重要的是，发现上升的通道越来越窄，不得已想转向另外一条道路。

二十年前，中国尚且没有一个正规的房地产行业，更谈不上业主建筑师（owner architect）这样一群人。

二十年后的今天，仅万科集团就雇用了几百个建筑师在为它工作。再过二十年，这个行业还会出现哪些有关建筑师的新岗位，别的行业会不会也有建筑师的需求？

业主建筑师的四个重要能力：根据本人近十年从业经验的总结，如果要胜任业主建筑师的岗位，你应该具备了以下的四个能力：

第一，专业技术知识及经验：这里面有建筑学本专业的，比如设计规范、国家法规；有相关专业的，例如景观专业中的某个构造措施，或机电专业中空调系统的大致分类及工作原理等等；还要了解材料、产品的相关知识，对市场、成本、前期报建等版块的了解也是必不可少的。总之，与房地产开发相关的一切事情知道得越多越好，越杂越好，暂时不精通也没关系，知道得多会让你对可能出现的问题有反射性的预判，不会解决问题没关系，可以利用你管理的资源帮助你解决，最可怕的是发现不了问题。

第二，组织管理能力：从上述"横向"的那一部分就能看出组织管理能力的重要性，业主建筑师在整个项目设计工作中就像电影导演一样，他决定所有演员的出场顺序、主次分工、戏份大小、表演火候，而演员就是前述的各个设计单位及顾问单位。

第三，沟通协调能力：既然"演员"这么多，而且除了演员，还要面对剧本策划（市场版块）、制片人（地产项目投资人）、发行商（销售人员）等等其他人，能顺利沟通就显得非常重要。别人说的你能听得懂，别人想说但没表达明白的你能分析出来，别人想说但故意不直说的你能心领神会（与政府审批部门打交道常有这种情况），不仅能听懂，还要把自己的意思准确地用恰当方式表达出来，更要让对方进一步付诸行动，这就是沟通协调能力的关键。

第四，动手能力：就是指自己亲手做设计的能力。虽然业主建筑师的主要工作重点是管理，但亲自动手可以保持一个建筑师的专业水准并提升判断能力。平面方案自己动手画一画，就能更好地判断这个方案的难点在哪里，设计公司给你提交的作品水平如何，下一步修改方向在哪里；规划方案自己摆一摆，就更能深入了解地块上各类产品的比例，以判断设计公司的方案哪一个更可行，哪一个经济效益更高。

职业感悟：台湾著名建筑师登琨艳（曾获联合国教科文组织嘉奖）有这样的建议：一个建筑师毕业后的第一个十年，应该在设计公司从基层做起，磨炼自己的专业技能，积累专业知识；第二个十年，应该成长为大公司的中层或小公司的合伙人，主持设计项目，提升经验；第三个十年，应该周游世界，打开眼界和思维；第四个十年，才开始自己创业，成立事务所。今天的中国发展迅速且人心浮躁，他的这四个十年我们未必都能做到，但是他说出了一个道理，那就是没有积累，无法成为一个好建筑师，这个积累包括专业上的、思想上的、生活阅历上的等方方面面。

梦想寄语：一位曾经在诺曼·福斯特事务所的工作的朋友，这样描述设计大师一天的工作："诺曼·福斯特事务所的办公室平面是一个环状流线，在这条流线上是一个个中层设计师，他们都主管一个项目，或者一个大项目的一部分工作。诺曼·福斯特只要在事务所，都要用半天时间走一遍这个环状流线，与每一位建筑师讨论他所负责的项目设计工作，听取进度汇报，帮助修改设计，研究下一步工作方向等等"。听完这段话我的理解是：一个建筑师命中注定要成为一个管理者，无论是设计院建筑师，还是业主建筑师。

选择一条路固然重要，更重要的是在已选择的路上踏实行走、辛勤采撷收获、欣赏沿途风景，随时观察有没有更好的路和它指引的方向。

◎ 藏银铃
吉林省卓奥建筑设计有限责任公司，公司股东之一。

专业生涯的开端： 上大学之前，和其他人一样，对自己未来的职业有诸多想象。例如医生、律师、翻译，唯独没有建筑这一行，以4分之差与理想学校失之交臂，转而被调剂分配到一所高校的建筑系就读。曾经有过放弃重读的冲动，专业课老师说了这样一段话，改变了我当时的心态："不要小看了你的专业，这个领域是要解决的问题是人类最原始最基本需求，学习这个专业的辛苦与付出，等同于你身体的一半在"监狱"里服刑，一半在理想的世界驰骋，因此，你们要尊重并热爱你的专业，因为它的创造性和实用性！"从那一刻起，我对建筑学专业产生了浓厚的兴趣。

就业城市的确定： 大三时一位同学要参加雅思考试，准备毕业后出国深造，她找我结伴同行，报着尝试的心理前往，应试结果失利。当时的我不能接受这样的结果，为了证明自己的能力，开始了北京雅思的培训之旅，之后的成绩出乎意料的优异，于是决定出国留学！申请学校的过程非常顺利，不到两周的时间，我就收到了申请学校的回执及入学通知书。就在满心欢喜的等待签证的过程中，又陪着同学到北京面试一家外企设计公司，结果顺利通过。这第二次无心插柳的欣喜还没消化，悲剧发生了：签证被拒了，原因很简单，因为祖籍在东北！被拒不可怕，但是这原因却让人接受不了。我一个人沿着长安街从建国门一直走到了天安门，望着来往的车辆与人群，做了决定——留在北京！这是我后续十年职业发展的起始点！

坚持很重要： 第一家就职的单位是名副其实的外资设计公司，老板是法裔新加坡人，上班第一天，他用蹩脚的中文，掺杂着法式的英文告诉我："这里没有老师，大家都是同事，有不会的地方随时可以问，如果不问，就说明你知道，没人因为你是新毕业生而对你有差别对待"。没有缓冲和适应期，他们的解释是，既然你选择来上班，就说明你已经准备好了。

刚开始的一个月里，真是压力山大，面对从未接触的繁重工作，几乎都要请教于别人，我也曾想过放弃，但终是心有不甘，于是咬牙坚持，事实证明，这种坚持终有回报，工作一年后，我已独立做方案并参与方案汇报，三年后，我从这家公司跳槽到另一家外企，应聘设计经理和项目负责人。接着坚持，又过了五年，在这个曾经毫无根基的城市过着顺风顺水的生活，事业生活两如意。

自主创业之路： 2011年，人生再次发生重大转折：为了相恋多年的爱人，离开了工作生活八年的北京，回到了故土，同时开始筹划自主创业，完成从打工仔到老板的转变。

和朋友一起创立设计公司是我一直以来的梦想，筹建之初可谓困难重重，现在公司已经成立两年：内部管理制度日益完善，技术力量逐渐完备；完成近30万平方米的建筑设计项目和多个景观设计项目；和公司的稳定客户建立起良好的关系，承揽的设计任务范围在稳步扩展；公司的内部运营和企业形象也初步确立。

梦想寄语： 多年的专业经历和经验，让我懂得无论你是处于什么阶段，首先要明确前进的目标，明确到底要什么，然后就是要坚持理想和信念，脚踏实地的一步步去实现。虽然目前无法预知公司未来发展的具体状况，明知还要不断的经历艰难和险阻，但我也深深地相信只要坚持，梦想终会实现！

◆ 结语

乔布斯在斯坦福大学毕业典礼的演讲稿中曾这样劝诫即将走向社会的年轻人："工作将是生活中的一大部分，让自己真正满意的唯一办法，是做自己认为是有意义的工作；做有意义的工作的唯一办法，是热爱自己的工作。你们如果还没有发现自己喜欢什么，那就不断地去寻找，不要急于做出决定。就像一切要凭着感觉去做的事情一样，一旦找到了自己喜欢的事，感觉就会告诉你。就像任何一种美妙的东西，历久弥新。所以说，要不断地寻找，直到找到自己喜欢的东西。不要半途而废……不要囿于成见，那是在按照别人设想的结果而活。不要让别人观点的聒噪声淹没自己的心声。最主要的是，要有跟着自己感觉和直觉走的勇气。无论如何，感觉和直觉早就知道你到底想成为什么样的人，其他都是次要的。"

由于阅历和知识所限，在确定职业方向的过程中难免困惑与迷茫：理性的分析专业发展的态势和可能，发掘自身特长和剖析不同方向特点就能少走弯路；确定长短期的目标，方向可能不够清晰，但一定要不断努力；培养建筑学专业的能力的同时，学习基本的待人处事的方式，积累人脉、拓宽视野。将来的某一天，你会发现，此时具备的能力已经接近了当年梦想的要求，曾经的距离不再遥远！

专业发展的过程也是一个不断认知自我、发现自我和调整自我的过程。首先需要对自己的能力、性格、对行业或岗位的特点、对工作性质的偏好等等做个定位，确定想要从事的行业和岗位，之后进行有针对性的选择和确定。当年的定位不是一成不变的，计划没有变化快，就业和职业规划的过程充满了各种可能和变化，但万变不离其宗，那就是你的职业梦想和个人优势。成长的历程中有足够的时间去审视和修正自己的目标，整理过去的经历接受未来的指引，大胆的实践，不断地整合，也许会偏离当初的约定，那是因为你有了更开阔的视野，也许会有新的发现，那是因为你对专业有了更多的理解。

伴随建筑行业人才需求的多元化与职业化，毕业生的就业方向越来越趋于专业强化和分工细化，未来人才需求更多专业素养高、综合能力强的优秀毕业生。从大学校园到工作职场，人生的每一个关键转折都意味着新的开始，新的起点。任何一名建筑师的成功或一件优秀建筑作品的产生背后隐匿着不懈的努力和长久的坚持，资深建筑师也曾迷茫，但他们走出了迷茫，年轻俊杰同样困惑，但他们坚定前进的步伐。

新一代年轻的建筑师，从苦苦的追随到寻找自己的轨迹，你们已踏上职业生涯的征程，若要理想的生活，就要勇于放弃敢于抉择；若要不断的前行，就要离开现在停留的地方。从在校学习到社会实践，从岗位实习到职业规划，一步一步打下坚实的基础，为了梦想不断累积，为了目标勤奋进取！无论怎样，前行在路上，终会有接近目标、实现梦想的那一天。

年轻建筑师要以岗位实习为起点，逐渐知晓自己的梦想，思考自己的未来，明确自己的定位，谱写属于你的职业生涯。

附录1　常见问题解答

选择实习单位和实习期间总有一些共性的问题，你是否也面临着相似的困惑和迷茫？这里把比较普遍的问题整理一下，期待能为你答疑解惑。

◆ 选择单位方面

◎ 用人单位看重什么？

一个是做人，一个是专业。专业知识方面应该至少有一技之长，单位看重你的专业潜质和学习能力。职场上如何做人也很重要，踏实肯干的年轻人很受欢迎，对内单位看重你与团队能否融合，对外看你能否和甲方较好的相处。单位内部做方案时你要和大家协作，施工图是你要与结构、水、暖、电等各专业配合，因此有很多与人相处的问题。

◎ 有人说实习单位选择大院可以学到东西，这种说法对吗？

如果单纯从学东西的角度考虑，只要有项目到哪都会学到很多东西，但选择大院确实有一定的优势，他们的设计流程和设计管理更加规范的，如果有合适的项目去做，大院应该比小院对你的成长更有利。

◎ 面试有什么需要值得注意的地方？

面试应该注意以下几个方面：礼貌、衣着、谈吐和自信，专业方面要充分地展示自己的才能。

◎ 民企、外企、国企的设计院有什么不同？

主要是工作体制、承揽项目不同，这会影响你设计的重心，也会影响实习期的薪金待遇。如果去外企，可能做到一定职位以后没有上升空间，也就是所谓的玻璃天花板效应；在小型民企，能够在短时间内接触业务相关不同领域的业务，更快发现自己感兴趣和擅长的某个方向；国企相对节奏较缓，内部竞争比较激烈，个人发展是按部就班，对专业训练比较系统扎实，但成长周期会比较长。民企和外企的工作强度一般会比国企更大，得到的锻炼可能更多。

◎ 大院和小院到底有什么区别呢？

有的人觉得小型的设计院项目少，锻炼的机会不多，这样想也不是很全面。相对于那些大设计院而言，小型设计院项目总数确实少，但是分配到个人任务可能更多，并且老板一般敢用你，你锻炼的机会也更多，这样的实习可能会更充实。

由于大型设计院有经验的人有很多，所以大院不会把重要的项目交给实习生，但如果能和一个优秀的团队或导师一起完成项目同样能学到很多东西。

◆ 前期准备方面

◎ 专业成绩好就能找到好的实习单位吗？

专业水平虽然重要，但不是企业考核人才的唯一要素，一方面毕业生进入设计院后都需要经过二次学习的阶段，另一方面不同设计院看重人才的潜质也有所不同。通过实际项目和个人努力，用人单位会逐渐发现并挖掘你的擅长。

实习单位好坏的判断，主要看是否适合自己，而不是单位的名气，能否找到好的实习单位取决于你的前期准备、专业能力和工作态度等多方面。

◎ 在校期间，我们只要学好建筑设计就能应对实际工作吗？

在不同的设计院工作，短期内可能会需要你特别精通某一方面，但综合能力和专业水平方面的要求需逐步提高。在学校学习的时候，如果知识面比较宽，基础比较扎实，综合能力比较强，那么什么工作你都能很快适应，干什么都得心应手。工作以后，你的工作面可能会很窄，比如你是做方案的，那么你做施工图的机会就很少，有时即使你的设计自认为很好，但是如果无法通过施工加以实现，那么也不是一个好的设计。

在校期间应该广泛涉猎，尽可能拓宽知识面，不局限于学好建筑设计，甚至文学、美术等领域都可以涉及，而且工作以后要根据需要不断学习。

◎ 选择单位的方式和途径有哪些？投简历的方式都是通过电子投档吗？

选择单位的途径有多种，前面章节已经详细介绍。简单的方式是通过网上投简历，前提是准备好一份电子版的简历和作品集。可以在专门的网站上投递简历，比如说建筑英才网等比较正规的网站，有很多单位的招聘信息和网址。每投出一份简历后要对此单位的情况进行一定的了解，避免招聘单位给你打电话时，对这个单位的情况了解甚少，发生尴尬的情况。

◎ 作品集很重要吗？怎样做好作品集？

公司可能会以你作品集的质量来直接决定是否面试你。而且，作品集在以后的工作和生活中也会用到，有一个出色的作品集可以更好的展示你的作品，如果现阶段是为了实习应聘而做的作品集，可以把它看作是这前几年学业的总结。

做好作品集这个需要时间，需要个人去思考：版式很重要，内容更重要；要有自己的想法和新意，要展示出个人比较全面的能力，而不单单是设计一个方面。

◎ 投简历要注意什么呢？

在简历上要留下联系方式，比如手机号、QQ、电子邮箱之类的信息，以便用人单位及时跟你取得联系，反馈信息。大多数单位都会通过电子邮件的形式来通知你是否去参加面试，所以投完简历后等待通知的同时要时刻关注邮箱，不要错过了有效信息的收取。

◎ 能否把其他同学的作品放到自己的作品集呢？

有的学生把别人的作品集拿过来为己所用，或者从网上下载一些资源放到作品集里，认为人家做得比自己好。这是一种欺骗行为，欺骗设计院，也欺骗了自己，是不可取的。如果用人单位通过你的作品集看出你的图做得很好，很完美，觉得你很有能力，到时候给你重要任务的时候，你却达不到他们预期的效果，实际的能力跟他们的想象有很大差距的话，势必会对你产生怀疑，失去诚信。作品集有助于单位对你专业知识水平的了解，以诚相待也是对用人单位和自己的充分尊重。

◎ 作品集的制作放多少内容合适呢？

在作品集中，你可以挑选四到五个近期出色的作品来展示，也可以利用现在的所学，完善早期的作品。其他还可以在兴趣方面略微提及以展示你的多才多艺，比如写生，摄影，旅行，这些也和一个建筑学子息息相关！E拓建筑网上有很多学生的作品集，具有一定的参考价值！

◎ 住的地方一般好找么？大家都是通过网上查询吗？

这个问题要有计划还要碰运气。在去实习城市之前可以先联系一个住处备用，要是工作没定下来，那就找地铁站边上的，这样无论工作远近，都方便些。在网上可以去58同城、赶集网上看看，中介可以先不看，如果能直接和房东签合同，可以省去一个月的中介费。

◆ **工作相关方面**

◎ 面试时用人单位主要想了解的是什么？

面试单位不同，一般会问一些简单的专业知识、选择这个设计院实习的原因和对未来几年的规划等，通过这些问题考核你的基本能力和想法。至于未来规划主要是看你对专业的理解和对自己的判断。

◎ 实习或工作前应该主要了解目标单位的哪些方面呢？

设计院主要完成过哪些具体项目？工作地点和工作环境如何？项目负责人的专业水平如何？以往的实习生评价如何？对实习生的期许和承诺如何？可以将这些问题与事先制定的目标计划对应比较。

◎ 单位实习与学校学习有哪些不同？

学校的训练所注重的是概念的发展与思维的技巧，课程设计通常是在理想的条件下进行的，没有预算、没有业主、缺少对技术、交通等实践问题的关注。设计公司的实际工作包含建筑管理、预算概算、业务咨询、与业主交流和市场运作方面的知识。学校学习和实际工作有很大的差别，学校的学习和训练的重点是获得专业的基本技能，实习的过程可以让你体验所学的技能如何应用到专业实践中去，二者之间存在一定的平衡关系。很多实习生花大量的时间给平面填色，绘制楼梯的大样，做竞标文本的资料收集，可能会对原有的学业和现实的工作产生挫败和迷茫的感觉，其实这些具体的工作是一名建筑师的起点和必备的技能。

◎ 如何定义成功的实习生？

一定是善于学习的人，他们利用实习的机会弥补了在校学习的缺欠，将理论知识与社会实践紧密的结合，有效的运用并不断更新理论知识，始终如一的保持良好的学习习惯。成功的职业生涯是从一系列的确定目标和实现目标完成的，制定合适的目标可以让你有更多机会成为成功的实习生。

◎ 为了学的更多是不是应该多去几家设计院实习呢？

年轻人的特点之一就是喜欢新鲜和挑战，但是频繁跳槽会导致你在每个单位都不能深入的体验。认为跳槽就可以学的更多的想法其实是有问题的，如果跳槽不是要多看看，而是要选择适合设计院和工作模式可以理解，让自己在最短时间内，最大的提高能力，才是实习的最终目的！如果在一个单位觉得没有学习的机会，接触不到项目，可以坚定的跳槽，如果将一个学期都放在跳槽——适应——怀疑的过程中，最后在哪也没学到东西。

◆ **工资待遇方面**

◎ 毕业以后做建筑设计，工作待遇怎么样？

不同性质的设计院，会有不同的薪酬制度。通常分为年薪制和提成制，前者比较有保障，但干多干少拿的都一样，而且，年薪通常是根据上一年的绩效，对不同的岗位制定不同的薪酬标准，个人收入也会受到企业效益影响；拿提成的话，根据完成业务量的多少，按照一定比例来提成，活少钱少，活多钱多，不像年薪制的收入那样稳定。

通常来说，国有的设计院没有民营的设计院收入高，工业院和民用院的收入差别很大，民用院虽然不及工业院的保障体系完善，但待遇更高，专业方面可以不断成长（附录1）。建筑学专业的本科生，如果进入效益比较好的设计院，一年以后年薪可能达到七八万。

附录1　不断成长

◎　实习期的待遇问题要怎么跟公司提及呢？

这个问题最好不要主动提及。有些公司会问你对待遇的期望，你可以选择不说。去面试的时候，如果提到这个问题，可以有两种选择，一种说法是期望能够保证基本最低的生活花销，第二种说法请设计院酌情即可。

◎　一个实习生，在北京一个月会得到多少费用呢？

一些大型的设计院待遇比较低，800~1200；知名事务所一般也就1500左右；小事务所一般大约2000。好一些的单位，最后会给你一笔奖金。

◎　如何看待单位不予以薪水？

有一些单位可能不提供薪水，最为关键的是要看看在这个单位实习能不能得到自己想要的东西，能不能学到更多的知识。对于一个刚毕业或者还没毕业的大学生而言，去公司实习的最主要目的是学习，是将在大学里学的一些专业知识进行实践的过程，从而增加更多的实践经验。如果能在实习期间不断提高自己的设计能力或者作图能力，这就是最大的回报。实习的工资与你未来成为一名出色的设计师时的薪水相比，简直是小巫见大巫，应该把目光放的长远一些，不要只图眼前的一点小利。

◎　有几个面试常见问题，与大家分享一下：

喜欢哪门专业课？为什么？为什么来我们公司应聘？对于上一次实习有什么看法？是否喜欢这个行业，愿意在哪方面深造自己？在学校期间担任过什么学生干部或者经历过什么社会活动？

附录 2　设计单位岗位职责

院长职责（董事长）

全面管理

- 主持公司的科研、设计、经营、管理工作及领导阶层会议工作。

- 确保公司的运行符合顾客与法律法规的要求，提升企业的核心竞争力、企业信誉和品牌价值。

- 参与拟定中长期发展规划，组织拟定年度计划，负责年度计划的实施完成。

- 主持制定公司的质量方针和质量目标，批准《质量手册》。

- 负责组织对质量管理体系进行策划，以满足质量、经济等各项目标以及标准的要求。

- 组织对企业运行状况进行有效的测量与评估，根据评估的结果组织改进。

- 组织对质量管理体系中组织结构与资源配置的有关过程的适宜性进行测量分析，并提出改进措施与建议。

- 拟定公司的基本管理模式和管理制度。

- 批准制定公司的具体管理制度。

- 拟定公司的组织结构方案，制定各部门岗位、人员编制。

- 组织制定公司各部门、各岗位职责，建立相应的工作流程。

- 确保企业的社会责任。

人力资源管理方面

- 负责公司人力资源管理，确保员工的能力。

- 提请聘任或解聘设计总监、副院长、总工程师、总建筑师、财务负责人。

- 任免质量管理体系中的管理者代表。

- 任免副总建筑师、总规划师、总设备师、各部门负责人。

- 审批各管理部门主管、各生产部门副职、总师、副总师的任免，审批人员的引进、调出与内部调动。

- 拟定工资方案与激励方案，制定奖金分配和奖励制度。

- 组织进行绩效考核。

- 组织管理人员、技术人员考核、奖励和长期激励等制度的拟定与制定，组织对管理人员、技术人员的考核评价。

- 负责对人力资源管理、行政、财务人员的工作状况进行评估和提出改进建议。

- 监督人力资源、财务、行政管理考核指标。

资产与财务管理方面

- 确保各种资源的配置齐全，优化各种资源的组合，发挥其效能。确保固定资产保值增值和资产总额的增长。

- 拟定年度财务预、决算方案，拟定税后利润分配方案、弥补亏损方案、资产抵押方案。

- 负责公司财务管理，审批一定额度的财务支出、项目投资、固定资产购置与法人财产的处置。

项目运营方面

- 主持（或授权他人主持）公司特级项目与顾客有关的要求的评审。

- 参与公司特级项目的设计评审。

- 需要时对公司重点项目（公司特级项目及部分公司级项目）的电气专业设计成果进行审核。

- 按项目担任项目设计负责人或主持、参与项目设计。

- 确定公司重点项目的项目负责人。

行政管理和企业文化建设

- 主持院长办公会、管理评审会、院务会、公司大会及主要的综合行政办公会议。确保内部沟通过程的有效实施，并对质量管理体系的有效性进行沟通。

- 负责对公司发文件及所有公司对外合同的签批。

- 满足员工的物质、文化需求。

- 组织塑造优良的企业文化，通过各种途径向社会展示企业形象。组织企业内部的宣传工作，确保与社会沟通的途径，建立社会资源共享的信息与组织网络。

经营副院长（行政副院长）职责

项目经营与市场管理方面

- 组织项目任务计划的制定及其实施的安排，包括协调、人员临时调配、产值分配、现场服务的管理工作以及项目目标的实现。

- 组织市场拓展、顾客关系、营销服务的管理工作。

- 组织市场业务、多种经营、经济合作方面工作。

- 协助院长做好财务预、决算及奖金总额和利润分配的核算工作。

- 参与拟定、制定市场管理、项目管理、经营合作与发展的中长期规划与年度计划。

- 组织对市场需求、竞争及公司的市场占有率、顾客满意度的测量与分析，将其结果提供给管理评审会议，并提出改进措施。

- 协助院长下达各项工作任务及跟进项目设计工作情况。

- 协助院长对外业务跟进及总结汇报工作。

人力资源管理方面

- 负责对市场管理、项目管理、经济发展工作人员的工作状况进行评估和提出改进建议。

- 参与管理人员、技术人员的考核、奖励和长期激励等制度的拟定与制定。

- 组织编制有关市场管理、项目管理、经济发展方面的培训需求报告，确保培训目标的实现。

- 组织拟定各设计部门的经济目标和负责人经济考核指标，并参与考核工作。

行政管理方面

- 参加院长办公会、管理评审会议及主要的综合行政办公会议，汇报工作并提出建议。

- 主持市场管理、项目管理、经济合作与发展的有关会议。

- 参与拟定、制定市场管理、项目管理、经济合作与发展的中长期规划与年度计划。

- 负责组织拟定与起草设计合同、经济合作合同、设计部门与公司的责任合同、经济合作合同。

- 组织对设计分包单位、经济合作单位能力的评审。

- 负责与政府、协会等管理部门和机构保持沟通。

项目运营方面

- 负责对公司设计项目合同的审核。

- 负责公司特级项目有关要求的确定，经院长授权后主持对其评审。

- 担任项目经理，组织项目组完成设计任务。

运营副院长（生产副院长）职责

技术管理

- 拟定和组织实施公司的科技发展目标，组织科研成果鉴定、四新推广、技术建设工作。

- 主持公司技术委员会工作。

- 参与拟定、制定公司科学技术、人员培训的中长期规划与年度计划。

- 组织编制公司统一技术措施、制图标准和通用图集。主持编制结构专业的统一技术措施、制图标准和标准图集，并对其进行审定。

- 组织确定设计、科研工作中重大复杂或有争议的技术问题的解决方案，必要时提交公司技术委员会作出决定。

- 组织设计项目的创优评优工作，确保其目标的实现。

- 组织迎接外部的技术质量和执业检查。

- 组织技术资料的订购与管理。审批公司的《有效标准规范目录清单》。审定标准、规范、软件的购买和发放范围。

- 组织对科学技术、教育培训目标进行测量与分析，将结果提供给管理评审会议，并提出改进措施。

- 组织对质量管理体系中结构专业有关的过程进行测量，并提出改进措施与建议。

- 组织拟定有关技术管理文件。

人力资源管理

- 负责公司教育、培训工作，确保人员能力的提高。

- 组织对公司技术人员的工作状况进行评估和提出改进建议。

- 主持评定技术人员的岗位资格。

- 组织公司技术人员的考核、奖励和长期激励等制度的拟定。

- 参与管理人员的考核、奖励和长期激励等制度的拟定与制定。

- 组织编制有关公司技术管理方面的培训需求报告，确保培训目标的实现。

- 组织拟定各部门科学技术、教育培训目标、负责人考核指标，并参与考核工作。

- 组织编制结构专业培训需求报告，对结构专业人员学习掌握国家、地方有关法规和技术规范以及专业技术进行教育、培训、辅导，确保培训目标实现。

- 负责结构专业的业务建设与人员整体水平的提高。

- 负责对结构专业人员专业技术的考核。

- 负责公司人员注册工作的管理。

- 向院长提供对公司工程技术初级评审委员会、专业技术聘任委员会人员调整的方案。

项目运营

- 主持公司内结构方案的评选与评审活动，组织、主持、参与公司重点项目的方案投标。

- 主持或参与公司特级项目的设计评审。

- 需要时，对公司重点项目的结构专业设计成果进行审核。

- 担任项目经理，组织项目组完成设计任务。

行政管理

- 参加院长办公会、管理评审会议及主要的综合行政办公会议，汇报工作并提出建议。

- 组织或参加有关技术管理会议。

- 负责拟定或起草科研、技术合作合同，参与起草设计部门与公司责任合同。

- 参与对设计分包单位、经济合作单位能力的评审。

- 负责公司各种社会学术团体工作的管理。

- 负责与政府、协会等管理部门和机构保持沟通。

总工办职责

- 负责联系市场规划委、各市政专业企业等外部单位、沟通设计相关事宜。

- 负责领导工程设计的招标、协调工作。

- 负责组织编制《工程技术设计任务书》和组织开展设计前期的勘察工作。

- 参与初步设计工作、并审查各阶段各专业的设计成果、全面把关设计质量。

- 参与施工设计图纸的会审、施工图技术交底等工作。

- 负责施工图设计变更的初审、上报设计院与设计变更的组织管理等工作。

- 配合做好工程造价以及工程竣工验收工作，提供销售所需的各种数据和图纸。

- 担任本专业技术职称评审委员会主任，主持技术的评审、晋升等工作。

- 负责培养、发现本专业人才，不断提高设计管理部的专业技术水平。

- 负责组织本企业设计图纸、资料、档案的收发、复印、归档等工作。

- 监督设计人员的各项设计工作事宜。

- 跟进院长下达任务的各项设计项目展开工作。

信息部职责（档案室、成品室）

全面管理

- 主持本部门的方案文档管理工作，确保各项目标的完成。

- 确保本部门的运行符合顾客、法律、法规、公司各项规章制度以及公司质量管理体系的要求，维护企业的信誉。

- 组织本部门落实公司的各项项目方案工作。

- 组织执行公司中长期规划，组织拟定本部门年度计划和质量目标，报公司批准后组织实施。

- 负责对本部门运营的发展与创新进行策划，策划方案经公司批准后组织实施。

- 组织员工维护公司的整体利益，促进公司综合实力的提升。

- 分担企业的社会责任。

文件管理

- 负责公司设计文件的计算机绘图、晒图、装订、登记的管理，以及绘图和晒图质量的管理。

- 负责非保密文件的打字、复印、登记的管理。

- 负责本部门使用的绘图设备、晒图设备、设计图纸的维护和保养的管理。

- 负责对外经营绘图、晒图、打字、复印业务的管理。

- 负责公司对外合作项目的方案及设计执行工作，提供科学的设计方案内容。

- 认真配合设计、工程师进行编定合作方案，并进行审定修改。

项目组成员职责

方案所职责

设计方案小组组成：一名项目主创，2~3名建筑设计师

项目主创职责：

- 前期了解业主意向。

- 组建建筑师小组。

- 主持召开建筑师工作会。

- 联系项目所在地区相关部门，了解方案阶段需要知道的初步情况。

- 与业主沟通修改、签订设计服务协议。

- 帮助业主为设计师提供地形图、可供选择设备清单等材料。

建筑设计师职责：

- 与业主沟通，根据需求制作建筑功能区划分。

- 设计方案草图、主持绘制sketchup效果图等。

- 根据主设计师的设计初稿出正式设计方案图。

- 与施工方沟通，了解施工方的能力情况，施工工艺并提供给主设计师。

- 后期施工详图的提前准备。

- 协助主设计师的效果图绘制工作。

专业负责人

在室主任（所长）及主任工程师的领导下，院级工程在院长及总工程师领导下，配合工程负责人组织和协调本专业的设计工作，对本专业设计的方案、技术、质量及进度负责。主要职责是：

- 在工程负责人领导下，依据各设计阶段的进度控制计划制定本专业各个设计进度的进度计划和设计任务的分工，经室主任（所长）审定后实施。

- 应熟悉与本专业相关的法规。搜集分析设计资料，主持本专业方案及初步设计，并对本专业的方案和技术负全面责任。方案及初步设计应该向审核人汇报，必要时，提请室技术会议，院级工程由院技术会议讨论决策，并在后续阶段实施。

- 负责编写方案及初步设计文件。有关专业应写好人防、消防、环保、节能等专篇。

- 认真研究方案、初步设计阶段审批的意见。并对审批意见逐条落实。如执行有问题，应通过工程负责人与有关部门汇报认可，并有书面批复意见。认真填写审批处理意见记录表。

- 施工图阶段，进一步解决本专业的技术问题。协调各专业之间的矛盾，负责各阶段的汇总。及时主动向有关专业提出要求，并以文字或图表向有关专业提供所需要的资料。所提资料专业负责人应签名、签日期。

- 组织并指导本专业设计人及制图人进行施工图设计。编写有关本工程统一技术规定和图纸目录。协调解决工作中出现的问题，督促本专业设计人、制图人认真自小计算书和图纸，提供出手质量。专业负责人应检查设计、制图人的设计文件，质量符号要求后，交校对人校对。质量差的计算书和图纸应该要求设计人修改后再校对。

- 检查校对人工作是否到位，是否写好校审记录单。无重大问题时，交审核人审核。校对、审核后由设计人一起修改。

- 对本专业的设计质量进行自评。负责本专业设计文件的归档。

- 开工前向施工单位进行设计交底。施工工程中，做好工地服务。负责洽商变更、补充图纸。参加竣工验收。负责施工阶段洽商等设计文件的归档。

- 根据室和工程组的安排，进行工程回访和设计总结。

- 在技术问题上，与审核人意见有矛盾时，应听取审核人意见，必要时向总工室汇报，组成讨论决策。

设计人员职责

- 认真做好技术准备工作，落实设计项目的内外部条件，收集设计资料，研究计划任务，按工作流程管理的步骤要求展开设计工作。

- 执行现行设计、规定、标准、指标、定额和技术措施及本公司有关规定，做到所做设计符合批准文件和有关部门的要求，符合项目负责人对设计的要求。

- 积极而慎重的采用新技术、新材料、新产品、新工艺、新设备。

- 计算依据和方法正确合理，计算数值准确无误、抗震设计构造齐全、地基处理，配电系统、管道布置、材料选择、配电选用正确合理。

- 图纸内容完备，整齐清晰、正确表达意图和设计结果，本专业与其他专业在设计上相互一致，无错、漏、碰、缺。

- 正确表达标准图、通用图、构配件图、大样图和重复使用图。

- 对设计方案精益求精，认真地进行多方案比较，好中选优。

- 专业之间互相交接设计成果时，上个环节的设计人员要进行严格审定后予以交接，并对交接的内容负责。

- 主动与校、审人员联系，研究设计中问题，及时更新各级审核中指出的错误，及时总结经验教训。

- 认真参加交底和施工服务，及时做好设计信息反馈，汇同项目负责人及时处理施工中的有关问题。

- 参加竣工验收、工程回访，参加设计总结的撰写。

- 如与校审人在技术上有分歧时有权向所或院里反映自己的意见，以求合理解决。

- 对所承担的设计任务的质量和进度负责。

- 项目完成后要及时准确的将工程资料按要求归档。

校对人

在专业负责人领导下，对所校对的设计成品的质量负责。主要职责是：

- 按时完成图纸、计算书的校对任务。

- 校对人要看相关工种的图纸及所提资料，校对过的项目要符合规范、规程和统一技术措施的要求。计算书、图纸、说明等无错误和遗漏。负有根据上级审核所定原则，校对本专业图纸、计算书的设计依据、计算方法、计算数据和图面质量正确无误的责任。

- 填写好校审记录单。签图时，注意设计人的处理意见。凡属技术性不同意见由专业负责人裁定。如发现设计文件不齐、问题太多，通过专业负责人有权退回设计人，重新自校修改后再校对。校对中发现的问题，有权要求设计人员修改，在未修改完善前有权拒绝签字。

- 对经手校对的工作因不符合第1条规定而出现除上级审核所定的原则问题以外的重大质量事故时，与设计人负同等责任，应协助设计人进行检查处理。

审核人

- 审核人应该在各设计阶段到位，参与方案、重要技术问题的讨论、审查与决策。

方案阶段：审查有关设计条件及主管部门的文件是否齐全并符合国家法规、规范。对设计指导思想、创优项目的创优目标及措施加以指导。分析比较各个方案，审核推荐方案。

初步设计阶段：研究方案审批意见，在方案调整及深入解决技术问题的过程中，及时指导，提建议，并参加讨论决策。对一般技术问题多尊重专业负责人意见，重要技术问题应指导在前。

施工图阶段：研究初步设计审批意见及有关主管部门对消防、人防、环保等专篇的审查意见，与工程负责人、专业负责人共同研究、落实。凡不能落实的，应研究解决办法，向有关部门汇报、落实、备案。对施工图阶段需要深化解决的技术问题加以指导、审核。

- 对各设计阶段的成品及设计文件的质量全面负责。

检查专业负责人、校对人是否到位。检查校审记录单。在审核过程中，如发现校对未到位，有权退回重校。对经验少的校对人，应加以指导，协助做好校对工作。

- 对各阶段设计文件全面审核。设计成品符合"建筑工程设计文件编制深度的规定"。设计成品应符合批准的设计任务书、符合国家（包括所在地区）编制的法规、规范、规程的要求。审批意见得到贯彻、落实。各阶段所定方案、技术问题、构造措施等在施工图中得到全面落实。在设计人自校、校对人校对后，全面检查审核设计文件是否齐全；计算书、图纸是否准确；图签是否规范。写好审核记录单。

审定人

审定人从院或室的行政领导角度对成品质量负责。应重点审查以下内容：

● 设计文件是否齐全，是否符合国家的政策、法规。各主管部门的审批文件是否齐全。审批意见是否认真贯彻并有记录。

● 对各专业中有关创新的部分，如建筑方案、各专业中采用的新材料、新技术等重大技术问题应重点审定。

● 检查设计成品的质量：工程负责人、专业负责人、校对、审核是否到位，校审记录单是否齐全。计算书、图纸质量是否符合院有关质量管理的规定。

● 检查图签栏各岗位是否符合有关注册建筑师职业规定及院认定的技术岗位。

　　初步了解设计院组成成员岗位职责，对于即将步入工作环境中的学生来讲很有必要。熟悉各环节的工作流程和每个部门负责的工作内容，能更快地进入工作状态。

参考文献

[1] 吴苾雯. 哪把椅子是我的[M]. 北京：中国青年出版社，2002.

[2] 东京大学工学部建筑学科/安藤忠雄研究室. 建筑师的20岁[M]. 北京：清华大学出版社，2005.

[3] 姜涌. 建筑师职业实务与实践：国际化的职业建筑师[M]. 北京：机械工业出版社，2008.

[4] 邹志生，张鹏振等. 实用文书写作教程[M]. 武汉：武汉大学出版社，2007.

[5] 段德罡，王兵. 建筑学专业业务实践[M]. 武汉：华中科技大学出版社，2008.

[6] 薛求理. 中国建筑实践[M]. 北京：中国建筑工业出版社，2008:68-72.

[7] (美)约瑟夫A. 德莫金. 建筑师职业手册[M]. 葛文倩译. 北京：机械工业出版社，2005.

[8] 成卯，陈楠. 我国的注册建筑师职业资格考试制度[J]. 中国建设教育，2005（3）.

[9] 刘甦（合著），黄春华（编）. 建筑学专业实习手册[M]. 北京：中国建筑工业出版社，2010. 9.

[10] 袁牧. 建筑第一课——建筑学新生专业入门指南[M]. 北京：中国建筑工业出版社，2011.

[11] 道格·帕特(Doug Patt). 如何建筑师（美）[M]. 济南：山东画报出版社，2013.

[12] 汉宝德. 给青年建筑师的信[M]. 北京：生活. 读者. 新知. 三联书店，2009.

[13] 季元振. 建筑是什么关于当今中国建筑的思考[M]. 北京：清华大学出版社，2011.

[14] 格瑞斯．H．金. 从学生到建筑师执业生存手册[M]. 天津：天津大学出版社，2008.

[15] (美)安迪. 普雷斯曼建筑设计便携手册. 中国建筑工业出版社，2002.

[16] (英)伊格尔. 马里亚诺维奇等. 实习与就业指导[M]. 北京：中国建筑工业出版社，2009.

[17] 单立欣，穆丽丽. 建筑施工图设计——设计要点和编制方法[M]. 北京：机械工业出版社，2012.

[18] http://www.baidu.com/

[19] http://fanwen.glzy8.com/

[20] http://www.archiname.com/

[21] http://image.baidu.com/

[22] http://user.nipic.com/